곤충의
통찰력

Insights
from
Insects

Insights from Insects: What Bad Bugs Can Teach Us.
Amherst NY: Prometheus Books, 2005.

곤충의 통찰력
해충이 우리에게 가르쳐주는 것들

초판 1쇄 인쇄일 2017년 7월 12일 **초판 1쇄 발행일** 2017년 7월 20일

지은이 길버트 월드바우어 | **옮긴이** 김홍옥
펴낸이 박재환 | **편집** 유은재 | **관리** 조영란
펴낸곳 에코리브르 | **주소** 서울시 마포구 동교로 15길 34 3층(04003) | **전화** 702-2530 | **팩스** 702-2532
이메일 ecolivres@hanmail.net | **블로그** http://blog.naver.com/ecolivres
출판등록 2001년 5월 7일 제10-2147호
종이 세종페이퍼 | **인쇄 · 제본** 상지사 P&B

ISBN 978-89-6263-161-6 03490

책값은 뒤표지에 있습니다. 잘못된 책은 구입한 곳에서 바꿔드립니다.

곤충의 통찰력

해충이 우리에게 가르쳐주는 것들

길버트 월드바우어 지음 | 김홍옥 옮김

에코리브르

감사의 글

시간, 충고, 격려 그리고 지식을 아낌없이 제공하며 나를 도와준 수많은 친구와 동료들에게 진심으로 감사드린다. 제임스 애플비(James Appleby), 메이 베렌바움(May Berenbaum), 스튜어트 벌로커(Stewart Berlocher), 브라이언 플러드(Bryan Flood), 로잔나 조르다노(Rosanna Giordano), 프레드 고타일(Fred Gottheil), 제프리 그래닛(Jeffrey Grannet), 크리스티나 그로징거(Christina Grozinger), 래리 행크스(Larry Hanks), 캐런 호겐붐(Karen Hogenboom), 엘리자베스 제페리(Elizabeth Jeffery), 엘리 르빈(Eli Levine), 윌리엄 루크만(William Luckmann), 로버트 노백(Robert Novak), 로즈 레이놀즈(Rose Reynolds), 휴 로버트슨(Hugh Robertson), 진 로빈슨(Gene Robinson), 제임스 스턴버그(James Sternburg), 폴 스트로드(Paul Strode), 릭 와인지얼(Rick Weinzierl), 아서 쟁걸(Arthur Zangerl).

필리스 쿠퍼(Phyllis Cooper)는 거의 대부분의 장을 읽고 원고를 손봐 주었으며, 멘델유전학과 그 역사에 대해 타의 추종을 불허하는 지식을 갖춘 데이비드 내니(David Nanney)는 3장에 적잖은 도움을 주었다. 두 사람에게 특별히 고마움을 전한다. 메리 리드(Mary Read)와 린다 리건

(Linda Regan)의 공들인 편집 덕택에 책이 한결 좋아졌다. 본문에 실린 그림은 발군의 재능을 지닌 메러디스 워터슈타트(Meredith Waterstaat)의 작품이다. 사진은 사진작가 필립 닉슨(Philip Nixon)과 제임스 스턴버그가 찍은 것이다.

차례

서문

황혼녘에 날개가 좁은 커다란 담배박각시나방(tobacco hornworm moth) 한 마리가 당신의 정원에 피어난 페튜니아꽃 앞에서 벌새처럼 맴을 돌고 있다. 긴 혀를 날름대며 꿀을 찾아 먹으면서 페튜니아를 수분(受粉: 꽃가루받이—옮긴이)하고 있는 것이다. 꿀에 들어 있는 당분을 먹고 에너지를 얻은 담배박각시나방은 자기가 좋아하는 식물종, 즉 가짓과 식물에 밤새 한 번에 하나씩 알을 낳는다. 그 식물종 가운데는 보라색가짓속(purple nightshade) 같은 야생 식물도 있고, 담배나 토마토 같은 재배 식물도 있다. 담배박각시나방 네댓 마리가 당신의 정원에서 자라는 토마토에 알을 슬어놓는다. 처음에 그 알에서 부화한 유충은 작디작아서 섭식 활동이 눈에 잘 띄지도 않는다. 하지만 그들은 3~4주에 걸친 유충 단계의 마지막 한 주 동안 토마토 이파리를 있는 대로 갉아먹는다. 섭취한 총량의 90퍼센트에 육박하는 양이다. 그리고 길이가 10센티미터 넘게 훌쩍 자란다. 이쯤 되면 담배박각시나방 유충이 해충이라는 것은 의심할 나위가 없다. 당신의 토마토 농사를 망쳐놓을 게 뻔하니 말이다. 앞으로 이어지는 이야기, 즉 내가 곤충과 그들의 생활 양식에 관해 언어적으로 묘사한 내용의 주인공들도 하나같이 해충이다.

그렇다면 나는 곤충의 놀라운 삶과 생활 방식을 탐구하고 묘사하기 위해 왜 굳이 해충을 선택했을까? 물론 그들이 우리 삶에 직접적으로 영향을 끼치기 때문이라는 게 한 가지 이유다. 대다수 사람들은 해충을 적어도 하나 이상은 알고 있으며, 심지어 그것들에 관해 좀더 많은 것을 알고 싶어 한다. 그러나 가장 중요한 이유는 일반적으로 말해 압도적 다수를 차지하는 무해 곤충보다 극소수에 불과한 성가신 곤충종에 관한 과학적 지식이 한층 더 풍부하기 때문이다. 곤충학자들은 "네 적을 알라"는 낯익은 경구에 유념해왔다. 해충을 떠오르게 하는 말인 까닭이다. 해충은 경제적으로 중요하므로 언제나 해충이 아닌 곤충보다 더 많은 연구 비용을 투자했다. 곤충학자들이 실시한 응용 연구뿐 아니라 기초 연구 상당수도 우리를 귀찮게 하고 경제적 손실을 입히는 곤충에 집중되었다. 더욱이 해충은 쉽사리 이용할 수 있고 과학적으로도 비교적 잘 알려져 있어 흔히 유전학·행동학·생리학에 관한 기초 연구의 '실험동물'로 쓰이기도 한다.

곤충은 어떻게 해서 해충이 될까? 래리 페디고(Larry Pedigo)는 1989년 자신이 집필한 교재 《곤충학과 해충 관리(Entomology and Pest Management)》에서 이렇게 간명하게 정의한 바 있다. "해충이란 인간 활동을 간섭하는 곤충종을 말한다."[1] (그러나 해충으로 여기기에 무리가 없는 것은 알려진 90만 가지 곤충종의 채 2퍼센트도 되지 않는다는 사실을 기억하라.) 선도적인 훌륭한 곤충학자이자 일리노이 대학 곤충학과의 창립자 스티븐 앨프리드 포브스(Stephen Alfred Forbes)는 1915년 그보다 한결 철학적인 말을 남겼다.

인간과 곤충의 투쟁은 문명이 싹트기 한참 전부터 시작되었으며, 오늘날까지 끊임없이 이어져왔고, 앞으로도 인간종이 존재하는 한 지속될 게 틀림없다. 인간과 몇몇 곤충종이 항상 동시에 같은 것을 원하기 때문이다. 그 투쟁이 치열한 것은 그들이 얻고자 하는 바가 양쪽 모두에게 더없이 소중한 탓이다. 우리 인간은 흔히 스스로를 자연의 주인이자 정복자라고 여기지만, 곤충이야말로 인간이 그러한 시도에 나서기 훨씬 전부터 세상을 통제하고 완전히 장악해왔다. ……그들은 인간이 그들 고유의 영역에 발을 들여놓으려 할 때마다 어찌나 집요하고 능란하게 저지해왔는지 인간은 그들을 상대로 그 어떤 중요한 우위를 점했다고도 우쭐대기 힘든 처지다.[2]

정원사들 사이에 회자되는 옛말에 따르면, 잡초란 우리가 원치 않는 장소에서 자라는 식물이다. 해충도 마찬가지다. 어떤 곤충이 해충이냐 아니냐는 장소·계절·환경에 따라 달라질 뿐 그것이 언제나 나쁜 존재인 건 아니다. 가령 엉겅퀴과에 속한 식물들만 먹고 사는 작은 애벌레는 서양가시엉겅퀴(bull thistle) 같은 해로운 잡초를 공격할 경우 농부들한테 이롭다. 그러나 아티초크털날개나방(artichoke plume moth)이라는 마침맞은 이름이 붙은 곤충이 경작용 아티초크의 아직 피지 않은 커다란 꽃봉오리에 우글거린다면 이 경우는 오갈 데 없는 해충이다. 흰개미(termite)는 죽은 나무를 먹고 분해해 그 구성 요소를 땅에 돌려보내는 식으로 숲이라는 환경에서 소중한 역할을 한다. 하지만 이들 군체가 제 본연의 소임에 충실하느라 목재 건물에서 살림을 차린다면, 더군다나 그게 하필 당신의 집이라면 환영받지 못할 게 뻔하다.

이 책에서 다루는 해충은 우리와 함께 지구라는 행성을 공유하는 천태만상의 곤충 가운데 극히 일부에 불과하다. 그러나 모든 곤충이 살아남고 환경 속에서 생존하며 제 유전자를 끊임없이 이어가기 위해 자손을 낳는 문제를 푸는 숱한 방식의 사례를 보여준다. 그런가 하면 각각의 해충은 모든 유기체가 그러하듯 나름대로 독특하고 흥미롭다. 이들은 저마다 어느 곤충종의 생활 양식, 진화·유전·생태·먹이 조달 같은 중요한 생물학적 주제, 혹은 인간이 곤충에 의해 위협받는 다채로운 방식과 그들에 맞서기 위해 할 수 있는 일을 유독 적절하고 명쾌하고 흥미롭게 보여주는 일례이기도 하다.

독자들은 이 책을 계속 읽어감에 따라 집파리(house fly)가 자연선택과 진화에 관해, 긴노린재(chinch bug)·밀혹파리(Hessian fly)·코들링나방(codling moth)이 생태에 관해 들려주는 이야기를 접할 것이다. 또한 작고 소박한 초파리(*Drosophila*)가 어떻게 인간 등 모든 유기체에 적용되는 연구 결과를 산출하기 위한 유전학 연구용 '실험동물'로 채택되었는지 알 수 있을 것이다. 파슬리벌레(parsley worm)의 부모인 검은제비꼬리나비(black swallowtail butterfly)에 관한 묘사를 통해서는, 사실은 먹어도 아무런 문제가 없는데 어떻게 식충 새들이 자기를 기피하게끔 속임수를 쓰는지 살펴볼 것이다.

이 책에 실린 곤충들을 보면 다음과 같은 놀라운 질문에 대해 그 못지않게 놀라운 답변을 얻을 수 있다. 어째서 제 먹잇감이 아닌 식물을 먹고 죽는 곤충보다 굶어 죽는 곤충이 더 많은가? 헨리 포드(Henry Ford)는 집파리를 억제하는 데 어떤 도움을 주었는가? 왜 일부 파리에게는 자궁과 젖샘이 있을까? 곤충은 보호 장치가 거의 혹은 전혀 없는데 어째서 온도가 빙점 한참 아래로 떨어져도 꽁꽁 얼지 않는가? 미국의 한 곤충학자는 쑥대밭이 될 수밖에 없던 프랑스 포도원을 어떻게 구제해주었는가? 이 책은 그 밖에 다른 숱한 질문에 대해서도 답을 줄 것이다. 독자들이 이 책을 읽고 곤충에 대해 더 나은 감식안을 얻을 수 있다면 저자로서 더할 나위 없이 기쁘겠다. 어쨌거나 곤충 역시 우리와 같은 진화의 산물이다. 우리는 그들이 없다면 지구 생태계가 거지반 붕괴하고, 우리가 알고 있는 생명체 역시 더는 존속할 수 없음을 깨달아야 한다.

01

가 장 위 험 한 곤 충

모기(Mosquito)

나는 1960년 동료 곤충학자 윌리엄 다운스(William Downes)와 함께 텍사스 주에서 곤충을 채집하고 있었다. 우리는 어느 날 오후 볼리버 반도의 텅 빈 걸프 해변에서 야영을 했다. 갤버스턴(Galveston: 텍사스 주 갤버스턴 만 어귀의 섬에 자리한 항구 도시–옮긴이)에서 북동쪽으로 불과 몇 킬로미터밖에 떨어져 있지 않은 곳이었다. 떠다니는 목재를 주워다 불을 지펴 끼니로 가져간 통조림 음식을 데워 먹으며, 그 반도의 육지 쪽에 자리한 습지 아래로 해가 기우는 광경을 바라보았다. 날이 저물 무렵, 그 습지에서 뭔가가 거대한 연기구름처럼 피어오르는 게 보였다. 이내 흡혈원(blood meal)을 찾아 유충기의 서식지를 떠나는 염해 습지 모기 수백만 마리가 어마어마하게 떼 지어 오르는 광경이라는 것을 알아차렸다. 모기떼가 연안해에서 부는 산들바람을 타고 우리 쪽으로 몰려왔다. 삽시간에 들이닥친 모기는 도저히 참기 힘들 지경으로 우리를 괴롭혔다. 수백 마리가 귀 옆에서 윙윙거리고, 몸 전체에 모기약을 마구 발랐는데도 몇 마리는 우리를 물기까지 했다. 신발을 벗고 모기장을 쳐놓은 텐트로 피신하려는 순간, 엄청난 모기떼가 모기약을 바르지 않은 발목에 다투듯 달려들었다.

모기는 무진장 성가신 존재다. 그뿐 아니라 더 나쁘게는 생명을 위협하기도 한다. 모든 모기가 다 그런 것은 아니지만 일부 모기는 다른 여느 곤충이나 곤충 집단보다 인간에게 한층 더 치명적인 해악을 끼친다. 알려진 3000개 모기종(북미에 서식하는 것만 150종이 넘는다)은 인간에게 아무런 해도 끼치지 않는다. 그러나 그 나머지 모기 중 일부는 실제로 해충 가운데 제일 위험하다. 우리는 모기가 얼마나 귀찮은 존재일 수 있는지 잘 알고 있다. 예를 들어 뉴저지 주 연안의 염해 습지 모기—즉 '뉴저지 주의 상징 새(The mosquito is the state bird of New Jersey: 앤디 워홀의 말—옮긴이)'—는 삶을 얼마든지 비참하게 만들 수 있다. 내륙에서도 가지각색의 모기가 뒷마당에서 여는 바비큐 파티의 흥을 앗아가곤 한다. 폭우가 번식지인 강가 저지대나 숲에 일시적으로 파인 웅덩이를 휩쓸고 가면 그들은 한층 더 기승을 부린다. 일부 모기종에게 부여한 다음과 같은 학명을 보면 그들이 안겨주는 고통을 능히 짐작하고도 남는다. 프소로포라 호리다(*Psorophora horrida*: horrid, 지독한—옮긴이), 쿨렉스 페르피디오수스(*Culex perfidiosus*: perfidious, 믿을 수 없는—옮긴이), 만소니아 페르투르반스(*Mansonia perturbans*: perturb, 교란하다—옮긴이), 아이데스 벡산스(*Aedes vexans*: vex, 성가시게 하다—옮긴이), 아이데스 토르멘토르(*Aedes tormentor*: tormentor, 괴롭히는 자—옮긴이)…….

모기로 인한 짜증은 때로 견디기 힘들지만, 이는 그들 일부가 전파하는 질병이 수백만 명의 목숨을 앗아가거나 광범위한 재난을 초래하는 사태에 비하면 기실 아무것도 아니다. 모기가 퍼뜨리는 인간 질병은 숱하게 많지만, 꽤나 골치 아픈 질병 몇 가지만 떠올려도 이내 그 말에 수긍할 것이다. 첫째, 아메바 모양의 원생동물이 일으키는 말라리아는 비록 북미에서는 이제 발병 사례가 거의 없지만, 세계적으로는 분명 감염성 질환 가운데 가장 파괴적이다. 둘째, 바이러스가 일으키는 웨스트나일열(West Nile fever)은 1999년 뉴욕에서 처음 발발한 이래 삽시간에 미국 전역으로 번져나갔다. 셋째, 또 하나의 바이러스 매개 질병이자 열대 지방에서 여전히 발병하고 있는 황열병(yellow fever)은 19세기에만 해도 뉴올리언스부터 필라델피아에 이르는 항구 도시에서 커다란 골칫덩이였으며, 수십 년간 파나마 운하의 건설을 지연시킨 원인이기도 하다.

어느 해충이나 마찬가지지만, 모기에 합리적으로 대처하려면 우선 그 행동 양식을 파악해야 한다. 곤충학자·유전병학자·의사들이 모기를 이해하려 한 목적은 일차적으로 그들을 더욱 잘 제어하기 위해서였다. 《인류 최대의 집요하고 치명적인 적, 모기의 자연사(Mosquito: A Natural History of Our Most Persistent and Deadly Foe)》에서 앤드루 스필먼(Andrew Spielman)과 마이클 디안토니오(Michael D'Antonio)는 모기를 "멋진 적(magnificent enemy)"이라고 표현했다.[1] 아닌 게 아니라 그들은 멋진 곤충이고, 인류의 가장 치명적인 적은 아니지만 어쨌거나 관심을 기울일 만한 가치 있는 존재다. 그들은 진화 과정을 거치면서 온대 지역과 열대 정글뿐 아니라 심지어 사막이나 북극의 얼어붙은 툰드라 지역, 바다의 가장자리(해안), 높이가 무려 4200미터에 이르는 산악 지대 등 지상 각지에서 번성하거나 적어도 살아남을 수 있게끔 적응해왔다.

모기가 이렇게 진화 과정에서 성공할 수 있었던 가장 중요한 요인은 딱정벌레·말벌·벌·나비·나방 따위의 대다수 곤충처럼 알, 유충

(성장 단계), 번데기(날개 없는 유충이 변태를 통해 성충으로 전이하는 단계), 성충(날개가 생기고 생식이 가능한 최종 단계)이라는 4단계 완전 변태(complete metamorphosis)를 거치기 때문이다. 이러한 전이는 유충과 성충이 서로 상이한 진화 경로를 따르도록 해준다. 유충은 섭식과 성장에, 성충은 교미와 산란에 주력하는 것이다. 모기의 유충과 성충, 그리고 나비의 유충과 성충은 뱀과 새만큼이나 서로 판이하다. 나비 유충(애벌레)은 무한궤도 위에 놓인 소화계로, 나비 성충은 성(性)에 전념하는 비행기로 표현하곤 한다.

메뚜기·바퀴벌레·잠자리·매미 등 우리가 알고 있는 곤충의 약 15퍼센트는 알, 성장 단계〔유충과 구분하기 위해 약충(nymph, 若蟲)이라 부른다〕, 생식 단계(성충)의 3단계만으로 이루어진 불완전 변태(incomplete metamorphosis)를 거친다. 일부 수생 곤충은 예외지만, 약충과 성충은 크기와 날개의 발달 상태만 빼고는 매우 흡사한 모습이다. 행동도 대체로 유사하다. 가령 메뚜기의 약충과 성충은 같은 서식지에서 살며, 둘 다 활동적으로 식물의 이파리를 먹는다. 완전하게 발달한 성충의 날개와 성기를 빼면, 그 어떤 생명 단계도 성장 혹은 생식으로 확실하게 특화되어 있지 않은 것이다.

모든 모기는 유충과 번데기 단계에서는 수중 동물이고, 성충 단계에서는 공중 동물이다. 흔히 '장구벌레(wriggler: '꿈틀꿈틀 움직이다'라는 뜻—옮긴이)'라고 알려진 다리 없는 유충은 고인 물이나 천천히 흐르는 물에서 살아간다. 대체로 수중 식물이 풍부해서 물고기를 비롯한 적들의 눈에 띄지 않게끔 숨어 지내기 좋은 곳이다. 어떤 모기 유충은 나무 기둥이나 나뭇가지의 썩은 구멍에 고인 물에서, 심지어 묘지의 꽃병 같은 작은 그릇이나 가옥의 막힌 낙수받이 속에서 살아간다. 또 어떤 것은 열대성 나

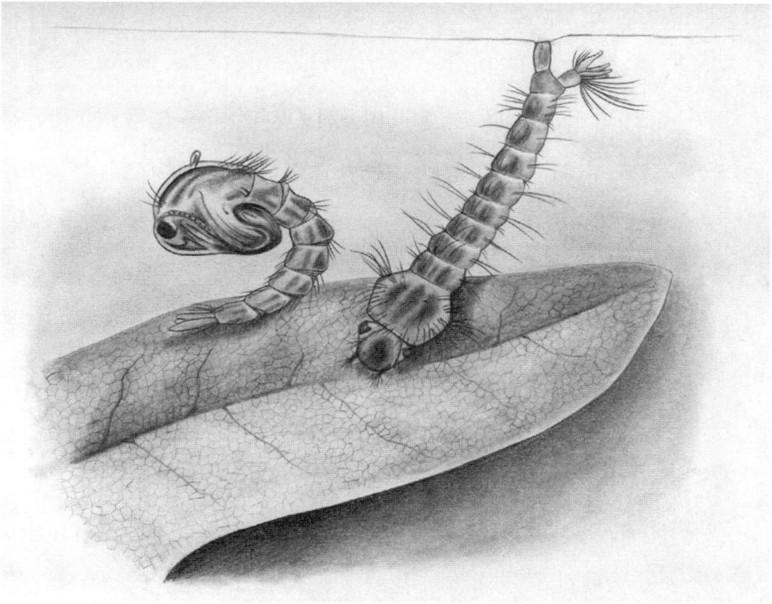

숲속 웅덩이에서 스노클을 통해 숨 쉬는 모기 유충. 왼쪽은 모기 번데기.

무의 기둥이나 가지에 들러붙어 사는 기생 식물의 우묵한 이파리에 고인 물에서 살아가기도 한다. 곤충을 잡아먹는 낭상엽(囊狀葉) 식물의 포충낭 트랩에 들어 있는 물에서 살아가는 녀석들도 있다. 대부분의 모기 유충은 물에 녹아 있는 산소로 호흡하는 아가미가 없으므로 해수면까지 올라와 공기 중에서 직접 산소를 얻어야 한다. 이들 대부분은 꼬리 끝에 스노클이라는 긴 공기관이 달려 있는데, 물구나무 선 채 그것으로 물의 표수막을 뚫는다. 아노펠레스속(*Anopheles*), 즉 말라리아모기는 복부 끝 아래쪽에 호흡계로 이어진 한 쌍의 숨구멍이 뚫린 평평한 판을 가지고 있을 뿐이다. 아노펠레스속 유충은 몸을 수평으로 뻗어 표수막에 밀착하면서 표수막으로 숨구멍을 밀어 올린다. 만소니아속(*Mansonia*)의 모기종은 특이한 방식으로 산소를 얻는다. 꿰뚫을 수 있는 날카로운 공기관을 부들 같은 습지 식물의 수중 기실(氣室)에 박아 넣는 것이다.

대다수 모기의 유충은 플랑크톤—미세한 단세포의 녹조류나 게의 친척뻘인 작은 요각류 따위의 미생물—을 먹고 산다. 입 양쪽에 하나씩 달린 부슬부슬한 솔이 리듬감 있는 부채질로 바닷물을 까불러 들여 거기에 있는 플랑크톤을 걸러 먹는 것이다. 어떤 유충은 표수막에 매달리거나 그 아래에 가로놓인 채 먹이를 먹고, 어떤 유충은 바닥 가까이에서 먹잇감을 구하거나 바닥에 깔린 흑니(黑泥) 표면에서 작은 먹이를 잡아먹는다. 물어뜯을 수 있는 구기(mouthparts, 口器)가 달린 일부 유충은 (대개 다른 종의) 모기 유충을 잡아먹는 포식자이지만 동종을 공격할 때도 왕왕 있다.

알에서 부화하고 약 일주일 뒤, 세 차례 허물을 벗고 완전히 성장한 모기 유충은 번데기 단계로의 탈피 과정을 거친다. 거의 모든 곤충의 번데기와 달리 흔히 텀블러(tumbler: '뒹굴다'는 뜻—옮긴이)라고 알려진 모기 번데기는 움직일 수 있고 활동적이다. 이들은 섭식을 위한 구기나 다리가 없긴 하지만 헤엄을 잘 쳐서 위협이 닥치면 해수면에서 해저로 잽싸게 피신했다가 다시 돌아오곤 한다. 이들은 콤마(comma) 모양으로, 유충이나 성충과는 겉모습이 꽤나 다르다. 콤마의 머리 부분인 두부와 흉부는 커다란 구근덩어리 모양으로 한데 결합해 있다. 흉부 위쪽 표면에는 트럼펫처럼 생긴 짧은 호흡관이 한 쌍 달려 있어 표수막을 뚫고 나갈 수 있다. 콤마의 꼬리인 복부는 가느다랗고 유연하며, 끝에 지느러미 모양의 부속지가 한 쌍 달려 있다. 이 부속지는 번데기가 물속에서 뒹구는 동작을 하며 전진하기 위해 복부를 반복적으로 재게 놀릴 때 노 구실을 한다. 모기 번데기는 유충과 마찬가지로 물의 교란에 민감하고, 머리 위에 드리우는 그늘을 감지하는 눈이 있다. 모기 유충과 번데기가 몰려 있는 장소 위에 손을 흔들어 그늘을 만들어보라. 그러면 그들은 긴장하는 순간이면 으레 그렇듯 황급히 바닥의 안전한 장소로 내뺀다. 화들짝 놀라는 이러한 반응은 공중에서 내리 덮쳐 물속으로 다이빙하는 포식성 수생 곤충의 하악골(저작 기관)이나 날카로운 부리에 의한 피해를 막아준다. 대체로 번데기 단계는 단 2~3일 동안만 이어진다. 번데기는 이 시기 말미에 물 위쪽으로 올라와 표수막 바로 아래에 드러눕는다. 그리고 번데기의 피부가 갈라지며 그 안에 들어 있는 성충이 물 위로 나온다. 성충은 피부가 단단해질 때까지 약 30분간 뜸을 들인 뒤 날아간다.

우리가 알고 있는 3000여 종의 모기 성충 대다수는 피를 빨아 먹지 않고 그저 꽃꿀을 비롯한 식물의 즙만 먹고 산다. 하르파고미이아속(*Harpagomyia*)의 몇몇 종은 매우 특이하게 먹잇감을 얻는다. 즉 개미를 속여서 게워내게 만든 먹이(진딧물의 달달한 배설물처럼 꽃꿀이나 단물을 함유하고 있을 가능성이 많다)를 홀짝홀짝 들이마신다. 나이지리아 이바단(Ibadan) 대학의 파쿼하슨(C. O. Farquharson)은 런던곤충학회에 보낸 편지에서 암수 모기의 개미 습격 방식을 이렇게 묘사했다.

> 당신은 일개미들이 서로를 멈춰 세우고 토해낸 먹이를 교환한다는 사실을 알 것이다. 둘 다 빠르게 지나가면서 거의 찰나적으로 거래하는 활동이다. 모기가 하는 일이 정확히 그와 같다. 모기는 언제나처럼 제 갈 길을 서두르는 개미 바로 위에 사뿐히 내려앉는다. 개미는 마치 친구를 만나기라도 한 양 걸음을 멈춘 뒤 거지한테 적선을 하고 조금 있다가 걸음을 옮긴다. 모기는 또 다른 친절한 개미를 만날 때까지 계속 위아래로 날아다닌다. 선택된 개미는 이따금 구걸하는 모기를 그냥 무시해버리기도 하지만 그렇다고 화를 내지는 않는다. 모기 역시 자신의 의도를 강요하는 법은 없다.[2]

비교적 희귀한 흡혈 모기의 암컷은 인간을 비롯한 포유류, 조류, 파충류, 개구리, 심지어 다른 곤충들까지 공격한다. 그러나 그 수컷은 화밀을 비롯한 식물의 삼출물(滲出物: 안에서 밖으로 스며 나온 물질—옮긴이)을 먹으면서 그냥저냥 견딘다. 암컷 역시 그러한 물질을 주 에너지원으로 소비하긴 하나, 일부는 알을 낳기 위해 핏속의 단백질을 필요로 한다. 피를 먹지 않는 모기는 유충 단계에서 충분한 단백질을 넘겨받는다.

암컷은 주로 새벽녘이나 황혼녘 또는 밤중에, 그리고 가끔은 흐린 날에 '문다'. 즉 흡혈원을 취한다. 일부 종은 벌건 대낮에 물기도 한다. 암컷은 흡혈원을 섭취할 때면 아랫입술이 길게 늘어나면서 크게 달라진 구유 모양의 보호용 칼집이 방해되지 않도록 젖힌다. 구멍을 뚫고 빨아들이는 데 적합하도록 정교하게 조정된 나머지 구기가 피해 동물의 피부를 관통한다. 이 구멍 뚫기용 '바늘'은 기실 가느다란 송곳 모양의 빨대 6개로 이뤄진 기다란 관이다. 그중 2개의 빨대는 다른 것들 위에서 미끄러지듯 왔다 갔다 하긴 하나, 빨대를 서로 이어 붙이는 타액이 묻어 있어 축축하다. 보통 모기는 물어도 거의, 혹은 전혀 따끔하지 않다. 바늘이 바느질용이나 핀보다는 피하 주사침에 더 가깝기 때문이다. 면도날 모양의 피하 주사침 끝 같은 모기의 구기는 무딘 핀처럼 피부를 파열하듯 찌르는 게 아니라 고통 없이 부드럽게 뚫는다. 미끄러지듯 움직이는 두 빨대의 끝이 톱날 모양에 몹시 날카로워서 피부를 부드럽게 자르며 넘나드는 것이다. 피부를 뚫고 들어가는 모기의 관에는 두 가지 채널이 가로놓여 있는데, 그 가운데 넓은 채널을 통해서는 빨아들인 피를 소화계로 이동시키고, 좁은 채널을 통해서는 항응혈제가 포함된 타액을 척추동물 숙주의 몸에 주입한다.

많은 모기종의 수컷은 대개 황혼녘에 교미를 하기 위해 떼 지어 모여든다. 1906년 프레더릭 냅(Frederick Knab)은 일리노이 주 어배너(Urbana)에서 교미 중인 모기를 생생하게 묘사했으며,[3] 교미가 암수를 한자리에 모이게 한다는 사실을 최초로 밝혀냈다. 장구벌레가 바글대는 개울 근처에서 최근 줄기를 잘라낸 옥수수밭으로 걸어 들어가자 냅의 머리 위로 모기 수천 마리가 몰려들었다. 그리고 또 한 무리의 모기떼가 티피(teepee: 원뿔형 천막—옮긴이)처럼 생긴 근처 옥수숫단 가리 위에서 맴돌았으며, "들판을 둘러보니 쌓아놓은 옥수숫단 가리마다 모기떼가 들끓고 있었을 뿐 아니라 미처 자르지 못해 남아 있는 낱낱의 옥수숫대 위에도 작은 모기떼가 윙윙거렸다". 그리고 냅은 이렇게 덧붙였다. "모기는 항상 나무나 튀어나온 가지, 덤불, 옥수숫단 가리, 사람 같은 돌출물 위로 모여들었다. 사람한테 달려든 모기떼는 그 사람을 따라 움직이므로, 모기떼를 떼어내려면 사람보다 더 큰 물체 아래로 가서 모기들이 거기로 옮아가도록 유도하는 방법뿐이다." 어떤 경우든 모기떼는 거의 수컷으로만 이루어져 있고, 자기가 선택한 물체 위에서 맴돌고 춤출 때는 하나같이 바람 부는 쪽을 향해 있다. 냅이 채를 휘둘러 잡은 모기떼 중 897마리가 수컷이고 암컷은 4마리뿐이었다. 암컷이 모기떼에 혹해 합류하면 그걸 발견한 수컷 한 마리가 잽싸게 달려든다. 그렇게 맺어진 쌍은 무리로부터 벗어나 부근에서 교미를 한다. 그런 다음 암컷은 날아가고 수컷은 다시 모기떼로 복귀한다. 수컷은 확연하게 구분되는 잰 날갯짓 소리로 암컷의 존재를 알아차린다. 실제로 수컷은 소리 높이만 적절하다면 갇힌 상태에서도 소리굽쇠의 진동에 마음을 빼앗긴다. 어느 기발한 실험에서는 갇힌 상태의 수컷들이 진동하는 소리굽쇠를 감춘 천 위에 모여들어 서로서로, 심지어 그 천과 교미하려 들었다.

수정된 암컷은 알을 낳는다. 산란 방식은 모기종에 따라 각기 다르다.

홍모기속(*Culex*)을 비롯한 몇몇 모기속은 수백 개의 알로 이뤄진 뗏목을 만든다. 잘라낸 손톱 조각만 한 뗏목은 표층수에 떠 있다. 그 밖에 학질모기속(*Anopheles*)에 속한 수많은 모기종은 표층수에 알을 하나씩 낳는다. 알은 껍데기를 덮고 있는 거품 모양의 기포(air cell) 덕택에 물 위에 뜬 상태를 유지할 수 있다. 숲모기속(*Aedes*)을 위시한 몇몇 모기속의 암컷은 결국에는 물에 뒤덮이긴 하지만 애초 마른 장소에 산란하는 이른바 홍수모기(floodwater mosquito)다. 예를 들어 황열병 모기인 이집트숲모기(*Aedes aegypti*)는 썩은 나무 구멍이나 인위적인 용기의 고인 물 표면에 알을 낳는다. 또한 북미에서 가장 흔해빠진 유해 모기 금빛숲모기(*Aedes vexans*)는 강바닥의 촉촉한 땅, 일시적인 물웅덩이, 그 밖에 주기적으로 물이 차는 장소에 알을 낳는다.

이런 곳에 산란하는 금빛숲모기 등의 알은 땅에서 2년 넘게 살아남을 수 있어 물이 고이면 언제든지 부화한다. 윌리엄 호스폴(William Horsfall)[4]에 따르면, 알은 다음과 같은 일련의 사건을 거친 후에야 부화한다. 요컨대 배(胚) 발달의 완성, 침수되기 전의 건조기, 알맞은 온도의 물로 뒤덮이기, 그리고 마지막으로 물속에 용해된 산소량의 급속한 감소. 이 가운데 맨 마지막 요건은 특히나 흥미롭다. 물속의 유충이 성장하는 데 충분한 먹이가 생기기 전까지 유충이 알에서 깨어나지 않도록 막아주는 까닭이다. 유충의 먹잇감인 플랑크톤 유기체가 용해된 산소를 소비하므로 용해 산소 농도가 급격히 줄어든다는 것은 유충의 먹잇감이 넉넉하다는 것을 뜻한다. 실험해보면, 금빛숲모기의 알은 당연히 플랑크톤이 포함되지 않은 증류수에서 부화하지 않는다. 그러나 그 물에 플랑크톤을 집어넣으면, 플랑크톤 유기체가 번식한 다음 부화한다. 또한 물속에서 질소 가스 거품을 만드는 식으로 용해 산소 농도를 인위적으로 낮추면, 오염되지 않은 증류수에서도 부화한다.

모기처럼 연약한 생명체는 어떻게 추운 겨울을 이기고 살아남을까? 많은 모기종, 특히 주기적으로 물이 차는 장소에 산란하는 종들은 휴면란(diapausing egg) 상태로 겨울을 난다. [휴면, 즉 겨울'잠'은 곤충판 동면(hibernation)이다.] 학질모기속·홍모기속을 비롯한 모기는 구멍 난 나무나 동굴 같은 안전한 장소에서, 쿨렉스 피피엔스(*Culex pipiens*, 집모기)의 경우에는 인간 거주지, 특히 지하실이나 빗물 배수관 속 마른 장소에서 '수태한 암컷' 형태로 월동한다. 낭상엽 식물이나 물 고인 나무 구멍에서 살아가는 일부 모기는 번식지의 물속에 얼어 있는 유충 형태로 겨울을 난다.

오늘날 우리는 모기를 비롯한 흡혈 곤충이 질병을 일으키는 바이러스·박테리아·원생동물·선충의 매개체(transmitter, vector)라는 사실을 알고 있다. 그러나 100년 전만 해도 이처럼 더없이 중요한 사실이 제대로 알려져 있지 않았다. 당시 사람들은 말라리아(malaria: 이탈리아어로 '나쁜 공기'라는 뜻)를 습지나 늪이 내뿜는 독기가 일으킨다고 생각했다. 의사들은 황열병의 원인이 오물이나 오염된 침구·의복 따위와 접촉했기 때문이라고 믿었다. 흡혈 곤충이 질병을 퍼뜨린다고 생각한 이들이 전혀 없지는 않았지만, 1878년까지만 해도 이를 뒷받침할 만한 증거가 없었다. 1878년은 영국 기생충학자 패트릭 맨슨(Patrick Manson)이 인간에게 사상충증(filariasis)을 일으키는 선충의 전파자가 바로 모기라는 것을 밝힌 해다.[5] 비슷한 발견이 뒤따른 결과, 1900년경에는 곤충이 말라리아와 황열병을 비롯한 질병을 매개할 수 있다는 게 기정사실화되었다.

18~19세기에 황열병이라는 전염병이 필라델피아와 뉴올리언스 등

대서양 연안과 멕시코 만 연안의 항구 도시들을 주기적으로 덮쳤다. 어떤 도시는 수년 동안 그 병의 피해를 비껴가다가 어느 해 여름 갑자기 공격을 받기도 했다. 당시 황열병은 사람들을 공포에 떨게 만든 미스터리였다. 피부가 누렇게 뜨고 고열·황달·메스꺼움·출혈 등 증상이 고통스러운 데다 더러 목숨을 앗아가기도 한다는 것뿐 알려진 게 거의 없었기 때문이다. 하지만 그때 이후 우리는 그 병에 대해 상당히 많은 것을 알아냈다. 무엇보다 황열병 바이러스는 인간 발병 사례가 없을 때면 아마존 숲에서 지상 위 높은 곳, 즉 키가 큰 나무의 수관(樹冠: 수목의 가지나 잎이 무성한 부분 - 옮긴이)에 사는 원숭이 무리에 존재한다는 사실이 드러났다. 나무의 구멍이나 움푹 들어간 곳 혹은 지붕처럼 우거진 나뭇가지의 고인 물에 산란하는 하이모고구스속(*Haemogogus*) 모기가 원숭이(다른 동물에게는 전파하지 않는다)에게 황열병 바이러스를 전파하는 것이다. 전염병학자들의 말에 따르면, 황열병 바이러스는 인간에게 퍼지지 않을 경우 그와 같은 저장고 속에서 바글거리고 있다고 한다.

그렇다면 황열병 바이러스는 어떻게 아마존 정글에서 멀리 떨어진 뉴올리언스 등지의 미국 항구 도시까지 번져나갈까? 나의 대학원 지도교수 가운데 한 분이던 윌리엄 호스폴은 다음과 같은 그럴싸한 가설을 제시함으로써 위생곤충학 수업에 활기를 불어넣었다. 요컨대 나무꾼들이 아마존 정글에서 큰 나무를 베어 넘어뜨릴 때 그 나무 위에서 살아가던 하이모고구스 모기 등 수많은 거주자가 지상으로 내려온 데서 비롯되었다는 시나리오다. 그리고 나무꾼이 쓰러진 나무의 가지를 잘라낼 때 모기가 그를 물어 황열병 바이러스를 퍼뜨린다. 나무꾼은 그로부터 얼마 후 목재를 팔기 위해 아마존 강을 따라 벨렘(Belem: 브라질 북부의 항구 도시 - 옮긴이) 항까지 이동한다. 벨렘에 도착했을 때는 병의 잠복기인 엿새가 지난 무렵이라 나무꾼은 시름시름 앓기 시작한다. 앓아누운 나무꾼은 또 다른 모기종인 이집트숲모기한테 물리고, 황열병 바이러스에 감염된 이집트숲모기가 벨렘 주민들에게 그 바이러스를 전파한다. (황열병이 발병한 대부분 지역에서 '황열병 모기'라고 알려진 이집트숲모기는 사람들 가까이에서 살고 있다. 요컨대 인공적인 고인 물에서 번식하고 사람들의 피를 빨아 먹고 산다.) 머잖아 벨렘에 황열병이라는 전염병이 퍼진다. 그때 이곳 해안을 찾은 미국인 선원이 이집트숲모기 암컷한테 물려 황열병 바이러스에 감염된다. 선원은 다시 배에 오른다. 하지만 엿새가 지나기까지 아무런 증상도 나타나지 않는다. 한 가지 중요한 환경만 제외하고, 즉 만약 선원이 그 병으로 숨지거나 병세가 회복된 후 바이러스에 면역력을 갖추었다면 이야기는 여기서 끝날 것이다. 하지만 배에는 황열병 모기 군체가 우글거린다. 게다가 모기들은 하필 선원들의 갈증을 풀어주기 위해 비치한 물통에다 알을 낳는다. 뱃사람들은 물속에 있는 장구벌레 몇 마리쯤은 아랑곳하지 않는다. 오히려 물이 깨끗한 증거라면서 되레 장구벌레의 존재를 반긴다. 모기들은 선원들에게 황열병 바이러스를 마구 옮긴다. 결국 배가 뉴올리언스에 당도할 무렵, 선원들은 죽거나 황열병을 앓거나 둘 중 하나다. 게다가 뉴올리언스에도 황열병 모기가 있다. 전 세계에 걸쳐 일반적으로 고온 다습한 지역, 특히 항구 도시에서 흔히 볼 수 있는 모기이기 때문이다. 선원들은 조만간 도시 주민들에게 황열병을 전파하고, 그로써 전염병은 널리 퍼지고 만다.

웨스트나일열은 황열병 바이러스와 유연관계(類緣關係: 생물의 발생 계통 가운데 어느 정도 가까운지를 나타내는 관계—옮긴이)인 모기 전파 바이러스가 일으킨다. 이 병이 처음 서반구에 등장한 것은 1999년 뉴욕시티의 퀸즈 자치구에서였다. 1937년 우간다에서 최초로 분리 및 식별된 웨스트나일 바이러스는 그 후 아시아와 아프리카의 많은 지역에서 발견되었고, 이따금 유럽을 습격하기도 했다. 그런데 이 바이러스가 어떻게 뉴욕에까지 당도했을까? 스필먼과 디안토니오는 웨스트나일 바이러스의 유입 경로는 아픈 사람, 감염된 모기, 감염된 조류의 세 가지뿐일 거라고 주장했다.[6] 인적(人的) 원천은 개연성이 없는 듯하다. 일반적으로 인간의 피는 바이러스를 거의 함유하고 있지 않아 모기를 오염시킬 수 없기 때문이다. 웨스트나일 바이러스는 항공기에 슬그머니 날아 들어간 모기와 더불어 뉴욕에 당도했을지도 모른다. 하지만 가장 그럴듯한 시나리오는 검역을 거치지 않고 불법적으로 수입한 새와 함께 들어왔다는 것이다. 길 잃은 새가 유럽에서 미국 해안으로 날아오면서 웨스트나일 바이러스가 번졌을 가능성도 여전히 낮긴 하지만 존재한다. 나는 조류 관찰 경험을 통해 해마다 유럽에서 길 잃은 새 몇 마리가 북미에 나타난다는 사실을 알고 있다.

1999년 뉴욕시티와 인근 지역 일부에서 브롱크스 동물원의 이국적인 새들과 롱아일랜드의 말 몇 마리 그리고 주로 까마귀·찌르레기·참새, 그 밖에 큰어치·매·올빼미 등 조류 수백 마리가 웨스트나일 바이러스에 감염되어 사망했다. 웨스트나일열에 감염된 사람의 수는 62명이었고, 그중 7명이 숨졌다. 일리노이 수의학대학의 병리학자 우리엘 키트론(Uriel Kitron)은 나에게 불과 3년 뒤 이 바이러스가 노바스코샤(Nova Scotia: 캐나다 남동쪽 끝에 있는 주—옮긴이)에서 캘리포니아 주로 전파되었으며, 인간 발병 사례는 일리노이와 루이지애나 주에서 가장 많았다고 말해주었다. 일리노이 주 자연사조사국(Illinois Natural History Survey)의 위생곤충학자 로버트 노백이 내게 들려준 바에 따르면, 현재 웨스트나일 바이러스는 북미에서 157종의 조류, 36종의 모기를 전염시키는 것으로 알려져 있다. 이 바이러스는 인간뿐 아니라 말·개·여우·박쥐·다람쥐 같은 몇몇 포유류에서도 발견된 적이 있다. 웨스트나일 바이러스는 무엇보다 야생 새들에게 심각한 위협이다. 경험 많은 조류 관찰자를 비롯한 수많은 사람이 최근 들어 새, 특히 까마귀의 수가 평소보다 크게 줄었다고 말한다. 그들의 관찰에 따르면 실제로 작은 박새부터 그보다 큰 까마귀, 수리부엉이 등 10만 마리 넘는 새들이 웨스트나일열 때문에 숨진 채 발견되었다.[7] 개체 수가 얼마 안 되는 희귀종 조류—미국흰두루미·송골매·피리물떼새—는 웨스트나일 바이러스의 위협을 받으면 삽시간에 멸종으로 치달을 공산이 크다. 우리는 그저 북미 새들이 유럽 새들처럼 하루빨리 면역력을 키우길 바라는 수밖에 없다. 노백에 따르면, 2002년 일리노이 주는 미국에서 인간 발병자(사망 64명) 수가 가장 많았다.[8] 또한 약 1000마리의 말이 감염된 것으로 드러났는데, 그중 절반가량이 목숨을 잃었다.

웨스트나일 바이러스는 필시 철새가 전파했을 것이다. 봄에는 북쪽으로, 가을에는 남쪽으로 계속 이동하면서 미국을 왔다 갔다 하는 철새들 말이다. 어느 한 지역을 떠나기 직전 감염된 새는 웨스트나일 바이러스가 아직 퍼지지 않은 지역에서 휴식을 취하며 먹이를 먹는 동안 그곳을 감염시킬 수 있다. 번식지인 캐나다와 미국에서 월동지인 카리브 해와 중남미까지 이동하는 조류는 자그마치 200종을 웃돈다. 수많은 왜가리들이 가을이면 길을 잃고 북쪽으로 날아갔다가 다시 남쪽으로 돌아오곤 한다. 황색의 사랑스러운 황여새는 가을에 산딸기류 나무를 찾아 북미의 서쪽 끝에서 동쪽 끝인 뉴욕까지 이동했다가 돌아온다. 몇몇 새들은 북미 동쪽의 번식지에서 남쪽으로 이동하는 도중 길을 잘못 들어 서쪽 끝 캘리포니아 주에 당도하기도 한다. 이들은 그 지역의 조류 관찰자에게 뜻하지 않은 기쁨을 안겨주지만, 그와 함께 웨스트나일 바이러스를 옮길 수도 있다.

그렇다면 새를 통해 사람에게 웨스트나일 바이러스를 전파하는 모기에는 어떤 것이 있을까? 아울러 이 바이러스는 새도 인간도 감염시키지 않는 겨울에는 어디에 잠복해 있을까? 대체로 이 바이러스는 북쪽의 경우 주로 집모기(*Culex pipiens*), 남쪽의 경우 주로 열대집모기(*Culex quinquefasciatus*)가 사람한테 전파하는 것으로 알려져 있다. 이 두 모기 종은 새와 사람의 피를 빨아 먹는데, 집모기는 새를, 열대집모기는 인간을 더 선호한다. 웨스트나일 바이러스는 북미의 많은 지역에서 단연 최대 개체 수를 자랑하는 해충, 곧 홍수모기종 금빛숲모기에게서도 발견된다. 하지만 금빛숲모기가 웨스트나일 바이러스를 새를 통해 인간에게 전파하는지 여부는 잘 알려져 있지 않다. 웨스트나일 바이러스는 겨우내 모기 속에서 살아남는다. 스필먼과 디안토니오에 따르면, 1999년 당시 가장 중요한 문제는 웨스트나일 바이러스가 뉴욕에서도 겨울을 이기고 살아남을 수 있는지 여부였다고 한다.[9] 그 문제에 대한 답은 지하 터널에서 월동한 몇몇 성체 암컷 집모기의 몸에서 웨스트나일 바이러스가 발견됨에 따라 명확해졌다.

심신을 쇠약하게 만들고 더러 목숨을 앗아가기도 하는 말라리아는 최악의 인간 전염병임에 틀림없다. 인간 말라리아의 네 가지 유형은 아메바의 단세포 사촌인 플라스모디움속(*Plasmodium*)이라는 네 가지 원생동물이 일으킨다. 플라스모디움속은 오직 인간 사이에 말라리아를 전파하는 아노펠레스속 모기와 인간에게서만 살아남을 수 있다. 말라리아에 걸리는 동물은 인간만이 아니다. 최소 100종에 달하는 다른 플라스모디움종(아노펠레스속이 아닌 모기들이 전파하기도 한다)이 원숭이 · 설치류 · 조류 · 파충류에서 말라리아를 일으킨다. 예를 들어 조류 말라리아는 고립된 하와이 섬들에서 진화했고, 세계의 다른 어느 곳에서도 찾아볼 수 없는 토종새 수십 종을 거의 완전한 멸종으로 몰아갔다. 1826년 전까지만 해도 겨울을 나기 위해 북미에서 찾아온 새들은 늘 조류 말라리아에 감염되어 있었지만, 하와이에는 모기가 없어 토종 새들이 말라리아에 걸리지 않았다. 그런데 1826년 포경선 선원들이 물통에 담긴 모기 유충을 마우이 섬의 개울가에 버리면서부터 상황은 달라지기 시작했다.

여러 플라스모디움종은 모기나 척추동물 숙주에 기생할 때에만 완전해질 수 있는 복잡한 생애사(life histories)를 가진다. 인간과 아노펠레스의 생애 주기는 잘 알려져 있어 좋은 예가 될 수 있다. 모기가 인간에게 주입한 종충(sporozoite, 種蟲)이라는 생애 단계의 플라스모디움은 간세포에 들어가 분열하면서 무성 생식한다. 수많은 자손인 낭충(merozoite, 娘蟲)이 적혈구에 들어가 더 많은 낭충을 생산하는데, 적혈구가 파괴될 때 이들이 방출된다. 낭충들은 계속해서 이 생애 단계를 여러 세대 거친다. (수많은 낭충을 한꺼번에 핏속으로 배출하면 인간 말라리아 특유의 증상인 한기와 열이 발생한다.) 일부 낭충은 암컷과 수컷 형태를 만들어내며, 그 암수가 들어 있는 적혈구를 모기들이 섭취하는 것이다. 암수는 모기의 위 속에서 하나가 된다. 플라스모디움식의 교미인 셈이다. 여러 차례 변신을 거듭하면서 수많은 종충이 만들어진다. 종충은 핏속을 떠돌아다니고 침샘에 몰려 있다. 모기가 흡혈원을 섭취하면서 침과 함께 인간에게 종충을 주입하면 종충은 새로운 주기에 접어든다.

오늘날 인간 말라리아는 중남미 · 아프리카 · 아시아 · 동인도 제도 같은 열대 지방에서 주로 발생하지만, 20세기 중엽까지만 해도 사실상 모든 아열대 지방, 열대 지방, 일부 온대 지방까지 아우를 정도로 발병 지역이 넓었다. 유럽에서는 말라리아가 이탈리아, 발칸 지역, 지중해 연안, 대서양 연안, 그리고 이탈리아에서 때로 러시아의 상트페테르부르크에 이르는 발트 해 연안에 걸쳐 발생했다. 북극권에서 250킬로미터 정도밖에 떨어져 있지 않은 북위 64도상의 스웨덴에서도 일시적으로 발발한 적이 있었다. 미국에서는 전(前) 식민지 시대에 인간 말라리아 발병 사례가 없었다. 테네시강유역개발공사(Tennessee Valley Authority)의 1947년 간행물에는 이렇게 적혀 있다.

> 말라리아는 식민지 시대에 구세계 이민자들이 미국에 들여왔다. 200년 동안 흑인 노예를 수입해온 결과, 말라리아 병원균 매개체가 속속 새로 공급되었다. (아마 백인 노예상들도 말라리아를 옮겼을 것이다.) 그때는 오늘날보다 물을 훨씬 더 많이 운송이나 동력에 사용했으므로 정착지는 자연스럽게 강가나 개울가에 들어섰다. 식민지 시대의 가옥에는 모기의 침입을 막아주는 장치가 거의 혹은 전혀 없었다. 당시의 문헌을 보면 거주자들이 끊임없이 모기의 공격에 시달렸음을 알 수 있다. 정착지가 서쪽으로 확장되자 말라리아도 덩달아 서쪽으로 퍼져나갔다.[10]

말라리아는 19세기 말 극서 쪽의 고립된 지역에서도, 캐나다 국경에서 멕시코 만에 이르는 미국 동부 대부분 지역에서도 발생했다. 그 후 남쪽으로 퍼져나가기 시작했고, 1934년에는 주로 텍사스 동부와 버지니아에 이르는 남동부 주들에서 발발했다. 특히 멕시코 만 연안이나 대서양 연안에서 유독 심각했다. 그랬던 말라리아가 줄어든 것은 농사를 짓기 위해 모기 번식지의 물을 빼내고, 삶이 풍요로워지면서 사람들이 모기에 덜 노출되는 개량 가옥에서 살게 된 결과인 듯하다. 20세기 중엽, 말라리아는 대부분의 선진국에서 거의 퇴치되었다. 그러나 제3세계 국가에서는 여전히 흔하고도 치명적인 위협이었다.

말라리아는 무수한 인명을 앗아갔으며, 우리 인류에게 숱한 비극을 안겨주었다. 1955년에는 전 세계적으로 2억 명이 말라리아에 걸렸고, 그 가운데 200만 명이 목숨을 잃었다. 습지 초원의 물을 아직 빼내기 전인 19세기 중엽 일리노이 주에 최초로 사람들이 정착했을 때는 그곳에서 말라리아가 맹위를 떨쳤다. 그로 인해 일리노이 주는 '미국의 묘지'라는 오명을 얻기까지 했다. 호스폴이 쓴 위생곤충학 교재에 따르면, 1870~1874년 루이지애나 주에 주둔해 있던 미 육군 부대원 171명에게서 1229건의 말라리아 발병 사례가 보고되었다. (사례가 사람 수보다 많은 것은 한 사람에게서 감염이 되풀이되었기 때문이다.)[11] 말라리아는 지역 경제에 심각한 타격을 입혔다고 스필먼과 디안토니오는 적고 있다.[12] 예를 들어 노스캐롤라이나 주에서는 말라리아가 창궐한 4개월 동안 방직 공장에 근무하는 노동자들의 업무 효율이 반 토막 났다.

1955년 세계보건기구(WHO)는 인간이 말라리아를 전파하는 아노펠레스 모기와 접촉하는 기회를 최소화하는 식으로 말라리아를 근절하려는 범세계적 운동에 착수했다. 사람들은 개발도상국에서 흔히 그랬듯 밤에 모기장을 치지 않은 집에서 잠을 자다가 아노펠레스 모기에 물려 말라리아에 걸렸다. 세계보건기구는 말라리아 근절 사업의 일환으로 낮에 벽이나 천장에 붙어 있는 모기를 죽이기 위해 DDT를 살포했다. 이로써 독성이 자그마치 6개월이나 잔류하는 DDT가 모기의 발을 통해 흡수되었다.

말라리아 퇴치 운동은 한동안 대성공을 거두었다.[13] 36개국에서 완전히 근절되었고, 그 밖의 나라들에서도 발병률이 현저히 낮아졌다. 퇴치 운동은 서서히 흐지부지되다가 1969년 마침내 막을 내렸다. 하지만 세계보건기구는 아직도 모기 개체 수를 줄이기 위한 노력을 지원하고 있다. 말라리아는 1970년대 이전에 거의 뿌리 뽑혔던 스리랑카에서 오늘날 매년 100만 건 넘게 발병하고 있다. 인도·파키스탄·아프리카 등지에서도 여전히 기승을 부리고 있다. 1995년 세계보건기구는 전 세계적으로 매년 3억~5억 건의 발병 사례가 있으며, 그 가운데 150만~270만 명이 숨진다(대부분 아프리카에서)고 발표했다. 어느 추정치에 따르면, 아프리카에서는 한 시간에 약 250명의 아이가 말라리아로 죽어가고 있다고 한다. 오늘날 말라리아는 다시금 1955년 이전 수준으로 발병하고 있다. 말라리아 사망자가 에이즈 사망자를 2배나 앞지른 것이다.

그렇다면 말라리아 퇴치 운동은 왜 실패했을까? 로버트 멧커프(Robert Metcalf)의 설명에 따르면, 가장 근본적인 이유는 아노펠레스 모기가 초기 방제에 사용한 DDT 등 저렴한 살충제에 내성을 키웠기 때문이다.[14] 다른 종류의 살충제로 대체했지만 그 모기는 거기에도 재빨리 내성을 길렀다. 살충제를 대체할 때마다 같은 과정이 되풀이되었다. 아울러 대체하는 살충제는 앞선 것보다 더 비싸기 십상이라 점점 더 많은 비용이 들었다. 예컨대 DDT 대신 말라티온(malathion)을 사용하면 비용이 5배로 불어난다. 어쩔 수 없이 카바메이트(carbamate)계 살충제 프로폭서(propoxur)로 바꾸면 비용이 무려 20배나 껑충 뛴다. 멧커프의 지적대로 모기의 내성과 경제학의 조합이 세계적인 전염병 말라리아가 다시금 부활한 원인이다.[15] 말라리아를 일으키는 플라스모디움이 어느 지역에서는 합성 화합물 클로로퀸(chloroquine)을 비롯한 말라리아 특효약에까지 내성을 띠면서 상황은 더욱 꼬이고 말았다.

말라리아가 만연한 열대 지방을 찾는 방문객들 사이에서는 말라리아 발병 사례가 꾸준히 늘고 있다. 따라서 이들 지역을 방문하고자 계획하는 이들은 빠짐없이 예방 차원에서 말라리아 특효약 복용 문제를 의사와 상의하고, 모기에 물리지 않도록 철저히 대비해야 한다. 말라리아 발병 지역을 방문하거나 그 지역에서 살다가 미국으로 이민 온 사람들의 핏속에는 플라스모디움이 들어 있다. 플라스모디움을 매개하는 능력이 있는 아노펠레스 모기는 거의 미국 전역에서 발견되므로 말라리아가 몇십 년 만에 처음으로 일부 지역에 전파되었다.

말라리아에 거듭 감염된 사람은 그 병에 대해 부분적인 면역력을 발달시킨다. 감염된 그들은 핏속에 플라스모디움을 보유하더라도 증상이 경미하거나 아예 없다. 자연은 심술을 부려서 자연선택을 통해 겸상적혈구빈혈(sickle-cell anemia) 같은 치명적인 인간 유전병을 선호하고 영속화하는 경향을 보인다. 겸상적혈구빈혈은 치명적인 말라리아 원충 팔시패럼(falciparum)에 약간의 면역력을 부여하기 때문이다. 겸상적혈구빈혈은 부모 모두로부터 겸상적혈구 유전자를 물려받은 인간에게서 발현된다. 이런 사람은 거의 평생 동안 그 병을 앓으며, 대체로 스무 살이 되기 전에 숨진다. 좀처럼 아이도 낳지 못한다. 따라서 자연선택이 겸상적혈구 특질을 곧 뿌리 뽑으리라 생각하기 쉽지만 실상은 그렇지 않다. 한쪽 부모에게서만 겸상적혈구 유전자를 물려받은 이들은 대개 병증을 앓지 않고, 겸상적혈구 특질을 지니지 않은 이들보다 말라리아로 죽을 가능성이 훨씬 낮다. 따라서 겸상적혈구 특질을 후손들에게 물려줄 수 있다.

내 사무실 벽에는 모기를 크게 확대해 그린 수채화 한 점이 걸려 있다.

나는 글을 쓰면서 이따금 그 그림을 올려다보곤 한다. 길고 날렵한 다리로 우아하게 서 있는 암컷 모기는 가슴에 무지갯빛을 띤 사파이어블루(sapphire-blue) 비늘(scale, 鱗片)이 줄지어 있어 그 학명이 우라노타이니아 사피리나(*Uranotaenia sapphirina*)인 까닭을 말해준다. 그 모기는 모기종 가운데 가장 아름다운 축에 드는데, 실제로 모든 모기는 아름답지는 않아도 최소한 섬세하고 우아하기는 하다. (우라노타이니아는 그렇지 않지만) 질병을 퍼뜨리는, 인류에게 가장 치명적인 해충이라는 부인할 수 없는 사실이 믿기지 않을 정도다.

소수의 모기는 인간을 비롯한 척추동물에게 황열병, 웨스트나일열, 말라리아 말고도 숱한 질병을 전파한다. 그중 '이스턴 뇌염 바이러스(eastern encephalitis virus)'는 인간에게서 드물지만 때로 치명적인 질병을 초래한다. 더 흔하게는 말과 일부 조류를 사망에 이르게 한다. 뇌에 염증을 일으키는 뇌염은 지적 장애를 수반할 수 있다. 뇌염은 쿨리세타속(*Culiseta*) 모기가 조류로부터 사람에게 퍼뜨린다. 주로 영아나 어린 아이가 걸리는 이 병은 대개 정신지체를 가져온다. 역시 모기가 전파하는 바이러스성 질환, 곧 점액종증(myxomatosis)은 특히 토끼한테 치명적이다. 이 질환이 오스트레일리아에 퍼지자 사냥을 개선하기 위해 들여온 유럽토끼(European rabbit, 집토끼)의 후손이 거의 전국적으로 영향을 받았다. 점액종증은 너무나 치명적이어서 3년 만에 오스트레일리아 대륙 각지로 번졌고, 사실상 토끼의 씨를 말리다시피 했다. 작은 사상충〔filarial Nematode worm, 회충(roundworm)〕이 일으키는 인간 사상충증은 홍모기속 모기가 인간에게서 인간에게로 전파한다. 사상충은 림프관을 막고 붓게 해서 팔, 다리, 여성의 가슴과 성기, 남성의 음낭을 거대하게 부풀리는 상피증(elephantiasis, 象皮症)을 일으킨다. 나는 음낭이 어마어마하게 커져서 그걸 손수레에 얹고서야 가까스로 움직이는 남성의 사진을 본 일이 있다.

지식이 없는 이들은 더러 에이즈 바이러스가 모기에 의해 전파될 수 있다는 생각에 전전긍긍하기도 한다. 하지만 그런 일은 모기가 피해자의 피를 빤다고 해서 발생하지 않는다. 오로지 모기가 에이즈에 걸린 사람의 피를 피해자에게 주입할 때만 일어날 수 있는데, 그럴 가능성은 지극히 낮다.

내가 지금까지 모기에 관해 들려준 이야기는 지상에서 살아가는 우리의 삶을 이해하는 데 핵심적이고 중요한 질문을 몇 가지 제기한다. 어째서 3000개나 되는 상이한 모기종이 존재할까? (어째서 동물은 120만 종, 식물은 30만 종이나 되는가라는 질문 역시 마찬가지다.) 모기는 어떻게 수중 생활에 그토록 잘 적응한 생명체가 되었는가? 암컷 모기는 어떻게 찰싹 얻어맞거나 내쫓기지도 않은 채 그토록 능란하게 동물의 피를 빨아 먹을 수 있을까? 마지막으로 인간과 모기 그리고 플라스모디움 간의 복잡한 삼각관계는 어떻게 이루어졌는가 하는 질문도 있다. 이 모든 질문에 관한 답은 이렇다. 즉 자연선택이 추동하는 진화는 동식물로 하여금 끊임없이 환경의 요구에 부응하도록 이끈다는 것이다. 이런 식으로 새로운 종이 끊임없이 생겨나는가 하면, 또 어떤 종은 도중에 슬며시 낙오하고 끝내 멸종한다. 다음 장에서 다룰 집파리는 그 자체로도 더없이 흥미로운 곤충일 뿐 아니라, 이해하기 쉬운 자연선택의 예를 우리에게 보여준다. 우리는 집파리가 자연선택에 힘입어 채 2년도 안 되는 사이 그들의 서식 환경에 등장한 새롭고도 치명적인 위협(DDT)을 이기고 살아남았다는 사실을 분명하게 확인할 수 있다.

02

진행 중인 진화

집파리(House Fly)

20세기의 처음 10년 동안 몬태나 주의 첫 삼림 관리원으로 일했던 한 사람이 디어로지 국유림(Deer Lodge National Forest) 부근의 어느 지역 식당에서 후식을 주문했다. "저 블루베리파이 한 조각 주세요." 삼림 관리원이 판매대를 가리키며 말하자 여점원은 파이 위에 다닥다닥 달라붙은 집파리를 쫓기 위해 손부채질을 하며 대꾸했다. "손님, 이건 블루베리파이가 아니라 애플파인데요." 그 삼림 관리원은 그로부터 30여 년이 흐른 뒤 코네티컷 주 브리지포트의 센트럴 고등학교에서 나에게 생물학을 가르친 아레타스 손더스(Aretas Saunders) 선생님이다. 나는 그분이 들려준 이야기를 손톱만큼도 의심하지 않는다. 아닌 게 아니라 20세기 초에 나온 책이며 기사들을 보면 집파리가 수도 없이 들끓었다는 걸 알 수 있다. 가정이나 직장에서 수없이 달려드는 집파리를 조금이라도 줄이려면 연신 파리채를 휘두르거나 천장에 길고 끈적끈적한 '끈끈이'

를 늘어뜨려놓아야 했다. 끈끈이는 파리들이 덕지덕지 붙는 바람에 이내 새까맣게 변했다.

집파리(*Musca domestica*)는 바퀴벌레 몇 종, 빈대, 옷좀나방 3종, 생쥐, 시궁쥐처럼 전 세계적으로 인간과 밀접한 관련이 있는 해충이며, 적어도 부분적으로는 인간에게 의존하고 있다. (곤충학자들은 진짜 파리(파리목, Diptera)에게는 두 단어로 된 이름(true fly)을 붙여준다. 반면 진짜 파리가 아닌 경우에는 가령 나비(butterfly)처럼 한 단어의 이름을 붙인다.) 영국의 위생곤충학자 조지 그레이엄스미스(George Graham-Smith)는 이렇게 썼다. "파리는 아마도 가장 널리 분포한 곤충일 것이다. 인간과 제일 흔하게 연관된 동물답게 세계 어느 곳에서나 인간을 따라다니는 것 같다. 집파리는 아북극 지역부터 열대 지방에 이르기까지 드넓게 분포하며, 특히 열대 지방에서는 그 수가 실로 어마어마하다."[1]

집파리는 대체로 성가신 존재에 불과하지만, 때로 특히 위생 상태가 불량한 저개발국에서는 질병을 일으키는 바이러스나 박테리아를 전파하기도 한다. 집파리는 안팎으로 박테리아를 퍼뜨릴 수 있다. 요컨대 파리가 썩은 쓰레기 더미나 동물의 배설물 위를 돌아다니면 발을 비롯한 몸체가 무수한 박테리아에 오염된다. 그 결과 파리는 자신이 내려앉은 음식을 더럽힌다. 또한 파리는 인간을 비롯한 여러 동물의 배설물이나 쓰레기 더미에서 습기를 빨아 먹음으로써 박테리아에 소화계가 오염된다. 파리는 딱딱하지만 용해 가능한 음식(이를테면 그릇에 묻은 설탕)을 먹을 때 침과 오염된 역류성 물질로 그것을 녹여 섭취하는데, 그 과정에서 그릇에 박테리아를 남긴다.

집파리가 옮길 수 있는 질병 가운데 최악은 아마도 장티푸스(typhoid fever)일 것이다. 집파리에 대해 포괄적으로 다룬 루서 웨스트(Luther

West)의 책에 따르면, 에스파냐와의 전쟁이 한창이던 1898년 야영지에서 생활하던 미국 군인 약 5분의 1이 장티푸스에 걸렸고, 미군 사망자 가운데 80퍼센트가 그 병 때문이었다고 한다.[2] 지저분한 텐트에서 떼 지어 몰려다니며 맘껏 음식을 더럽히는 집파리는 상당수가 생석회(quicklime)를 묻히고 있었다. 생석회는 땅에 구덩이를 파서 만든 변소의 배설물에서 피어나는 흰 가루를 말한다. 파리가 생석회를 몸에 묻히는 방법은 변소에 쌓인 인간의 배설물과 접촉하는 것뿐이었다. 아울러 그 배설물은 틀림없이 장티푸스를 일으키는 박테리아에 오염되었을 것이다. 장티푸스는 발열뿐 아니라 장내 염증과 심한 설사를 동반한다.

말이 일반적 운송 수단이었을 때는 집파리가 지금보다 훨씬 더 많았다. 정말이지 보기에 딱할 지경이었다. 그리고 집파리의 약 90퍼센트는 말의 배설물에서 발생한 것으로 추정된다. 헨리 포드가 어느 누구보다 집파리의 개체 수를 줄이는 데 혁혁한 공헌을 했다는 얘기가 있는데, 이는 결코 과장이 아니다. 포드는 획기적 대량 생산 방식을 통해 자동차를 저렴하게 출시한 결과, 대다수 사람이 자동차를 한 대씩 마련할 수 있게끔 해주었다. 1930년대 초, 포드 자동차의 모델 T와 모델 A가 대부분의 말을 대신했다. 거의 모든 가정의 뒷마당에서는 더 이상 말의 배설물 더미를 찾아볼 수 없었다. 나는 1930년대에 코네티컷 주 브리지포트에서 유년기를 보낼 당시, 말이나 마차를 타고 다니는 사람을 본 적이 없다. 물론 얼음 장수, 우유 장수, 채소 장수, 헝겊이나 폐지를 주우러 다니는 넝마주이가 도시에서 말이 끄는 마차를 사용하는 걸 더러 보기는 했지만 말이다.

헨리 포드, 파리채, 파리잡이용 끈끈이, 배설물 더미를 비롯한 파리 번식지를 청소하는 노력 따위에 힘입어 집파리 개체 수는 현저히 줄어들었다. 그럼에도 여전히 집파리는 문제를 일으키기에 족할 만큼 수가 많았고, 지금도 그런 상황은 크게 달라지지 않았다. 가축의 배설물이 쌓이고 우유가 파리에 의해 오염될 수도 있는 낙농 농가가 특히 골치였다. 그러던 차에 마침내 DDT가 등장했다. 토머스 던랩(Thomas Dunlap)이 DDT를 다룬 책에서 언급한 것처럼 이 백색 가루는 "살충제계의 원자 폭탄, 킬러 중의 킬러, 해충 방제의 신기원을 이룩한 물질"[3]로 여겨졌다. 1874년 최초의 합성 유기 살충제인 염소화탄화수소 화합물(chlorinated hydrocarbon compound) DDT를 합성한 것은 독일 화학자 오트마르 차이들러(Othmar Zeidler)였다. 하지만 1930년대 들어 그것이 곤충을 죽이는 성질을 지녔다는 사실을 처음으로 알아낸 사람은 스위스 J. R. 가이기 & 컴퍼니(Swiss J. R. Geigy & Company)의 파울 뮐러(Paul Müller)였다. 제2차 세계대전이 한창이던 1942년 미군은 남태평양 섬들에서 말라리아를 옮기는 모기의 피해를 줄이기 위해 DDT를 사용했다.[4] 1945년에는 민간인들도 DDT를 흔히 사용하기에 이르렀다. 사람들은 집파리를 비롯해 수많은 해충을 방제하기 위해 DDT를 물에 희석해 뿌렸다. 예를 들면, 낙농 농가 헛간의 내벽에도 살포했다. 그런데 DDT는 그 벽에 장장 6개월 동안이나 잔류했다. 대부분의 파리가 그랬듯 어쨌거나 벽에 앉은 파리는 발을 통해 소량의 DDT를 흡수한 뒤 얼마 지나지 않아 죽었다. 기적 같았다. 며칠 만에 집파리들이 몽땅 사라질 것처럼 보였다.

그러나 이와 같은 기적은 그리 오래가지 않았다. 미국에서 DDT를 처음 농사에 사용하고 1년밖에 지나지 않은 1946년, 집파리를 비롯한 여러 곤충이 DDT에 내성을 갖게 되었다. 아울러 그 내성은 해를 거듭할수록 점점 더 강력해졌다. 곤충독성학자 앤서니 브라운(Anthony Brown)과 팔(R. Pal)은 일리노이 주 농가에서 채집한 야생 집파리들이 어떻게 내성을 키우는지 보여주는 데이터를 제시했다.[5] 1945년에는 몸무게 1그램당 0.18마이크로그램(1마이크로그램은 100만 분의 1그램—옮긴이)밖에 안 되는 DDT—진짜 극소량이다—만으로도 파리 집단 가운데 DDT에 취약한 개체의 절반 정도를 죽일 수 있었던 반면, 1951년에 이르자 몸무게 1그램당 125마이크로그램은 되어야 같은 결과를 냈다. 이처럼 집파리를 죽일 수 있는 용량은 단 6년 만에 자그마치 700배가량 늘어났다. 제임스 스턴버그는 나에게 DDT에 대한 집모기의 내성은 그보다 훨씬 더 커질 수 있다고 말해주었다. 그는 실험실에서 집파리 군체 가운데 하나를 우리(벽·천장·바닥에 DDT를 뿌려놓았다)에 가둬두었다. 그런데 이들 집파리는 희석하지 않은 100퍼센트 DDT 위를 돌아다닌 뒤에도 너끈히 살아남았다. 즉 DDT에 접촉하지 않도록 신중하게 돌본 취약한 군체의 집파리에 비해 내성이 자그마치 1000배가 넘었다. 1990년에는 세계적으로 약 500개의 상이한 해충이 DDT 그리고/혹은 그 후에 이용 가능해진 수많은 다른 합성 살충제 중 한 가지 이상에 내성을 지녔다.

일리노이 대학 곤충학과의 제임스 스턴버그, 클라이드 컨스(Clyde Kearns) 그리고 허버트 무어필드(Herbert Moorfield)가 발견한 바에 따르면, 취약한 파리 말고 내성 있는 파리들은 특정한 효소를 함유하고 있었다. 그 효소는 추측건대 다른 목적을 위해 존재했지만 우연히 DDT를 DDE로 분해함으로써 그 독성을 제거할 수 있었던 것 같다. DDE는 곤충에게는 해가 없지만 새나 다른 척추동물에게는 여전히 유해하다.[6]

집파리—다른 곤충들도 마찬가지다—는 어떻게 그토록 빨리 DDT에 내성을 키운 것일까? 답은 이렇다. 즉 1945년 DDT를 살포한 낙농 농가의 헛간 같은 장소에서 파리가 남김없이 죽은 것처럼 보였지만 실은 그중 몇 마리가 살아남았다. 알아차리지 못할 만큼 극히 미미한 개체였지만, DDT에 내성을 지녀 생존한 것이다. 한줌밖에 안 되는 생존 개체들은 다음 세대의 부모가 되었고 DDT를 해독(解毒)할 수 있는, 유전적으로 결정된 능력을 후대에 물려주었다. 마크 윈스턴(Mark Winston)은 저서 《자연 전쟁(Nature Wars)》에서 살충제에 대한 내성의 발달은 인간이 만든 살충제를 '인위' 선택 요인으로 간주할 수 있다는 점만 빼면 "'자연'선택에 의한 진화와 다를 바 없는 현상"이라고 설명했다.[7] DDT를 비롯한 살충제는 표적 곤충을 거의 대부분 없애버리고 오직 내성을 지닌 소수 개체만 살려둔다는 의미에서 특히나 강력한 선택적 물질이다. 윈스턴이 지적한 바에 따르면, 생존 개체들은 급속하게 번식하면서 이내 취약한 개체를 대체한다. "살충제가 개체 수를 격감시킨 결과, 먹잇감을 비롯한 자원을 놓고 벌이는 경쟁이 한결 줄어든 환경에서 성장하고 생식하는" 이점을 누릴 수 있기 때문이다.

진화는 생명체를 다루는 과학인 생물학에서 여러 가지를 통합해주는 핵심 개념이다. 우리는 생물학을 통해 우리 자신 그리고 우리와 함께 살아가는 생명체를 이해하고자 하며, 우리가 어디에서 왔고 어떤 존재인지, 우리가 어떻게 지상의 다른 모든 생명체와 밀접한 연관을 맺고 살아가는지 알아내고자 한다. 진화를 이끌어가는 힘은 다름 아닌 자연선택—대중적으로는 흔히 적자생존이라고 알려져 있다—이다. 대체로 어느 동물의 성공, 즉 적응도는 그저 송곳니나 발톱의 능수능란한 사용에 의해 성취되는 것이 아니라 그것이 남겨놓은 후손의 수에 의해 판가름난다.

찰스 다윈은 빼어난 통찰력을 발휘해 자연선택은 개 애호가들이 '인공' 선택에 의해, 즉 바람직한 유전형질을 지닌 개만이 후대를 재생산하는 부모가 되도록 허락함으로써 신품종을 개발하는 것과 기본적으로 동일한 방식으로 새로운 종을 만들어낸다고 주장했다. 그와 마찬가지로 자연선택은 덜 적합한 개체를 솎아내는 한편, 환경의 위협에 대처하고 그 환경이 제공하는 기회를 이용하는 데 가장 잘 적응한 개체가 살아남을 수 있도록 해준다. 예를 들어 위장술에 능란한 생명체는 그에 서툰 생명체보다 포식자의 눈에 띄지 않을 가능성이 많다. 또한 혀가 긴 나비는 너무 깊어서 혀가 짧은 나비로서는 닿지 않는 꽃 속의 꿀을 빨아 먹을 수 있기에 이득이다. 이 두 가지 경우에서 유리한 개체는 아마도 더 오래 살아남고, 따라서 덜 유리한 개체보다 좀더 많은 후손을 남길 것이다.

자연선택은 세대를 이어 작동하므로 새롭고 유익한 유전형질은 제아무리 사소한 것이라 할지라도 결국 상호 교배한 집단 사이에 퍼져나갈 것이다. 만약 이들 집단이 지리적으로든 그 밖의 이유로든 그 종의 다른 집단과 분리된다면, 훨씬 더 이로운 유전형질—그중 상당수는 돌연변이에 따른 결과다—을 축적함으로써 새롭고 상이한 종으로 떠오르기 십상이다. 만약 새롭게 진화한 이런 형질 중 일부가 그 종의 다른 집단에 속한 개체와의 생식을 가로막는 구애 행동이나 생리적 장애물이라면, 자연선택은 '같은 특질의 새끼를 낳고' 생식 면에서 다른 모든 종들로부터 분리된 전혀 새로운 종을 만들어낼 것이다.

구더기에서 번데기, 알 낳는 성충에 이르는 집파리의 생애 주기는 집파리가 저만의 독특한 생활 양식에 잘 적응하도록 해준다. 집파리 구더기(유충)는 다리가 없고 피부가 보드라운 흰색 당근 모양이다. 파리 유충의 넓은 꼬리 쪽 끝에는 2개의 커다란 숨구멍이 있다. 한편 크게 변형된 머리인 뾰쪽한 앞쪽 끝에는 섭식에 사용하는, 아래로 굽은 짙은 색 갈고리 2개를 빼고는 눈·더듬이 같은 외적 구조가 없다. 이것은 모두 먼 조상으로부터 내려온 복잡한 구기의 잔재다. 파리 유충은 1센티미터 남짓한 길이로 자라면 두 차례에 걸쳐 피부 허물을 벗는다. 완전히 자라면 세 번째 탈피를 하는데, 이것은 파리 이외의 곤충 번데기 단계에서는 흔치 않은 일이다. 호르몬 체계가 세 번째 탈피를 하도록 자극하면 파리 유충은 타원(끝이 둥글고 길이가 6밀리미터밖에 안 되는 원통) 모양으로 바뀐다. 그런 다음 보드랍고 흰 피부가 딱딱하고 거무스름하게 변한다. 번데기는 크게 변형된 마지막 유충 피부로부터 유리되지만, 다른 곤충처럼 피부를 벗어던지기보다 그 안에 그대로 머문다. 놀라운 구두쇠 기질을 지닌 유충은 이 마지막 피부를 버리지 않는다. 그것은 유충을 덮어주고 보호하는 번데기 껍데기(puparium, 용각)로 변해 나비의 애벌레를 지켜주는 보드라운 고치 비슷한 구실을 한다.

이제 파리 성충은 단단하고 질긴 번데기 껍데기를 빠져나와야 한다. 그들은 희한한 방식으로 그 일을 해낸다. 머리 앞부분의 구멍을 통해 혈압(blood pressure)에 의해 확 뒤집을 수 있는 머리 크기만 한 부푼 주머니(액낭)로 용각 뚜껑을 밀어버리는 것이다. 파리 성충은 용각에서 기어나온 뒤, 액낭의 힘을 빌려 이를테면 두엄·지푸라기·모래 등 자신을 덮고 있는 물질을 헤친다. 물질의 표면 위로 올라오면 이제 쓸모없어진 액낭은 공기가 빠지면서 도로 머릿속으로 들어가고, 액낭이 뒤집히면서 나온 구멍도 닫힌다. 이 구멍은 이마 봉합선(frontal suture)이라고 알려진 영구적인 상처로 남는다.

집파리는 자신들이 발달 과정을 거친 두엄 무더기나 기타 장소에서 벗어나 상당히 먼 거리까지 이동한다. 1916년 몬태나 주 곤충학위원회의 파커(R. R. Parker)는 몬태나 주의 한 소도시 네 곳에서 인공 채색한 집파리 약 38만 7000마리를 놓아주고, 그로부터 45~1600미터 떨어진 곳에서 미끼 덫을 이용해 1000여 마리를 도로 잡아들였다.[8] 이로써 그는 파리가 대체로 이동을 꽤나 즐기는 삶을 살아가며, 13제곱킬로미터의 면적에 걸쳐 빠르게 퍼져나가는 것도 그리 드물지 않음을 실증적으로 보여주었다. 훗날 위생곤충학자 비숍(F. C. Bishopp)과 라크(E. W. Laake)는 자신들이 풀어준 파리의 상당수가 방출 지점으로부터 약 900미터 정도 떨어진 곳에 설치한 덫에서 '이내' 붙들렸지만, 어떤 녀석들은 불과 4시간도 안 되어 그보다 훨씬 더 멀리, 그러니까 약 10킬로미터 떨어진 곳에서, 좀더 후에는 약 20킬로미터 떨어진 곳에서 붙들리기도 했다고 밝혔다.[9]

암컷들은 교미 후 썩어가는 쓰레기라면 거의 뭐든 가리지 않고 거기에 알을 슬어놓는다. 하지만 그들이 가장 선호하는 것은 단연 동물(특히 말)의 배설물이다. 암컷 집파리는 대개 한 번에 100개씩 총 500개가량의 알을 낳는다. 포획한 파리의 최고 기록은 21회에 걸쳐 총 2387개의 알을 낳은 경우다. 알은 온도가 높으면 약 8시간 만에도 부화하지만, 온도가 낮으면 30시간이 지나야 부화한다. 알맞은 조건에서는 알부터 산란하는 암컷 성충에 이르는 파리의 전 생애 주기가 불과 열흘 만에 마무리되기도 한다. 경제곤충학자 로버트 L. 멧커프와 로버트 A. 멧커프가 쓴 책에 따르면, 파리는 "곤충 가운데 가장 짧다고 알려진 생애 주기를 통해 대가족을 이룬다".[10] 북부 지역에서 집파리는 주로 구더기나 번데기 형태로 겨울을 난다.

교미 태세를 마친 수컷 집파리는 암컷을 때로 공중에서 붙들기도 한다. 하지만 둘은 땅으로 내려와서 교미한다. 수컷은 제 앞다리로 암컷의 머리를 쓰다듬는다. 아마도 암컷이 교미할 기분이 나도록 이끄는 간단한 형태의 전희인 듯하다. 그런 다음 수컷은 상당히 긴 튜브 모양의 송입 기관(intromittent organ, 送入 器管)—비유적으로 '남근'이라 부를 수도 있다—을 암컷의 성기에 삽입하고 정액을 쏟아 붓는다.

원시적인 좀벌레(silverfish)와 그 친척을 제외한 다른 모든 곤충처럼 수컷 집파리에게도 남근이 있다는 사실은 특히 주목할 만하다. 남근은 체내 수정을 가능케 하기 때문이다. (곤충은 포유류보다 수억 년 앞서 남근과 체내 수정을 발달시켰다.) 곤충은 만약 그 조상들이 바다의 삶에서 육지의 삶으로 전이하지 않았더라면 진화에서 놀라운 성공을 거두지 못했을 것이다. 그런데 이러한 전이는 조상들이 체내 수정 능력을 발달시키지 못했다면, 아예 불가능하지는 않더라도 꽤나 어려웠을 것이다. 반면 해파리·불가사리·굴·말미잘을 비롯한 다른 많은 동물은 체외 수정—요컨대 알과 정액을 그냥 바다에 쏟아내는 형태—을 하므로 여전히 바다에 얽매인 삶을 살아간다. 그들은 짝을 일일이 제 힘으로 찾아야만 한다.

집파리를 비롯한 대다수 곤충의 경우, 알이 수정되는 과정은 인간보다 더 복잡하다. 암컷은 이러한 복잡성 탓에 수정 과정에 더 한층 신중을 기하며, 정액을 좀더 경제적으로 사용한다. 인간 암컷(여성)은 한 번 성교할 때마다 약 7000만 개 넘는 정자를 받아들이지만 그중 헤엄 잘 치는 딱 한 개만이 난자를 수정하는 데 성공하고 실패한 나머지 정자는 몽땅 버려진다. 그러나 집파리를 비롯한 거의 모든 곤충의 암컷은 인간과 달리 몸 안에 '성기'에서 갈라져 나온 정액 보관용 주머니, 즉 정액낭(spermatheca)이 있다.

이 주머니에 저장된 정액은 집파리의 경우 며칠 동안, 다른 곤충의 경우는 몇 주, 몇 개월 심지어 몇 년(여왕벌) 동안 멀쩡하게 살아 있다. 집파리를 비롯한 거의 대다수 곤충은 이 정액낭 덕분에 마지막 교미를 한 뒤로도 한동안 계속 알을 수정할 수 있다. 암컷 집파리는 여느 곤충과 마찬가지로 저장한 정액을 아껴 쓴다. 알이 성기 아래로 내려가면서 정액낭 구멍을 지날 때 오직 몇 개의 정자만 내놓는 식이다. 일부 곤충종의 암컷은 지나친 노랑이라서 수정할 때 알 1개에 정자 딱 1개만을 내보낸다. 여하튼 정자는 알껍데기에 난 작은 구멍을 통해 알 속으로 들어간다. 정액을 저장하는 능력이 있는 집파리 암컷은 가장 우호적일 때—아마도 늦가을에—미리 교미를 해두고 유충 단계의 자손이 살아남을 여지가 가장 많은 이듬해 봄에 알을 낳는다.

내 친구이자 동료인 톰 프라제타(Tom Frazzetta)는 이렇게 썼다. "하지만 삼척동자라도 어떤 짐승에서든 그 통합적 전체성, 설계, 부분 간 협동을 알아차릴 수 있다."[11] 이번 장에서 다루고 있는 '짐승'인 집파리는 우리 눈에 주목할 만한 가치가 없는 저급한 생명체로 보일지도 모른다. 그러나 집파리 역시 다른 모든 동물처럼 수백억 년에 걸친 진화의 산물이요, 자신을 둘러싼 환경에 빼어나게 적응해온 짐승이요, 자연선택에 의해 주조된 수많은 선조들의 계통에서 마지막까지 살아남은 승자다. 그러나 집파리가 언제까지고 그 계통의 최종 승자로 남아 있지는 않을 것이다. 집파리는 그 선조들처럼 지금도 여전히 자연선택에 의해 변화를 겪고 있다. 파리가 얼마나 발 빠르게 DDT에 내성을 갖게 되었는지 보라. 곤충은 무자비하고 복잡한 환경에서 살아남는 데 이로운 수많은 구조적·생리적·행동적 적응 양식을 개발해왔다. 파리도 예외가 아니어서 수많은 유용한 적응 기제를 갖추고 있다. 나는 특히 흥미로운 그들의 두 가지 적응 기제를 알아냈다. 그건 바로 성충의 섭식 방법과 날(fly) 때의 경로를 유지할 수 있도록 해주는 놀라운 감각 기제다.

파리는 발에 미각 수용기가 있어 먹잇감을 찾아다닐 때 더없이 유용하다. 그들의 몸에서 가장 먼저 음식 표면에 닿는 것이 발인 까닭이다. 예를 들어 파리는 진딧물의 달짝지근한 배설물인 꿀(honeydew)이 묻은 나뭇잎에 발이 닿으면, 미각 수용기가 있는 길고 유연한 '주둥이'를 뻗기 전에 이미 먹잇감을 찾았다는 사실을 간파한다. 파리가 발로 맛을 느끼는 것은 곤충학 강좌에서 간단한 실험을 통해 확인할 수 있다. 먼저 머리와 다리가 닿지 않도록 파라핀 한 방울을 떨어뜨려 파리의 날개를 이쑤시개 두께의 막대기에 붙인다. 그런 다음 막대기를 죔쇠로 고정하고 파리의 발을 설탕물에 적신 솔로 건드리면, 파리가 마치 들이마시기라도 하듯 반사적으로 주둥이를 내미는 모습을 볼 수 있다.

집파리를 비롯한 여러 파리의 구기는 진화 과정을 거치는 동안 하악골을 지닌 저작 형태에서 스펀지 형태로 달라졌다. 하악골이 사라지고 오직 액체를 조금씩 빨아 먹을 수밖에 없게 된 것이다. 머리에서 아래로 뻗어나간 스펀지형 구기는 기본적으로 도톰하고 부드러운 주둥이로서 중간이 움푹 들어가고 끝이 서로 찰싹 달라붙은 스펀지 같은 입술판(labella) 한 쌍으로 이뤄져 있다. 각 입술판의 아래쪽 표면에는 안지름이 불과 0.0005인치에 불과한 수많은 가로 주름이 있다. 주둥이 안에는 입술판까지 뻗어 있는 흡입 튜브(sucking tube) 또는 먹이관(food canal)이 있다. 그렇다면 이 희한한 기구는 어떻게 작동할까? 파리는 실외 배설물이나 당신 식탁에 놓인 고기 조각의 액체 박막(thin film, 薄膜)을 들이마실 때면, 입술판을 먹잇감에 바싹 가져다 댄다. 그러면 액체가 입술판에 있는 작은 주름들 속으로 들어오고, 모세관 작용을 통해 주름을 따라 입술판 중앙으로 모인다. 그렇게 모인 액체를 먹이관이 소화계로 빨아올린다. 훨씬 더 놀라운 것은 집파리가 딱딱하게 각질화한 벌꿀이나 이파리, 당신 식탁에 놓인 설탕 같은 고형물을 섭취하는 방법이다. 파리는 말라

붙은 벌꿀이나 설탕에 입술판을 바싹 밀착한 뒤 침을 분비하고 음식물을 게워 먹이를 액체 상태로 만든다. 그리고 미각 수용기가 설탕이 충분히 녹았다는 사실을 알려주면, 입술판으로 액체를 적셔서 소화계로 빨아들인다.

모두가 예상하겠지만 '날개 달린(有翅)' 곤충은 발이 표면에서 떨어지는 즉시 날기 시작한다. 이는 쉽게 증명해 보일 수 있는 반사작용이다. 집파리(혹은 약간 더 나은 것으로, 좀더 덩치 큰 성충 바퀴벌레 같은 유시 곤충)의 흉부에 날개가 닿지 않도록 접착제로 가느다란 실을 붙여보라. 앉아 있는 파리(아니면 기타 유시 곤충)를 실로 들어 올려 허공에 대롱대롱 매달면, 파리는 즉시 날갯짓을 한다. 그리고 기운이 빠질 때까지 날기를 계속할 것이다. 그러다 파리의 발을 표면에 내려놓거나 허공에서 달랑거릴 때 발로 작은 스티로폼 조각을 붙들게 하면 이내 날기를 멈춘다.

파리뿐만 아니라 각다귀·등에·모기 따위는 날개가 한 쌍뿐이다. 〔그들 목의 학명 '디프테라(Diptera, 파리목)'는 그리스어로 '2개의 날개'라는 뜻이다.〕 앞날개는 현존하지만 흔적 기관인 뒷날개, 즉 평형곤(halteres, balancers)은 한 쌍의 작은 곤봉 모양이다. 빈센트 위글스워스 경(Sir Vincent Wigglesworth)이 관찰한 바에 따르면, 평형곤은 우리에게 낯익은 '회전 자이로스코프(spinning gyroscope)'와는 대조적인 '교차 자이로스코프(alternating gyroscope)'다.[12] 평형곤에는 가느다란 기둥(shaft)이 끝나는 지점에 피가 가득 고인 크고 묵직한 옹이가 달려 있다. 평형곤 기둥의 바닥에는 수많은 작은 감각 기관이 배열되어 있어 기둥의 사소한 구부러짐이며 꼬임을 감지한다. 평형곤 전체는 비행을 안정화하는 감각 기관이다. 회전 자이로스코프가 로켓이 궤도를 충실히 따르도록 도와주는 '감각 기관'인 것과 마찬가지다. 파리가 날고 있을 때면 평형곤이 재빠르게 위아래로 퍼덕거린다. 만약 파리가 곤두박질치거나 한쪽으로 기우뚱하거나 심하게 요동치면서 경로를 이탈하면 평형곤은 수평으로 퍼덕대는 상태에서 벗어난다. 그러나 자이로스코프식 감각 기관은 관성을 지닌다. 다시 말해, 이 감각 기관은 "동일한 수평면에서 퍼덕이기를 원한다". 이것이 수평면에서 벗어나면 평형곤의 기둥은 약간 구부러지거나 비틀리고, 기둥 기저에 있는 감각 기관이 그것을 감지해 중추신경계에 경로를 이탈하고 있다는 '메시지'를 보낸다. 그러면 파리는 경로 이탈 상태를 바로잡을 수 있다.

그 밖에도 매혹적인 집파리의 적응 기제는 무수히 많아서 여기에 일일이 적을 수 없을 정도다. 그중 하나가 더듬이에 있는 민감한 습도 수용기인데, 파리는 이를 이용해 습도가 가장 알맞은 휴식처를 식별한다. 둥근 더듬이 끝에 달린 깃털 모양의 작은 부속지(appendage)는 풍속을 가늠하는 계기다. 여느 곤충처럼 집파리도 서로 다닥다닥 붙어 있지만 저마다 별개인, 빛을 감지하는 4000개의 홑눈으로 이뤄진 겹눈(compound eyes)을 갖고 있다. 곤충의 눈은 우리 인간의 눈처럼 세부 사항을 일일이 분석하지 않는다. 다만 파리채로 파리를 잡으려 애쓰는 순간 볼 수 있듯 놀랄 만큼 능란하게 움직임을 감지한다.

찰스 다윈은 자기 진화론의 얼개가 완벽하지 않다는 것을 깨달았다. 그가 책을 쓸 무렵, 과학계는 아직껏 유전 메커니즘을 밝히는 유전학에 관해 거의 아는 바가 없었기 때문이다. 그는 동식물의 형질이 어떻게 세대에서 세대로 전달되는지, 그리고 자연선택에 도움을 주는 더없이 중요한 변이—오늘날 '돌연변이'라고 부르는—가 어떻게 이뤄지는지 이해하고 싶었다. 그러나 다윈이 《종의 기원(The Origin of Species)》[13]을 쓸 때만 해도 이에 대해 알려진 게 사실상 거의 없었다. 현대 유전학의 기원은 19세기 말엽으로 거슬러 올라가지만, 토머스 헌트 모건(Thomas Hunt Morgan)이 1907년 뉴욕의 컬럼비아 대학에서 '초파리' 실험을 하고서야 비로소 꽃을 피웠다. 다음 장에서는 이에 대해 다루겠다.

03

다윈이 알고 싶어 했던 것

초파리(Drosophila)

유전학자들이 흔히 말하는 '과실파리(fruit fly)', 즉 노랑초파리(*Drosophila melanogaster*)는 엄밀히 말해서 과실파리가 아니다. 곤충학자들은 '과실파리'를 또 한 가지 파리과인 '테프리티디(Tephritidae)'의 일반명으로 따로 떼어놓는다. 테프리티디에 대해서는 이 책 5장에서 다룰 텐데, 거기에는 광대파리(apple maggot)와 지중해광대파리(Mediterranean fruit fly) 같은 치명적인 해충이 포함된다. 과실파리는 유충 단계에서 나무에 달린 과실에 구멍을 내고 망가뜨린다. 초파리(pomace fly)라고 알려진 초파리과(*Drosophilidae*)에 속한 종의 행동과는 전연 딴판이다. 초파리는 오직 나무에서 떨어져 썩는 과실에만 관심을 쏟기 때문이다. 나는 지금부터 혼란을 피하기 위해 유전학자들이 모델 생물로 사용하는 과실파리를 잘 알려진 속명인 초파리(*Drosophila*)로 구분해 부르도록 하겠다.

초파리과에는 세계적으로 분포하는 약 2500종의 초파리가 있다. 그중 멕시코 북쪽 미국 지역에 약 180여 종이 존재한다.[1] 하와이 제도에는 폭발적인 '진화방산(evolutionary radiation(팽창))'으로 생겨난, 세계 다른 어떤 곳에서도 발견되지 않는 약 1000종의 초파리가 살고 있다.[2] 다시 말해 본토에서 이 제도로 옮아온 최초의 초파리는 다른 동물들의 침해를 받지 않는 '삶'을 영위할 기회, 즉 생태적 지위(ecological niche)를 맘껏 누림으로써 수많은 새로운 종을 불려나갔다.

다수 종을 포함하는 초파리속은 파리과의 여러 속 중 하나다. 초파리는 더없이 다양한 집단으로, 발효 중인 과실과 관련 있는 초파리뿐 아니라 생활 양식이 저마다 다른 수많은 초파리를 포괄한다.[3] 어떤 종은 썩은 나뭇잎에서, 또 어떤 종은 썩어가는 곰팡이류에서 살아간다. 발효하는 액즙에서, 동물의 배설물에서 살아가는 종도 있다. 썩은 과실을 먹는 초파리, 그리고 썩어가는 유기 물질을 먹고 사는 다른 초파리는 그 물질 자체를 거의 혹은 전혀 먹지 않고, 대신 거기서 자라는 효모나 기타 곰팡이류를 먹는다. 몇몇 초파리는 식엽(食葉) 곤충으로, 유충 단계일 때 이파리의 위쪽 표면과 아래쪽 표면 사이를 파고 들어가 엽육(葉肉)을 먹는다. 일부 초파리는 어리호박벌(carpenter bee)이나 호리병벌(mason wasp)의 둥지에서 배설물을 먹고 사는 청소부다. 또 어떤 초파리는 포식자로서 진드기나 깍지벌레(scale insect)를 잡아먹는다. 마지막으로 몇몇 초파리는 흔히 밀랍 막에 뒤덮여 있는, 움직이지 못하는 작은 깍지벌레의 몸에 기생하기도 한다.

노랑초파리의 암컷과 수컷은 썩어가는 과실에 모여든다. 교미하려는 암컷은 휘발성의 화학 전달 물질인 성페로몬(sex pheromone)을 대기 중에 내뿜는다. 그러면 안달 난 수컷들이 몰려와 관심을 끌려는 몸짓으로 밋밋한 춤을 추면서 구애에 나선다. 마침내 수컷은 춤추기를 그치고 암컷 위에 올라탄다. 암컷의 날개를 떠밀고 다리로 몸을 움켜잡은 다음, 성기를 접촉해 수정시킨다. 잘생긴 멧누에나방(cecropia moth) 같은 일부 암컷 곤충은 교미를 단 한 차례만 하지만, 초파리 암컷은 3주 남짓 한 생애 동안 네댓 차례 한다. 교미를 반복하면 암컷 한 마리가 만들어내는 수정란의 수가 급속도로 불어난다. 암컷 초파리의 정액낭은 교미 직후 500~1000개의 정자를 보관할 수 있다. 이들은 집파리와 상당히 흡사하게 이처럼 비교적 적은 양의 정자를 갖고 500개 남짓한 난자를 수정시킨다. 만약 암컷 초파리가 다시 교미를 하지 않는다면, 암컷이 보유한 정자는 엿새쯤 후 급속도로 바닥난다. 그러면 암컷은 오직 몇 개의 수정란만 더 만들어낼 수 있다. 좀더 교미가 잦은 암컷—상당수는 엿새 뒤 다시 교미한다—은 한 마리당 무려 1000개 넘는 수정란을 만들어낸다.

암컷 초파리는 당·단백질·비타민이 포함된 식사를 하지 않으면 알을 거의 혹은 전혀 낳지 못한다는 사실이 실험을 통해 밝혀졌다. 자연에서 이들은 썩은 과실과 그 과실을 발효시키는 효모로부터 영양소를 얻는다. 워런 스펜서(Warren Spencer)는 그리스어로 '이슬을 사랑하는 자'라는 뜻의 초파리 속명 '드로소필라'가 썩 잘 지은 이름이라고 말했다. 이 속에 속한 종들은 예외 없이 환경에 존재하는 수분을 다량 필요로 하는 것처럼 보이기 때문이다.[4] 애시버너(M. Ashburner)와 톰슨 2세(J. N. Thompson Jr.)에 따르면, 실험실에서 축축한 먹이 표면 바로 아래에 놓아둔 알은 항온 섭씨 25도에서 이틀 뒤 부화한다.[5] 유충은 먹이(알맞은 조건의 썩은 과실)에 구멍을 파고, 거기서 자라는 효소를 거의 쉴 새 없이 먹어치운다. 나흘 뒤, 여전히 항온 25도 상태에서 그들은 집파리 유충과 매우 흡사한 방식으로 번데기 껍데기(용각)를 만들 준비를 한다. 그들은 우선 마른 장소로 이동한다. 요컨대 배양병에서는 젖은 먹이 위에 놓인 유리로, 자연에서는 땅바닥이나 그 밖에 비교적 마른 곳으로 자리를 옮긴다. 그리고 나흘이 더 지나면, 성충 초파리가 번데기 껍데기 속의 번데기에서 빠져나와 집파리 유충처럼 제 갈 길을 서두른다.

초파리는 해충이 될 수 있다. 그들은 흔히 집에 과하게 익은 과일이 있으면 꼬이는데, 이 문제는 그 썩은 과일을 치우기만 하면 금세 해결된다. 집에 몰려드는 초파리는 사소한 문제지만, 과일로 통조림을 제조하는 공장이나 케첩을 만드는 공장에서는 초파리가 상당한 골칫거리로 떠오르기도 한다. 예를 들어, 밭에서 수확해 트럭에 싣고 가공 공장으로 가져온 토마토는 상처를 입거나 심한 경우 으깨지기 십상이다. 이것이 초파리 떼를 불러들이고, 불가피하게 그 일부가 최종 제품에 섞여 들어간다. 우리가 먹는 대부분의 식품에는 소량의 곤충이나 그 조각이 들어 있다. 식량을 재배하고 수확하고 운반하고 가공하는 과정에서 그들을 완전히 배제하는 건 불가능하기 때문이다. 곤충이나 그 조각이 들어 있지 않은 식품을 생산하지 못할 이유는 없다. 하지만 그러려면 세심한 주의가 필요하므로 제품 가격이 껑충 뛸 수밖에 없다. 이런 사실을 인지하고 있기에 미국 식품의약국(FDA)은 식품의 곤충 오염을 어느 정도 용인할지 법적 상한선을 정해두었다.[6] 그 상한선은 식품 3.5온스(약 100그램—옮긴이)에 대해 이를테면 땅콩버터는 곤충 조각 30개, 냉동 브로콜리는 진딧물 혹은 그 밖에 작은 곤충 60마리, 토마토소스(케첩 포함)는 파리 알 30개, 파리 알 15개와 구더기 1마리, 혹은 구더기 2마리를 허용한다.

유전학에 무지했던 다윈 시대에 그를 물고 늘어진 사람들 가운데 일부는 융합 유전(blending inheritance: 잡종 2대 이후에도 형질이 분리되지 않고 자식이 양친의 중간형으로 나타난다는 이론—옮긴이) 탓에 자연선택은 불가능하다고 주장했다. 융합 유전은 당시에는 일반적이었지만 잘못된 신념이었다. 그들은 변이 동물이나 그 후손이 정상 개체와 교미하면 이로운 변이가 약화할 것이라고 판단했다. 따라서 기이하지만 이로운 4인치(1인치는 2.54센티미터—옮긴이)짜리 혀를 가진 나비가 정상적인 2인치짜리 혀를 가진 개체와 교미하면 자녀 1대는 모두 3인치짜리 혀를 갖고, 자녀 2대는 오직 2.5인치에 불과한 혀를 가질 것이라고 생각했다. 아울러 그 후손들의 혀는 훨씬 더 짧아질 거라고 추론했다. 그들은 이런 식으로 꽃의 좀 더 깊숙한 곳에서 꿀을 빨아 먹을 수 있는 긴 혀를 갖는 이점—혹은 이런 문제와 관련한 다른 모든 이로운 변이—은 이내 사라질 것이라는 가설을 내놓았다.

다윈은 1868년 출간한 《재배 식물과 사육 동물의 변이(The Variation of Animals and Plants under Domestication)》에서 범생론(pangenesis)을 유전 메커니즘으로 제시함으로써 융합 유전 지지자들의 주장에 맞섰다.[7] 이는 대담한 시도였지만 처음부터 실패할 수밖에 없는 운명이었다. 그 당시 다윈뿐 아니라 그 누구도 그레고르 멘델(Gregor Mendel)이 1866년 완두콩의 유전 실험에 대해 논문을 발표했다는 사실을 알지 못했기 때문이다. 이는 현대 유전학의 토대가 되었으며 궁극적으로는 진화론을 지지했다.[8] 그러나 무명 잡지에 실린 멘델의 논문은 1900년에야 비로소 과학계의 주목을 끌었다. 다윈의 범생론 가설은 기본적으로 동식물 세포는 모두 극도로 미세한 '제뮬(gemmule, 소아체)'—유전 단위—을 만들어내며, 제뮬은 "그 시스템의 모든 부분에서 모아지고 성적 기관(sex organ)으로 전달된 다음 난자와 정자에 들어가 후대로 이어진다"는 것이었다.[9] 그는 "변이가 일어나는 것은 변화한 조건에 의해 해로운 영향을 받는 생식 기관 때문이고, 이 경우 신체 여러 부분에서 비롯된 제뮬이 아마도 변칙적인 방식으로(즉 어느 때는 불필요한 방식으로, 또 어느 때는 결함 있는 방식으로) 모여드는 것 같다"고 주장했다. 먼로 스트릭버거(Monroe Strickberger)는 최근 집필한 교과서에서 범생론 가설은 1871년경 이미 다윈의 사촌 프랜시스 골턴(Francis Galton)에 의해 잘못된 것으로 판명났다고 밝혔다. 골턴은 제뮬을 포함하고 있을 것으로 짐작되는 피를 혈통이 다른 토끼들에게 수혈해도 그들의 유전에 아무런 변화가 없다는 사실을 발견하고 더없이 흡족해했다고 한다.[10] 그러나 다윈은 결코 제뮬이 피를 통해 전달된다고 말한 적이 없었다.[11]

유전학은 다윈의 시대가 저물고 얼마 안 되어 2개의 전선에서 발전하기 시작했다. 하나는 결국에 가서는 유전 물질 전달 염색체의 발견으로 이어진 세포 구조의 연구이고, 다른 하나는 유전학의 작동 기제로서 유전이란 융합하는 과정이 아니라 다른 유전 단위의 존재로 희석되지 않는 염색체상의 개별 단위에 의해 전수되는 특성이라는 사실을 보여준 동식물의 이종 교배 실험이다.[12]

수많은 현미경 사용자가 세포를 이해하는 데 크나큰 도움을 주었다. 그들의 공로는 특히 염색체를 포함하고 있는 세포핵과 그 핵이 세포 분열을 통해 새로운 세포를 만들어낼 때 담당하는 역할을 발견한 것이다. 친구이자 동료인 데이비드 내니가 나에게 들려준 대로 "유전학은 일정 부분 기술 주도적 과학"이다. 현미경 검사법의 황금기인 1875~1900년 현미경은 크게 개선되었다. 높은 확대율은 상(image)의 선명도를 키워주었고, 우리는 그 덕택에 더없이 미세한 부분까지 볼 수 있게 되었다. 최근 발명한 박편절단기(microtome)는 식료품 가게에서 소시지를 자르는 절단기와 흡사한 방식으로 (현미경으로나 볼 수 있는) 지극히 작은 조직의 절편을 잘라낸다. 이렇게 해서 얻은 조각을 유리 슬라이드에 고정해놓고 새로 개발된 다양한 염료로 착색하면 세포와 핵, 그 밖의 세포 속에 들어 있는 여러 기관이 한층 더 잘 보인다. 1882년 발터 플레밍(Walther Flemming)은 염료와 고정액의 도움으로 세포핵에서 확실하게 채색된 부분을 발견하고, 그것을 염색체(그리스어로 '채색된 물체'라는 뜻)라고 불렀다.[13] 염색체는 세포가 분열하는 동안 만들어지는데, 둘로 쪼개지면서 그 수가 갑절이 되고 똑같은 수의 별개 덩어리로 모인다. 세포 분열 뒤 이 딸세포들(daughter cells)은 각각 두 덩어리 중 하나의 염색체를 지닌다. 1892년 아우구스트 바이스만(August Weismann)은 플레밍의 작업을 토대로 생식질 연속설(germ plasm theory: 생식세포가 초기 발생 단계부터 체세포로부터 분리되어 있으므로 유전 물질은 생식질을 통해서만 후대에 전달된다는 이론—옮긴이)을 제기했다.[14] 생식질 연속설은 (오늘날 우리가 분명하게 알고 있는 대로) 염색체가 유전 물질을 지니고 있으며 오늘날 우리가 유전자라 부르는, 새로운 개체를 생산할 때 필요한 모든 유전 요소를 갖고 있다는 사실을 제기함으로써 '제뮬'의 존재를 상정할 필요가 없도록 했다.

1900년에 네덜란드 사람 휘호 드 브리스(Hugo De Vries), 독일 사람 카를 코렌스(Carl Correns), 그리고 오스트리아 사람 에리히 폰 체르마크자이제네그(Erich von Tschermak-Seysenegg)는 각자 별도로 오랫동안 무시당해온 멘델의 완두콩 논문을 잇달아 재발견했다.[15] 앞서 여러 다양한 식물을 가지고 비슷한 실험을 수행한 그들은 유전자가 저마다 독립적으로 전달되는 별개의 개체라는 멘델의 발견이 옳다는 것을 확인했다. 다시 말해, 그들은 융합 유전이 아니라 입자 유전(particulate inheritance: 부모의 유전 물질이 섞이는 게 아니라 분리된 입자 형태로 후대에 전달된다는 이론—옮긴이)을 주장했다.

완두콩은 개별 식물마다 씨앗의 색깔이며 질감, 꽃의 빛깔, 식물의 키 등 수많은 특질이 각기 다양하므로 유전 실험을 하기에 더없이 좋다. 멘델은 여러 완두콩 품종을 다채롭게 잡종 교배했지만, 그중 하나만으로도 입자 유전이 옳음을 보여주기에 모자람이 없었다. 그는 유전자의 대립 형질(allele)에 의해 제어되는 특징인 매끈한 품종과 주름진 품종의 씨앗을 교배했다. 매끈한 씨앗(S) 대립 형질은 열성인 주름진 씨앗(s) 대립 형질보다 우성이다. 따라서 매끈한 씨앗은 두 가지 유전형을 띨 수 있다. 즉 우성인 매끈한 씨앗 대립 형질을 2개 가질 수도 있고(SS), 우성인 대립 형질(S)이 열성인 주름진 씨앗 대립 형질을 '압도한' 형태가 될 수도 있다(Ss). SS와 ss 부모 세대의 잡종 1대와 잡종 2대의 씨앗 표현형을 통해 입자 유전이 옳음을 확인할 수 있다. 그들의 잡종 1대는 전부 다 매끈한 씨앗으로 표현되지만, 유전자형은 모두 Ss이다. 두 Ss 부모 세대가 자손을 낳으면 그중 25퍼센트는 주름진 씨앗(ss)이고, 나머지 75퍼센트는 매끈한 씨앗이다. 매끈한 씨앗의 3분의 1은 유전자형이 SS이고, 나머지 3분의 2는 Ss이다.

진화론의 발전과 수용을 가로막는 융합 유전의 망령은 현대 유전학이 싹트면서 사라졌는데, 이것이 지닌 의미는 아무리 강조해도 지나치지 않다. 진화는 생물학 전반을 관통하는 핵심 개념으로 떠올랐다. 분자생물학자들이 DNA가 유기체의 구조에서부터 행동에 이르는 모든 것을 통제하는(적어도 영향을 끼치는) 유전 물질임을 밝혀낸 뒤에는 더욱 그랬다. 유전학이 발달함에 따라 초파리는 유전학자들에 의해 이내 실험실 동물로 채택되었으며, 토머스 헌트 모건이 컬럼비아 대학 실험실에서 더없이 중대한 실험을 수행할 수 있도록 해주었다. 데이비드 내니는 작고 하잘것없어 보이는 이 곤충이 당시 실험실 연구에서 사용된 동물 가운데 최강자였고, 그런 사정은 지금도 다르지 않다고 나에게 말해주었다. 생물학자들은 그간 완두콩·옥수수·소처럼 다른 목적으로 재배 및 사육한 동식물을 과학 연구에 사용해왔지만, 초파리는 실험 연구 대상으로서 의도적으로 사육한 최초의 유기체였다.

실험동물로서 초파리가 갖고 있는 이점은 주로 다음 세 가지다. 첫째, 워런 스펜서가 기술한 대로, 초파리는 자연 상태에서 발효된 으깬 바나나를 미끼로 수백 마리씩 채집한 다음, 먹잇감을 넣고 솜으로 틀어막은 0.5파인트(pint: 액량·건량 단위로, 1파인트는 약 0.5리터—옮긴이)들이 우유병에서 수년 동안 수백 세대가 살아가는 실험실 군체를 유지할 수 있다.[16] 초창기 연구자들은 먹잇감으로 주로 으깬 바나나를 사용했지만, 오늘날에는 이것 말고도 흔히 효모, 우무(agar gel), 물, 옥수수 시럽, 맥아 그리고 소량의 방부제 따위가 쓰인다. 둘째, 연구자들에게 특히 편리한 것은 초파리가 한 세대를 완성하는 데 단 열흘밖에 걸리지 않는다는 점이다. 멘델은 완두콩 한 세대를 얻기까지 1년을 기다렸는데, 그 기간에 초파리는 무려 36세대를 배출하는 것이다. 따라서 같은 실험을 자그마치 36차례나 되풀이할 수 있다. 셋째, 초파리는 크기가 집파리의 4분의 1에 불과할 만큼 작으므로 군체를 유지하는 데 필요한 공간을 최소화할 수 있다. 요컨대 초파리는 상당한 규모, 즉 수백 마리 심지어 수천 마리씩 이용할 수 있어 수많은 개체가 필요한 실험을 가능케 한다.

19세기 말엽에는 자연선택의 원료인 변이의 특성에 대해 두 가지 상이한 견해가 존재했다. 그중 한 학파인 선택론자(selectionist)는 연속적인 작은 변이에 작용하는 자연선택이 진화를 통제하는 주요 과정이라는 다윈의 주장에 동의했다. 그 반대편에서 멘델의 유전학을 잘못 해석한 학파, 곧 도약진화론자(saltationist)는 자연선택은 오직 불연속적인 거대한 변이, 즉 종들끼리의 급격한 변화를 일으키는 중요한 돌연변이에만 영향을 끼친다고 주장했다. 극단적 예를 한 가지 들면, 곤충은 처음 이 나무에서 저 나무로만 간신히 날아가는 능력에서 출발해 서서히 날개를 발달시킨 게 아니라, 단 한 번의 거대한 도약을 통해 날개를 획득했다는 것이다.

이러한 상반된 견해가 타협점에 이른 것은 이른바 신다윈주의, 즉 현대 종합 이론(Modern synthesis)이라 일컫는 학설에 의해서였다. 현대 종합 이론을 가능케 한 지식의 상당 부분은 모건에 의해 구축되었다. 초창기 유전학자 가운데 가장 빼어난 존재임에 틀림없는 모건은 유전학 연구에서 초파리를 제일 중요한 실험동물 자리에 올려놓은 인물이다. 처음에 모건은 진화론에 대해 꽤나 회의적이었다. 하지만 한때 그의 조수였던 허먼 멀러(Herman Muller)가 1946년 모건의 부고에 쓴 대로, "모건 세대 일부와 그다음 세대 대다수는 정확한 관찰과 실험을 통해 결국 회의론에서 벗어나 다윈 이론의 본질을 옹호하게 되었으며, 살아 있는 생명체 전반을 바라보는 과학적 견해와 결합함으로써 다윈의 이론을 효과적으로 완성하기에 이르렀다".[17] 모건의 연구는 염색체가 유전 인자를 보유하고 있으며, 설령 눈에는 보이지 않더라도 유전자의 존재를 밝힐 수 있다는 걸 증명했다. 로널드 클라크(Ronald Clark)는 자신이 쓴 다윈 전기에서 "모건(과 초파리)이 없었다면, 자연선택론과 멘델 유전학의 발견을 성공적으로 결합한 신다윈주의는 탄생하지 않았을지도 모른다"고 썼다.[18] 모건은 1933년 유전학 분야에서의 업적을 인정받아 노벨상을 수상했다.

신다윈주의자들은 유기체의 개체가 아니라 집단에 초점을 맞춰야 자연선택을 온전히 이해할 수 있다고 보았다. 유기체 집단은 하나의 거대한 '유전자 풀(gene pool)'—상이한 빈도로 존재하는 상이한 유전자를 지닌다—을 형성하며, 각 세대에 속한 개체는 부모 세대를 통해 그 유전자 풀에서 종종 무작위적으로 저마다 개별적인 유전자 조합을 이끌어낸다. 이러한 개체가 각기 자신의 생태계에 진입하면 자연선택이 그들의 신체와 행동에 영향을 미친다. 이는 주로 그들의 특정한 유전적 청사진(유전형)에 의해 결정되며, 결국에는 유전자 풀에 있는 일부 유전자의 빈도를 바꿔놓지만 나머지 유전자에는 아무 영향도 주지 않는다. 신다윈주의에 의하면 진화는 무작위적으로 일어나는 돌연변이가 새로운 유전자를 도입하고, 유전자 풀에 들어 있는 그 유전자의 빈도가 한편으로는 자연선택에 의해, 다른 한편으로는 이동(migration)이나 확률적이고 우연적인 '유전자 부동(genetic drift)' 같은 요인에 의해 시간이 지나면서 끊임없이 변화하는 과정이다.

모건과 그의 동료·학생들은—훗날 '파리 방(fly room)'으로 알려진—가로 5미터 세로 7미터의 비좁은 공간에 다행히 자리를 많이 차지하지 않는 초파리 군체와 책상 8개를 욱여넣은 채 연구를 수행했다. 모건 그룹은 1907년에 연구를 시작했지만, 1910년이 되어서야 비로소 최초의 변종, 즉 통상적인 빨간 눈이 아니라 흰 눈을 가진 수컷 초파리 한 마리를 손에 넣을 수 있었다. 그가 흰 눈 수컷을 통상적인 빨간 눈 암컷과 잡종 교배했을 때, 자녀들은 모두 빨간 눈이었다. 아울러 그 자녀들을 서로 잡종 교배했을 때, 그들 자손의 4분의 1은 흰 눈이었고, 나머지 4분의 3은 빨간 눈이었다. 이 사실은 매끈한 완두콩 씨앗과 주름진 완두콩 씨앗을 대상으로 한 멘델의 실험 결과가 맞다는 것을 확인해주었다. 하지만 둘 사이에는 중대한 차이점이 있었다. 즉 모건이 실험에서 사용한 흰 눈 초파리는 모두 수컷이었다. 유기체의 암컷이 X 염색체 둘, 수컷이

X 염색체와 Y 염색체를 각각 하나씩 갖고 있다는 것은 당시에도 잘 알려진 사실이었다. 모건은 일련의 실험을 진행한 결과, 최초로 '반성 유전(sex-linked inheritance)'을 증명해 보였다. 말하자면 열성인 흰 눈 유전자를 (X 염색체상에) 갖고 있을 때, 암컷은 2개의 X 염색체가 모두 흰 눈 형질을 갖고 있지 않는 한 보균자로 존재하나 수컷은 반드시 흰 눈을 갖게 되므로, 흰 눈은 주로 수컷에서만 발현된다는 사실을 밝혀낸 것이다. 이와 완전히 똑같지는 않으나 유사한 반성 유전이 인간에게서도 더러 나타난다. 약 8퍼센트의 백인 남성에게서 발견되지만 여성에게는 거의 없는 적록 색맹, 그리고 잉글랜드의 빅토리아 여왕으로부터 유럽의 몇몇 왕가 남성들에게 전해진 혈우병을 그 예로 들 수 있다.

흰 눈 초파리는 당연히 유명세를 탔다. 로널드 클라크에 따르면, 모건이 분만하기 위해 입원한 아내를 방문했을 때의 일화가 전설처럼 전해진다. 막 딸을 낳은 아내가 그에게 물었다. "흰 눈 초파리는?" 열에 들뜬 모건은 한동안 신나게 떠들고 나서야 문득 생각난 듯 물었다. "아 참, 아이는 어떻게 됐어?"[19]

모건은 곧이어 초파리의 돌연변이에 대해 더 많은 것을 알게 되었다. 만약 2개의 상이한 돌연변이 유전자를 지닌 초파리들이 교미하면, 더러 두 돌연변이가 한 세대에서 다음 세대로 전달되기도 한다. 두 유전자가 동일한 염색체상에 있기 때문이다. 그러나 모건은 늘 그런 일이 일어나는 것은 아니라고 덧붙였다. 그는 두 유전자 가운데 하나를 전달하는 염색체 일부가 나머지 한 염색체 일부와 자리를 바꾸고, 원래 염색체에 다른 유전자가 놓인 결과 그런 일이 벌어진다고 가정했다. 유전학자들이 정의한 것처럼 교차(crossover)가 일어난다는 것이다. 또한 관찰을 통해 몇몇 유전자 쌍은 다른 쌍들보다 함께 전달될 가능성이 훨씬 더 높다는 사실도 확인했다. 그는 함께 묶여 있을 가능성이 큰 유전자 쌍은 염색체상에서 더 가까운 거리에 있어 교차할 때 그들 간에 존재하는 염색체가 분리될 가능성이 낮을 것이라고 추론했다. 이른바 연관(linkage)이라 일컫는 이런 현상은 궁극적으로 유전자 간의 거리를 가늠하고, 그에 따라 염색체상에 존재하는 유전자의 위치를 그릴 수 있게끔 도와주었다. 멀러는 이렇게 적었다. "모건이 교차 현상을 밝혀내기 위해 확보한 증거, 그리고 유전자들이 멀리 떨어져 있을수록 교차가 더욱 빈번하게 일어난다는 그의 주장은 멘델의 발견에 버금가는 쾌거였다. 그의 업적은 현대 유전학 전반을 크게 융성시킨 밑거름이었다."[20]

우리는 모건과 그 밖에 초창기 유전학자들의 발견에 힘입어 유전 물질인 DNA의 중요성을 깨달았다. 오늘날 우리가 알고 있듯 염색체는 길게 늘어선 DNA이며, 이 DNA는 2개의 가닥이 꼬여 있는 이중 나선 구조로 되어 있다. 유전자는 긴 이중 나선상에 위치하며 각각 특정한 효소나 다른 단백질을 만드는 데 관여한다. 오늘날 분자생물학자들은 세균, 식물, 모기, 초파리, 심지어 인간을 비롯한 일부 동물 등 수많은 유기체의 완전한 DNA 염기 서열을 알아냈다. 유기체의 삶을 이루는 구조·생리·행동 등 여러 측면을 관장하는 유전자 상당수가 분리 및 확인되었다. 지난 20년 동안 분자생물학은 몰라보게 발달했다. 실제로 오늘날 분자생물학자들은 유전자를 덧붙이거나 제거하고, 심지어 '유전자 조작 유기체(GMO)'를 만들기 위해 상이한 유기체종 간에 유전자를 이식하기에 이르렀다.

집파리가 DDT에 내성을 키우는 현상은 자연선택이 작동한다는 걸 보여주는 유일한 예가 아니다. 이어지는 장에서 살펴보겠지만, 그런 예는 수도 없이 많다. 옥수수의 뿌리를 먹고 사는, 서로 깊은 유연관계에 있는 두 곤충종은 각기 윤작(輪作)이라는 농사 관행을 돌파하는 방법을 찾아냈다. 19세기 이후 살충제 없이 두 해충을 방제하는 완벽한 방법으로서 윤작을 활용하던 농부들은 돌연 난감해졌다. 이와 관련해 가장 흥미로운 것은 두 곤충종이 각기 윤작을 피해가는 전혀 다른 제 나름의 방법을 개발했다는 점이다. 이것은 대단히 흥미롭지만 크게 놀랄 일은 못된다. 이제 우리는 거의 모든 유기체가 필요할 경우 자연선택에 의해 꺼내들 수 있는 잠재적 돌연변이 카드를 비축해두고 있다는 걸 알고 있기 때문이다.

04

자연선택, 농부의 허를 찌르다

옥수수근충(Corn Rootworm)

매트(Matt)라는 이름의 한 농부는 수십 년 전 일리노이 주 중부에서 밭에 옥수수와 대두(콩)를 재배하기 시작한 이래 줄곧 두 작물을 윤작해왔다. 옥수수를 두 해 연달아 같은 밭에서 재배한 일은 결코 없었다. 옥수수를 거둔 이듬해에는 어김없이 대두를 심었다. 이는 옥수수의 뿌리를 먹고 살지만 대두는 공격하지 않는 옥수수근충이 작물을 망가뜨리지 않게 막아주고, 그에 따라 많은 돈을 들여 살충제를 뿌릴 필요가 없으므로 더없이 현명한 조처였다. 그러던 1998년 7월 어느 날, 밭 가운데 한 곳을 둘러보던 매트는 푸르른 식물이 가지런히 늘어선 대신 시들시들한 줄기들이 사방으로 흩어진 채 서로 뒤엉켜 있는 걸 발견했다. 옥수수를 완전히 망친 것이다. 매트는 몇 그루를 뽑아 살펴보았다. 옥수수는 똑바로 서 있을 수 없을 만큼 뿌리가 거의 망가져 있었다. 깊은 유연관계에 있는 두 참잎벌레과(leaf beetle family)에 속한 종의 유충으로, 옥수수 뿌리를 먹고 사는 옥수수근충이 저지른 소행임에 틀림없었다. 매트는 여느 해와 다름없이 옥수수와 대두를 윤작했는데, 어떻게 이런 일이 벌어졌는지 그저 어리둥절할 따름이었다.

윤작은 100여 년 동안 옥수수근충을 효과적으로 억제해주었다. 우리가 두 가지 옥수수근충의 섭생 습관과 생활 주기를 이해한다면 윤작이 효과를 발휘한 이유는 자명해진다. 그렇다면 윤작이 실패한 까닭은 무엇일까? 그것은 오직 찰스 다윈이 주장한 자연선택에 의해서만 설명할 수 있다.

북부옥수수근충(*Diabrotica barberi*)은 1964년 이전까지 일리노이 주에서 유일한 옥수수근충이었다. 1964년은 서부옥수수근충(*Diabrotica virgifera*)이 서부에서 유입되어 북부옥수수근충보다 그 수가 훨씬 많아진 시점이다. 두 종의 생활사와 습성은 매우 유사했다. 적어도 윤작이 그들을 제어하는 데 실패하기 전까지는 그랬다. 실제로 일어난 일은 아래와 같다. 녀석들은 8월 말과 9월 초에 살아 있는 옥수수 식물 기저 부근 땅 아래 약 10센티미터 지점에(그 밖의 장소는 거의 해당 사항이 없다) 알을 슬어놓는다. 알은 휴면(겨울잠)에 들어간다. 봄이 되자 알은 휴면을 끝내고 부화한다. 땅속에서 아주 가까운 거리만 움직일 수 있는 작은 유충들은 어린 옥수수 식물의 뿌리를 먹고 산다. 녀석들은 분명 이 밭 저 밭을 옮겨 다니지 못할 것이다. 옥수수 뿌리는 주로 이산화탄소를 방출하는 식으로 녀석들을 유인한다. 유충들은 일부 초원 풀은 예외지만 오직 옥수수만 먹는다. 대두 같은 다른 식물의 뿌리를 먹느니 차라리 굶어 죽는 쪽을 택한다. 한 달여 동안 게걸스럽게 먹이를 축낸 유충은 대부분 7월 초면 다 자라고, 뿌리로부터 벗어나 그들이 땅속에 만들어놓은 방에서 번데기가 된다. 7~8월이 되면 성충이 땅에서 기어 나와 옥수수수염, 옥수수 꽃가루, 그 밖에 다른 수많은 식물의 꽃을 먹는다. 이때쯤 이 종의 암컷은 동종의 수컷을 유인하기 위해 성페로몬을 내뿜는다. 그리고 교미 후 알을 낳는다. 성충은 처음 내린 심한 서리에 죄다 목숨을 잃는다. 녀석들은 겨울에 오직 알의 형태로만 존재한다.

두 종의 옥수수근충은 오늘날 옥수수와 생물학적으로 유사한 연관성을 지닌 채 옥수수 식물에 위와 유사한 해악(때로는 파괴적인 해악)을 끼친다. 하지만 둘은 처음엔 상이한 방식으로, 별 상관도 없는 지역에서 옥수수와 관련을 맺었다. 서부옥수수근충이 최초로 중앙아메리카(아마도 멕시코)에서 옥수수를 먹이 식물로 삼기 시작한 것은 약 4000년 전의 일이다. 폴 망겔스도르프(Paul Mangelsdorf)에 따르면, 아메리카 원주민이 옥수수를 발견하고 재배해 주식으로 삼은 시점이다.[1] 그보다 훨씬 더 옛날에는 당연히 옥수수의 할아버지뻘인 테오신트(teosinte), 혹은 그 밖의 다년생 야생풀이 서부옥수수근충의 먹잇감이었을 것이다. 서부옥수수근충은 마침내 옥수수의 골수팬이 되었고, 아메리카 원주민이 현재의 미국 땅까지 옥수수 경작지를 넓혀가자 그 작물을 따라 북쪽으로 이동했다. 서부옥수수근충이 북으로 세력을 확장하기 시작한 것은 약 3000년 전의 일이다. 현재의 멕시코 북부와 미국 남부에 살던 원주민이 옥수수를 작물로 재배하기 시작했을 무렵이다. 오늘날 서부옥수수근충은 북아메리카 옥수수 곡창 지대 북부의 상당 지역에까지 퍼져 있다.

북부옥수수근충이 옥수수와 관련을 맺은 것은 그로부터 한참 뒤, 이와는 다른 방식으로였다. 북부옥수수근충 역시 중앙아메리카에서 유래했지만, 그들은 아메리카 원주민이 옥수수를 재배하기 훨씬 전 미국 중서부의 키 큰 초원 풀을 습격했다. 웹스터(F. M. Webster)[2]의 주장대로, 아마 1865년 이후 언제쯤에야 키 큰 옥수수 품종과 만났을 것이다. 1865년은 유럽 정착민이 중서부 초원에서 옥수수를 재배하기 시작한 시기다. 그즈음 북부옥수수근충은 과거에 먹이로 삼던 빅블루스템(big blue stem)—말 탄 사람의 허리께까지 웃자라는 키 큰 풀—같은 다년생 초원 풀을 버리고 옥수수로 완전히 갈아탔다. 테리 브랜슨(Terry Branson)과 제임스 크리샌(James Krysan)[3]은 이런 일이 미주리 주 동부와 일리노이 주 중부를 중심으로 일어났다고 믿었다. 그때 이후 북부옥수수근충은 동부와 서부로 퍼져나갔고, 오늘날 미국 중서부 옥수수 곡창지대 전역에서 발견할 수 있다.

북부옥수수근충과 서부옥수수근충은 다년생 야생 풀을 먹는 습성 덕분에 역시나 풀의 일종인 옥수수를 그 비슷하게 활용할 수 있었다. 두 옥수수근충이 다년생 야생 풀로부터 옥수수로 옮아가는 과정에서 맞닥뜨린 한 가지 난관은 옥수수가 다년생 식물이 아니라 1년생 식물이라는 점이었다. 이 문제는 주로 매년 같은 밭에 옥수수를 심는 일부 옥수수 재배 농가의 농사 관행에 힘입어 이내 해소되었다. 옥수수는 1년생 식물임에 틀림없지만 그러한 농사 관행 덕에 다년생 식물이나 다름없어졌고, 갓 부화한 옥수수근충 유충은 봄이면 옥수수를 이용하는 데 아무런 문제가 없었다.

서부옥수수근충에는 볼바키아속(*Wolbachia*)이라는 박테리아가 들끓고 있을 가능성이 있다. 볼바키아는 20세기 초 하버드 의학대학 인근의 우수관(storm sewer)으로부터 채집한 모기의 생식 기관에서 처음 발견한 종이다. 서부옥수수근충을 감염시키는 이 박테리아종은 수컷의 정자가 아니라 암컷의 난자를 통해 퍼진다. 로잔나 조르다노와 공저자들[4]이 최근 규명한 대로, 볼바키아가 서부옥수수근충의 지리적 분포에 미치는 영향은 정말이지 놀라울뿐더러 경제적으로도 중요하다. 오늘날 옥수수를 재배하는 미국 북부와 캐나다 남부에 자리 잡은 서부옥수수근충에는 볼바키아가 우글거린다. 한편 미국 남부와 멕시코에 서식하는 서부옥수수근충 집단은 볼바키아에 감염되지 않았다. 미국 남부와 멕시코의 감염되지 않은 수컷이 북부의 감염된 암컷과 교미하면, 자녀 세대 가운데 정상인 개체의 수는 여느 때와 다름없다. 반면 북부의 감염된 수컷이 남부의 감염되지 않은 암컷과 교미할 경우에는 살아남은 자녀의 수가 희박하거나 전무하다. 조르다노는 관찰 결과를 통해 볼바키아 박테리아가 기이하게 생식의 성패를 좌우한다는 걸 실증적으로 보여주었다. 왜 감염된 수컷과 감염되지 않은 암컷 간 교미는 거의 성공을 거두지 못할까? 감염된 수컷은 감염되지 않은 암컷에게 볼바키아를 옮기지 않는다. 그리고 수컷의 정자가 교미 상대의 알에 들어가면 그 알은 좀처럼 정상적으로 발달하지 못한다. 감염된 수컷의 몸 안에서 발달하고 성숙하는 정자는 볼바키아에 의해 모종의 변화를 겪음으로써(그 과정이 어떻게 이뤄지는지는 아직껏 아무도 모른다), 결국 감염된 암컷의 알은 성공적으로 수정시키고 감염되지 않은 암컷의 알은 제대로 수정시키지 못한다. 조르다노와 공저자들은 실험을 통해 이 사실을 입증했다. 저자들은 테트라사이클린(tetracycline)계 항생제로 처리해 볼바키아가 없는 북부 암컷과 감염되지 않은 남서부 수컷을 교미하면 수정이 제대로 이루어지고 정상적인 수치의 자녀 세대가 나온다는 사실을 확인했다. 조르다노가 나에게 설명해준 대로, 감염되지 않은 암컷의 생식을 막음으로써 그 집단이 약화하지 않도록 하면 볼바키아는 진화상 이점을 누린다. 경제적 관점에서 보면 볼바키아는 남서부 혈통의 서부옥수수근충이 미국 남부에 침입하지 못하게 막음으로써 농업에 이득을 안겨주고 있는지도 모른다.

곤충학자들이 북부옥수수근충과 서부옥수수근충의 생애사·습성·생태, 특히 거의 전적으로 옥수수를 먹이 식물로 의존한다는 사실을 이해한 이후, 윤작을 함으로써(즉 2년 혹은 그 이상 연달아 같은 밭에 옥수수를 심지 않음으로써) 그들이 옥수수에 끼치는 피해에서 벗어날 수 있다는 사실이 자명해졌다. 윤작은 19세기의 위대한 초기 곤충학자 가운데 한 명인 일리노이 주의 스티븐 앨프리드 포브스가 처음 제기한 방법이었다. 옥수수근충은 1년에 단 한 세대만 번식하는데, 늦여름이나 가을에 알을 낳은 뒤 숨진다. 따라서 겨울에는 오직 알 형태로만 존재한다. 알은 모두 그해 옥수수가 자란 밭의 땅속에 묻혀 있다. 그런데 이듬해 봄 알에서 부화한 유충은 살아 있는 옥수수 식물의 뿌리가 주위에 없으면 굶어 죽고 만다. 전년도에 다른 작물을 심고 지금 ('1년차 옥수수'로 알려진) 옥수수를 키우는 땅에는 옥수수근충의 알이 없을 테고, 따라서 옥수수에는 그 벌레들이 들끓지 않을 것이다.

19세기와 20세기 초에 옥수수는 건초용 풀, 클로버, 알팔파(alfalfa), 그 밖에 다른 작은 곡물과의 윤작을 통해 재배했다. 1920년대에는 대두가 이런 작물을 대체하기 시작했다. 윤작이 점차 옥수수와 대두를 번갈아 심는 것으로 자리 잡은 것이다. 일리노이 주에서는 1990년대 초 옥수수 작물 가운데 27퍼센트만을 전년도에 옥수수를 심었던 밭에서 재배했으며, 67퍼센트는 대두와의 윤작으로, 나머지 6퍼센트는 다른 작물과의 윤작으로 재배했다.[5]

윤작은 옥수수근충의 침입을 100년 넘게 막아주었고, 미국의 여러 지역에서는 여전히 그런 상태가 지속되고 있다. 그러나 모든 유기체는 끊임없이 자연선택에 노출되어 있다. 두 종의 옥수수근충도 이제 제 나름의 방식으로 윤작이라는 장애에서 벗어날 수 있는 혈통을 개발했다. 북부옥수수근충이 먼저 방안을 모색하고 나섰다. 알이 첫 해의 겨울을 보내고 휴면에서 깨어나면 대두를 위시해 그들로서는 도저히 받아들일 수 없는 작물만 자라고 있을 때 부화하는 셈이다. 그래서 그들은 이제 휴면을 연장해 두 번의 겨울이 지난 후 맞는 봄에 비로소 부화한다. 그러면 대두를 비롯한 다른 작물과 윤작하는 옥수수와 다시 만날 수 있기 때문이다. 곤충학자들은 이런 현상을 '휴면 연장(extended diapause)'이라 부른다. 20세기 상반기에는 휴면 연장의 조짐이 오직 산발적으로만 나타났다. 그러나 하반기인 1980년대와 1990년대에는 휴면 연장이 널리 확산하기에 이르렀고, 노스다코타 · 사우스다코타 · 네브래스카 · 미네소타 · 아이오와 · 일리노이 · 미시간 주에서 1년차 옥수수에 손실을 끼치는 결과를 낳았다. 휴면을 연장한 북부옥수수근충은 지금도 널리 퍼져나가고 있으며, 종국에는 옥수수 곡창 지대 전역으로 확산될 것이다.

1962년 치앙(H. C. Chiang)은 미네소타 주에서 수집한 북부옥수수근충 알 676개 가운데 2개(0.3퍼센트에 약간 못 미치는 정도)만이 두 번째 겨울에 휴면을 이어갔다고 보고했다. 하지만 곧이어 상황이 달라졌다.[6] 1984년 제임스 크리샌은 동료들과 함께 사우스다코타 주 부근에서 수집한 북부옥수수근충 알 329개 가운데 40퍼센트가 휴면을 연장했다고 발표했다.[7] 1992년 엘리 르빈과 동료들은 사우스다코타 주의 같은 지역에서 수집한 북부옥수수근충 알 311개 가운데 50퍼센트 이상이 휴면을 연장했다고 밝혔다.[8] 즉 겨울을 20.6퍼센트는 두 번, 20.9퍼센트는 세 번, 9.6퍼센트는 무려 네 번이나 지낸 후 부화했다. 그들은 일리노이 주에서도 북부옥수수근충의 알이 그 비슷한 비율로 휴면을 연장했다는 사실을 확인했다. 즉 부화한 알 777개 가운데 42.1퍼센트, 8.0퍼센트, 0.3퍼센트가 각각 두 번, 세 번, 네 번의 겨울을 지낸 후 부화한 것이다.

서부옥수수근충은 그로부터 몇 년 뒤 윤작이라는 장애물을 피해가는 전혀 다른 방안을 찾아냈다. 엘리 르빈과 동료들에 따르면, 서부옥수수근충이 윤작을 돌파했다는 조짐이 처음 엿보인 것은 1987년 일리노이 주 중동부의 파이퍼시티(Piper City) 인근에서였다.[9] 윤작을 우회하게 된 서부옥수수근충은 1995년에는 일리노이와 인디애나 주 인근의 23개 카운티까지 퍼졌다. 1997년에는 아마도 편서풍을 타고 동쪽으로 급속하게 퍼져나가 미시간 주 남부, 오하이오 주 북서부에서도 발견되었다. 그들은 머잖아 델라웨어와 메릴랜드 주의 옥수수 재배 지역에까지 이를 것이다. 이와 다른 방향으로 퍼지는 속도는 편서풍의 도움을 받지 않은 탓인지 한층 더딘 편이다.

윤작을 피해가는 서부옥수수근충은 옥수수밭이 아니라 대두밭에 다량의 알을 낳음으로써 윤작 중인 옥수수(즉 1년차 옥수수)와의 접촉 시기를 맞춘다. 그들이 대두에 산란하는 걸 특별히 선호하는 것 같지는 않다. 서부옥수수근충은 다른 여러 식물에도 알을 낳긴 하지만 중서부의 대다수 농경지에서는 옥수수를 빼고 대두를 가장 많이 재배하므로 당연히 대부분의 알을 대두밭에 낳는다. 서부옥수수근충의 유충은 대두 뿌리를 먹으며 살아갈 수 없다. 서부옥수수근충의 성충 역시 대두 이파리를 먹기야 하겠지만 그 밖에 다른 것을 먹지 않으면 배겨내지 못한다. 만약 옥수수와 대두를 윤작하지 않고 각각을 해마다 같은 밭에서 재배한다면, 서부옥수수근충이 대두밭에 산란하는 새로운 행동은 자멸에 이르는 길이다. 알에서 부화한 유충은 사실상 유일한 식량인 옥수수를 만나지 못할 것이기 때문이다. 옥수수와 대두를 교대로 윤작하면 대두밭에 슬어놓은 알에서 첫 번째 겨울을 나고 부화한 유충은 이듬해 심은 옥수수와 만날 수 있다.

위에서 설명한 대로 북부옥수수근충과 서부옥수수근충이 각기 자연선택을 통해 윤작을 피해가며 결국 제 먹이 식물과 만나는 완전히 다른 방안을 고안해낸다는 사실은 정말이지 놀랍다. 옥수수를 다른 작물과 윤작해온 농부들은 100여 년 동안 옥수수근충의 약탈을 피할 수 있었다. 그러나 북부옥수수근충과 서부옥수수근충은 이제 자연선택을 통해 서로 전혀 다르긴 하나 윤작을 피해 옥수수와 만나는 나름의 방법을 알아냄으로써 재앙적인 사태를 면했다.

다윈은 농부들이 처한 곤경을 보고 다소 난감하겠지만, 자연선택이 훌륭하게 작동하고 있음을 보여주는 이 경이로운 사례를 알게 되면 기쁘기 한량없을 것이다. 혹시나 여기서 자연선택의 '자연'이라는 용어에 딴죽을 거는 이가 있을지도 모르겠다. 이 경우에는 작물을 윤작한 게 자연이 아니라 인간인 만큼 자연선택이 아니라 '인위' 선택이라고 말이다. 자연선택이든 인위 선택이든 용어야 아무래도 좋다. 좌우지간 집파리의 사례에서도 보듯 선택이 일어나고 있으며, 지금 진화가 이뤄지고 있다는 사실만큼은 변하지 않을 테니 말이다.

자연선택은 한 동물 집단의 구조·생리·행동을 달라지게 만들 수 있다. 하지만 이런 집단은 그 종의 다른 구성원과 생식적인 면에서 격리되어야 비로소 별개의 종이 된다. 말하자면 한 집단이 어떤 다른 종의 구성원과 상당 정도 상호 교배하고 있다면 그 집단을 진정한 하나의 종으로 간주할 수는 없다. 대다수 생물학자들은 생식 격리(reproductive isolation)란 오직 동일종에 속한 두 집단이 산맥이라든가 거대 수역(水域) 등 서로 왕래할 수 없는 장애물에 의해 분리되는 것과 같은 지리적 격리에 의해서만 이루어질 수 있다고 본다. 그러나 일부 생물학자들은 설령 지리적으로 격리되지 않는다 하더라도 가령 같은 장소에서 살아가는 두 집단이 다른 두 종의 식물을 먹고 사는 까닭에 서로 분리된다면, '종 분화(speciation)'가 일어날 수 있다고 주장한다. 다음 장에서 소개할 진짜 과실파리의 일종인 광대파리(*Rhagoletis pomonella*)가 바로 그와 같은 경우에 해당한다.

05

한 종이 두 종으로 분화하는 법

과실파리(Fruit Fly)

1922년 미국 농무부가 발행한 〈농민회보(Farmer's Bulletin)〉에서 퀘인턴스(A. L. Quaintance)와 시글러(E. H. Siegler)는 광대파리에 관해 이렇게 언급했다. "이 곤충은 초기 유충 단계일 때 대단히 기만적으로 활동하므로, 겉으로는 멀쩡해 보이는 사과가 광대파리 유충 한두 마리한테 파먹힌 사례를 흔히 볼 수 있다. 그런데 한 번 습격당한 사과는 일단 무르게 되면 광대파리 유충이 급속하게 성장한다. 이는 껍질까지 눈에 띄게 뚫린 갈색 구멍들 때문에 쉽사리 감지할 수 있다. 특히나 껍질이 밝거나 노란빛을 띠는 품종일 경우는 더욱 그렇다. ……광대파리 유충은 과실 여기저기에 구불구불한 구멍을 파서 과육이 (즙을 짜고 난) 찌꺼기처럼 색이 변하고 푸석푸석해지게 만든다. 결국 과실은 시장에 내다팔 수 없을 만큼 상품 가치를 잃어버린다……."[1]

광대파리는 진짜 과실파리 가운데 하나이며, 테프리티디과에 속한다.

더러 부정확하게 과실파리라고 부르기도 하는 초파리과와 혼동해서는 안 된다. 초파리는 썩은 과일의 표면에 알을 낳지만, (모두가 그런 것은 아니나) 과실파리 유충은 여전히 나무에 매달려 있는 싱싱한 과실 속에 살면서 그것을 먹이로 삼는다. 과실파리는 날카롭고 튼튼한 산란관이 있는데, 그것으로 과실에 구멍을 뚫고 과육(광대파리 유충이 먹게 될 조직) 안쪽에 알을 낳는다. 아울러 그 안에 들어앉아서 건조해지는 것을 막고 포식자들로부터 보호를 받는다.

과실파리는 알려진 것만 해도 약 4200종에 달하지만, 그 일부인 약 40종만을 해충으로 분류한다. 우리에게 알려진 무해한 과실파리종들은 대부분 오직 한 종의 식물, 혹은 그와 유연관계에 있는 몇 종의 식물만 먹는다. 그러나 대다수 해충종은 이와 반대로 왕성한 광식성(廣食性: 먹이 선택 범위가 넓은 것을 일컫는 말—옮긴이)이다. 따라서 그 유충들은 수십 가지, 심지어 수백 가지 상이한 야생 과실, 혹은 재배 과일 속에서 살아가며 성장할 수 있다.

광대파리의 기주 식물(host plant: 주로 초식성 곤충이나 그 애벌레의 먹이가 되는 식물—옮긴이) 선호는 "자연선택은 어떤 환경에서 새로운 종을 '만들어 내는가?'"라는 논의에서 중요한 고려 사항이다. 이 논의에서 주된 견해는 '종 분화'란 오직 어느 종에 속한 두 집단이 산맥이나 바다 같은 지리적 장애물에 의해 격리되어 둘 간의 상호 교배가 불가능할 때에만 일어날 수 있다는 것이다. 그에 따르면, 오직 그래야만 두 집단은 생리와 행동(특히 성적 행동)을 통제하는 유전적 돌연변이를 충분히 축적함으로써 '진정한' 종이 되는 데 필수불가결한 다른 모든 종과의 생식 격리를 이뤄낼 수 있다. 또 다른 견해는 지리적 격리 없이도, 예컨대 두 집단이 다른 기주 식물을 활용한다든가 하는 행동의 차이에 의해 격리된다면, 설령 아주 가까운 거리에 살고 있더라도 '종 분화'가 일어날 수 있다고 주장한다. 광대파리의 경우가 바로 여기에 해당한다.

광대파리는 북미 토종으로서 그들이 본래 기주 식물로 선택한 것은 산사나무였다. 산사나무는 사과나무와 같은 과에 속하며, 사과와 비슷한 열매를 맺는다. 사과나무는 식민지 시대 초기에 북미로 도입되었지만, 사과를 파먹는 광대파리 포모넬라(*pomonella*)를 발견한 것은 그로부터 200년도 더 지난 1866년의 일이다. 진화생물학자들에 따르면, 오늘날 이 광대파리의 '기주 종족(host race)'에는 두 가지가 있다. 하나는 산사나무를 공격하는 종족이고, 다른 하나는 사과나무를 갉아먹는 종족이다. 두 종족은 똑같이 생겼지만, 둘 사이의 행동 차이를 보면 그들이 적어도 별개의 종으로 변화하는 도중에 있음을 알 수 있다. 하지만 그들이 이러한 길의 끝에 도달했는지는 아직 확실치 않다. 사과나무 기주 종족은 때가 되면 산사나무 기주 종족보다 빨리 휴면을 중단하고 땅에서 나온다. 이처럼 휴면을 마치고 나오는 시기가 서로 다르므로 두 기주 종족이 상호 교배할 가능성은 낮다. 사과나무 기주 종족이 땅에서 기어 나올 때는 아직 산사나무 열매를 이용할 수 없다. 만약 사과나무 기주 종족이 자연에서 둘을 동시에 이용할 수 있다 해도 여전히 산사나무보다 사과나무를 더 좋아할지 여부는 알 길이 없다. 그러나 실험 결과에 따르면 사과나무 기주 종족의 암컷은 산사나무 기주 종족의 암컷보다 사과에 산란하는 것을 더 좋아한다. 광대파리를 비롯한 대다수 과실파리는 기주 식물에서 교미하므로, 특정 식물에 대한 선호도는 계속되는 경향이 있다. 각 개체는 자신과 같은 기주 식물 종족에 속한 개체와 교미할 가능성이 높기 때문이다.

과실파리에 관한 세계적 권위자인 일리노이 대학 곤충학과의 스튜어트 벌로커는 나에게 과실파리의 절반가량이 과실을 먹지 않는 종류라고 말해주었다. 어느 거대 집단에 속한 유충은 데이지과의 식물을 먹고 사는데, 그 대다수는 꽃의 머리에 살지만 일부는 줄기·뿌리·꽃에 종양처럼 부풀어 오른 벌레혹(식물에서 비정상적으로 불거진 부분)을 만들기도 한다. 플리오리오셉타속(*Pliorioceptа*)에 포함되는 종들의 유충은 아스파라거스의 여린 순에 구멍을 판다. 여린 아스파라거스 순은 산란하는 성충이 그 수직면(vertical aspect)을 보고 찾아낸 것이다. 블레파로네우라속(*Blepharoneura*)에 드는 종들은 오직 호박과에 속한 식물만 먹는다. 이들은 대체로 엄밀하게 기주 식물을 고수하며 오직 한 가지 호박종만을 먹이로 삼는다. 그들 상당수는 자신이 이용하는 식물의 어느 부분을 택할지에 대해서조차 까다롭기 그지없다. 그중 어느 종의 유충은 오직 수컷 꽃에서만, 어느 종의 유충은 암컷 꽃에서만, 어느 종은 씨앗이나 과실에서만, 일부 종은 줄기에서만 살아가기도 한다. 벌로커는 나에게 인도네시아·뉴기니·오스트레일리아 일부 지역에는 썩은 나무를 먹고 사는 과실파리도 있다고 말해주었다. 피탈미아속(*Phytalmia*) 및 그와 유연관계에 있는 몇몇 종은 파리 전체를 통틀어 구조적으로 가장 희한하게 생겼다. 이들의 수컷은 넓게 펼쳐진 거대한 '뿔'이 머리 양쪽에 달려 있는데, 수컷 사슴이나 엘크처럼 그 뿔을 이용해 제 영역(썩은 나무의 어느 장소로서 잠재적 교미 상대인 암컷이 들어와 산란할 곳)에 쳐들어온 수컷과 피투성이가 되도록 싸운다. 에울레이아속(*Euleia*)의 일부 작은 유충은 당근과 식물의 이파리에 '구멍을 판다'. 이파리의 앞면과 뒷면 사이의 부드러운 엽육에 굴을 뚫는 것이다. 마침한 이름이 붙은 오스트레일리아의 테르미토리옥사 테르미톡세나종(*Termitorioxa termitoxena*)은 흰개미가 살아 있는 나무에 파놓은 구멍 속에서 지내며, 그 구멍을 가득 채우고 있는 냄새 고약한 액체를 먹는다. 과실파리 가운데에는 포식자도 있다. 에우프란타 톡소네우라(*Euphranta toxoneura*) 유충은 벌레혹을 공격해서 그 혹의 원래 주인인 잎벌(sawfly)의 유충을 잡아먹는다.

1929년 4월 외래종 과실파리가 들이닥쳐 플로리다 주의 과수원을 위협하면서 재앙의 조짐이 싹텄다. 지중해광대파리(*Ceratitis capitata*) 유충이 이 지역에서 재배하는 자몽에서 발견된 것이다. 세상에서 가장 파괴적인 해충에 속하는 지중해광대파리(축약해서 'medfly'라는 별칭으로 불렀다)는 253개 넘는 식물종의 열매에 피해를 입힌다. 전부는 아니지만 대부분이 중요한 재배종이고, 야생종도 더러 있었다. 재배종에 속한 것으로 몇 개만 나열하자면 오렌지, 복숭아, 자두, 체리, 배, 사과, 무화과, 아보카도, 파프리카, 토마토, 심지어 호두를 덮고 있는 육질의 바깥 껍질 따위를 들 수 있다. 지중해광대파리의 고향은 원래 남아프리카인데, 무역을 통해 세계 전역의 열대 및 아열대 지방으로 퍼져나갔다. 멕시코 북쪽의 미국에서 처음 지중해광대파리의 피해를 입은 곳은 플로리다 주였다. 플로리다와 캘리포니아 주는 지중해광대파리가 유입된 이래 그들의 공격을 수차례 받았다. 그때마다 지중해광대파리를 근절시켰지만, 제임스 커레이(James Carey)는 캘리포니아 주에서 극소수가 끝끝내 살아남았다는 그럴듯한 주장을 펼친다.[2]

1929년 플로리다의 3만 9000제곱킬로미터에 달하는 지역이 지중해광대파리의 확산을 막기 위해 주방위군(National Guard)이 설치한 바리케이드에 의해 격리되었다. 그 어떤 유의 과실도 그 지역을 벗어날 수 없었다. 당시에는 쓸 만한 살충제가 없어 그저 피해지에서 야생으로 자라거나 재배하는 모든 과실을 따서 폐기하는 식으로 지중해광대파리를 근절하는 도리밖에 없었다. 18개월에 걸친 이 작업에 6000명이 투입되었고, 700만 달러(오늘날의 가치로 환산하면 7400만 달러에 해당)의 비용이 들었다. 지중해광대파리로 인한 손실액이 연간 그 3배에 달했고 플로리다주가 이후 27년 동안 그 해충의 피해를 입지 않았다(1956년에 재출현했지만 이내 근절되었다)는 사실을 고려하면 많은 금액이라 할 수 없다. 오늘날 지중해광대파리는 완전히 뿌리 뽑혔거나, 여러 살충제와 놀라운 수컷단종법(sterile male technique)을 동시에 활용함으로써 잘 억제되고 있다. 수컷단종법에 대해서는 이 책 마지막 장에서 상세히 다룰 예정이다.

광대파리는 종의 진화 방법 관련 논쟁에서 중요한 관심 대상 가운데 하나인지라 그들의 교미 행동과 먹이 식물 선정에 관해서는 그간 꼼꼼한 연구가 활발하게 이루어져왔다. 더군다나 그들은 중요한 해충의 지위를 차지하고 있어 그 자연사에 관한 연구도 활기를 띠고 있다. 가령 암컷이 산란하기에 알맞은 사과를 골라내는 방법은 무엇인지, 암컷이 제 자손들로 하여금 그 종에 속한 다른 유충과의 경쟁에서 치이지 않도록 보장해주는 방법은 무엇인지 따위의 연구가 그것이다.

이 같은 연구를 수행하는 목적 중 하나는 살충제를 사용하지 않고 광대파리 방제법을 찾아내는 것이다. 이는 정말이지 중요한 일이다. 만약 사과가 수많은 해충으로부터 피해를 입으면 가격이 비싸질뿐더러 환경적으로도 바람직하지 않은 살충제를 듬뿍 뒤집어쓰기 때문이다. 더욱이 사과에 해를 입히는 해충은 이런 살충제에 재빨리 내성을 키우므로 과수원 농부들은 새로운 살충제를 계속해서 찾아내야 한다. 이를 한없이 지속하기에는 실로 버거운 일이다.

광대파리는 분포 지역의 남쪽 일부에서를 제외하고는 대개 1년에 한 세대만 번식한다. 이들의 유충은 8월 말과 9월 초에 완전히 자라고, 나무 아래 땅속으로 파고 들어갈 채비를 한다. 이들은 땅속에서 집파리와 같은 방식으로 번데기를 감쌀 번데기 껍데기를 만든다. 스튜어트 벌로커가 나에게 일러준 바에 따르면, 소수의 유충은 나무에 매달려 있는 과실에서 구멍을 뚫고 나와 땅바닥으로 떨어지지만 대다수 유충은 과실과 함께 떨어진다고 한다. 광대파리의 공격을 받아 열매가 때 이르게 낙과하기 때문이다. 광대파리 유충은 여름철이 끝나갈 무렵, 낮이 짧아지고 기온이 낮아지는 것을 신호로 번데기 휴면 상태에 돌입한다. 그리고 이듬해 여름, 휴면을 마친 번데기에서 성충이 등장한다. 그런데 이는 오로지 번데기가 겨울 추위를 겪고 난 후에만 일어난다. 실험실에서는 번데기 껍데기를 몇 주 동안 냉장고에 넣어두면 휴면을 종료시킬 수 있다.

집파리보다 약간 작은 광대파리 성충은 6월과 7월에 땅에서 나온다. 하지만 아직 성적으로 미숙한 상태라 열흘이 더 지나야 비로소 알을 낳는다. 그사이 그들은 여기저기 흩어져 에너지원인 당분이며 생식에 필요한 단백질, 혹은 아미노산을 함유한 먹잇감을 찾아다닌다. 볼러(E. F. Boller)와 로널드 프로코피(Ronald Prokopy)가 나열한 광대파리의 먹잇감에는 단물, 식물 삼출액, 이스트, 곤충 똥에 스며 있는 액체, 새똥 따위가 있다.[3]

로널드 프로코피와 요르게 헨드릭스(Jorge Hendrichs)에 따르면, 광대파리는 성적으로 성숙해지면 교미와 산란을 위해 유충의 기주 식물로 모여든다.[4] 다른 과실파리들(골치 아픈 귤과실파리(oriental fruit fly)나 이와 유연관계에 있는 수많은 과실파리)은 교미를 황혼녘에 하는데, 광대파리 성충과 그 친척뻘인 일부 종은 충분히 따스하기만 하면 대낮에도 시간을 가리지 않는다. 수컷의 교미 행동은 암컷의 생식 주기에 맞춰진다. 암컷은

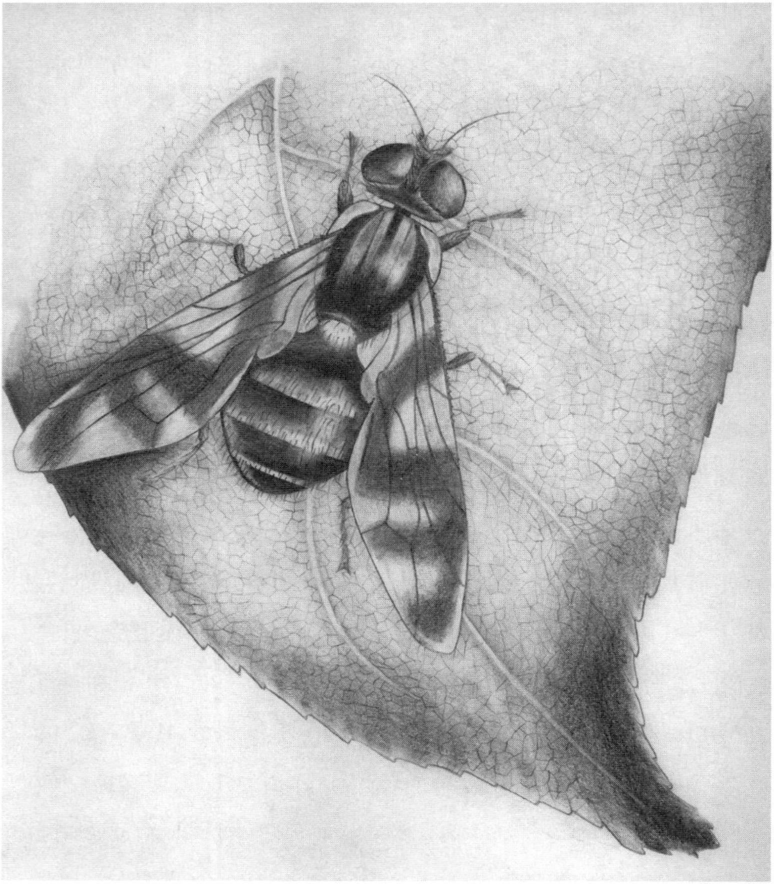

사과나무 이파리 끝에 내려앉은 광대파리 성충.

교미철 전반기에 나뭇잎에서 짝짓기한 뒤 알을 낳기 시작한다. 더러 떼를 이루기도 하는 수컷은 나뭇잎 위쪽에 내려앉아 암컷을 사로잡는 유인 물질인 성페로몬을 배출한다. 이때는 암컷이 교미에 적극적인 것처럼 보인다. 수컷들(적어도 대부분의 수컷) 역시 암컷 얼굴에 제 얼굴을 들이대면서 노골적으로 접근한다. 한편 교미철 후반기에는 수컷이 대부분의 암컷을 만날 수 있는 과실로 관심을 돌린다. 수컷은 저마다 하나의 과일을 사적 영역으로 간주하며 넘보는 다른 수컷에 맞서 방어한다. 뒷발로 버티고 선 채 앞발로 권투 선수 같은 자세를 취하며 침입자를 막아낸다. 이때쯤 알을 낳기 위해 과실을 찾아온 암컷은 전에 없이 수컷한테 시큰둥하다. 이제는 수컷한테 아쉬울 게 없기 때문이다. 암컷은 지난번 교미 덕분에 이미 정액낭에 정액이 가득 차 있는 데다 집적대는 수컷을 상대하기에는 어미 노릇에 수반되는 일들로 충분히 버거운 상태다. 암컷은 보통 수컷을 내치려 한다. 결국 (자연선택에 의해) 수컷은 경황없는 암컷한테 접근하는 방법을 바꾼다. 어떻게든 알을 수정시키고야 말겠다는 결의에 찬 광대파리 수컷은 얼굴을 디밀면서 대놓고 구애하는 대신 뒤에서 암컷을 덮친다. 만약 암컷이 산란 준비에 몰두해 있다면 몸에 올라타 강제로 교미하기도 한다. 알을 낳기 위해 이 과일 저 과일 옮겨 다니는 암컷을 수정시키는 것은 특히나 이점이 많다. 정액이 암컷의 정액낭에 들어가면 지난번 교미 때 얻은 정액을 대부분 뒤덮는다. 맨 나중에 정액낭에 들어간 정액이 일반적으로 가장 먼저 알을 수정시키므로 그 수컷은 암컷이 앞으로 낳을 대다수 알의 아비가 된다. 이는 대부분 곤충의 경우도 마찬가지다.

이 같은 이중 교미 전략은 한 수컷이 자녀 세대의 아비일 확률을 높이고, 따라서 그 수컷의 진화적 적응도를 키워준다. 예상할 수 있듯 다른 곤충종도 이와 비슷한 본능적 행동을 발달시켜왔으며, 이는 그들의 유전자에 이미 프로그램화되어 있다. 전부는 아니지만 일부 말벌·벌·나비 그리고 〔크리스 메이어(Chris Maier)와 내가 발견한 바에 따르면〕[5] 꽃등에과(Syrphidae)에 속한 네댓 종의 꽃등에(flower fly)가 그러한 예에 속한다. 꽃등에과에는 말로타 포스티카타(*Mallota posticata*)가 포함되어 있는데,

크고 북슬북슬하고 노란색과 검은색이 교차하는 게 꼭 호박벌(bumble bee)처럼 생겼다. 말로타 포스티카타의 암컷은 햇볕이 내리쬐는 봄날 오전에 딱총나무, 들장미, 몇 종의 층층나무, 그 밖의 관목을 찾아간다. 알을 만드는 데 필요한 단백질원인 꽃가루가 필요하기 때문이다. 이 시간대에 수컷은 관목 주변을 어슬렁거리면서 암컷을 찾아 헤맨다. 그러다가 꽃 위에 내려앉은 암컷을 발견하면 불시에 덮쳐 수정시킨다. 정오가 다가와 기온이 올라가고 상대 습도가 내려가면, 말로타 포스티카타 암수는 대부분 근처의 선선하고 축축한 숲으로 이동한다. 숲에서 암컷은 알을 낳기 위해 나무둥치에 뚫린 축축하고 썩은 구멍을 찾아다닌다. 수컷은 그 나무 구멍 주변의 작은 영역을 은밀히 감시하고, 그들 종에 속한 다른 수컷들이 얼씬거리지 못하도록 지킨다. 수컷들은 돌진하듯 공중에서 암컷을 낚아챈다. 그리고 땅으로 곤두박질친 다음 짝짓기를 한다.

이제 과실파리로 다시 돌아가보자. 로널드 프로코피와 대니얼 파파지(Daniel Papaj)에 의하면, 암컷과 수컷은 둘 다 화학적·시각적 단서를 사용해 과실, 즉 나중에 암컷이 산란할 과실을 찾아낸다고 한다.[6] 광대파리 성충은 20미터쯤 떨어진 거리에서도 나무에 매달린 과실의 향을 감지할 수 있으며, 바람을 안고 날면서 그 향의 자취를 추적한다. (지금은 산사나무 열매와 사과나무 열매의 향을 이루는 매혹적인 구성 성분을 각각 분리·식별할 수 있다. 따라서 과실파리에게 더없이 매혹적인 인위적 혼합물을 만들 수 있다.) 과실파리는 과실이 달린 나무에 이르면 응당 열매 하나를 점찍는다. 이 일은 주로 시각적 단서에 의존한다. 프로코피 연구진은 끈끈한 물질을 바른 인공 과실 모형을 나무에 매달아놓고 실험을 진행한 결과, 모양, 즉 형태가 가장 중요한 요소임을 밝혀냈다.[7] 진짜 과실 형태와 흡사한 구형(球

形)이 과실파리의 관심을 가장 많이 끌었던 것이다. 모형의 크기도 과실파리에게 상당한 영향을 끼친다. 모양이 크면 클수록 과실파리는 더 많이 유혹당해 거기에 발라놓은 탱글풋(Tanglefoot)이라는 끈끈이 풀에 걸려드는 경향이 있었다. 과실파리는 실제 과실 크기의 모형보다 훨씬 더 큰 소프트볼만 한 모형에 더 많이 꼬였다. 여기서 실물보다 큰 모형이란 동물행동학자들이 이른바 '초정상자극(supernormal stimulus)'이라고 부르는 것이다. 예를 들어, 네덜란드의 동물행동학자들은 재갈매기가 실물보다 큰 인공 알에 쉽사리 속아 넘어간다는 사실을 발견했다. 〔혹자는 재갈매기(herring gull)를 '바다'갈매기('sea'gull)라 부르기도 하는데, 이는 담수호에서 흔히 볼 수 있는 갈매기와 구분하기 위해서다.〕 재갈매기는 땅바닥에 둥지를 틀며, 알이 둥지 밖으로 굴러 나오면 다시 주워온다. 재갈매기는 정상적인 알과 커다란 모형 알을 선택할 기회가 주어지자 커다란 모형 알을 주웠다. 그들로서는 크면 클수록 좋은 것이다. 마지막으로 모형 과실의 색깔 역시 중요하다. 과실파리는 시즌 초기에 과실이 노란색일 때에는 노란색 모형에 가장 잘 반응하지만, 시즌 후기에 과실이 농익을 때에는 붉거나 짙은 색을 선호한다. (어떤 이들은 곤충이 색맹인 것으로 알고 있는데, 사실 그들은 색을 아주 잘 본다. 실제로는 우리 인간의 눈에는 보이지 않는 자외선도 볼 수 있을 정도다.)

과실파리의 암컷은 일단 과실에 내려앉으면 그 안에 알을 낳을지 말지 결정해야 한다. 알에서 부화한 유충이 살아가기에 알맞은 거처인지 판단해야 하는 것이다. 암컷은 자신의 산란관으로 과실을 쑤셔보고, 그 산란관에 들어 있는 미각 수용기가 인지한 화학적 단서를 토대로 결정을 내린다. 암컷은 실제로 부드러운 밀랍으로 만든 모형을 뚫어본 다음, 거기에서 설탕 맛, 혹은 이상하게 들릴지도 모르지만 심지어 소금 맛이

나면 알을 낳기도 했다.

과실파리의 불가사의하면서도 신비로운 산란 행동에 관한 지식은 얼핏 봐서는 우리에게 별다른 실용성이 없는 듯하다. 하지만 그렇지 않다. 앞에서 언급한 "네 적을 알라"는 경구는 그 적이 침략군이거나 파괴적인 곤충일 경우 더없이 훌륭한 조언이다. 사과 과수원에서는 과실파리를 유인해 잡아들이는 끈적끈적한 모형을 걸어놓는다. 보통 끈끈이 풀인 탱글풋을 발라놓은 빨간색 구형 플라스틱이다. 모형 바로 위에는 유리병이 있고, 그 안에서 멀리 있는 과실파리를 유인하는 휘발성 화학 물질을 방출한다. 이들 모형은 성충 과실파리를 잡아들임으로써 그 계절에 최초로 광대파리가 등장했다는 사실(그 시기는 해마다 다르다)을 경고해주는 역할을 한다. 붙들린 과실파리 수는 그 집단의 규모를 가늠하는 척도가 되기도 한다. 이는 과수원 주인들에게 그야말로 유용한 정보다. 그것을 보고 살충제를 '언제' 뿌려야 할지, 살충제를 사용하려는 결정이 '경제적으로 합당할 만큼' 작물을 해치는 과실파리 수가 많은지 여부를 판단할 수 있기 때문이다.

1972년 로널드 프로코피는 암컷 광대파리의 간단하지만 매우 중요한 행동에 관해 다음과 같이 기술했다.[8] "관찰을 통해 광대파리 암컷이 산란 직후 끝까지 뻗은 산란관을 질질 끌면서 약 30초 동안 과실 껍질의 둘레를 도는 광경을 볼 수 있었다." 프로코피는 현장 연구와 실험실 연구를 통해 암컷이 페로몬을 묻히고 있는 중이라는 사실을 밝혀냈다. 오늘날 '숙주 표시 페로몬(host-marking pheromone)'이라고 알려진 것이다. 이 페로몬은 다른 암컷들이 그 과실에 산란하지 못하도록 저지하고, 그 결과 자기 자녀 세대가 다른 과실파리 유충과 경쟁하는 사태를 막아주는 물질이다. 그때 이후 이 행동과 관련해 더 많은 사실이 드러났다.

프란시스코 디아스(Francisco Díaz) 등[9]이 요약한 바에 따르면, 이는 전부는 아니지만 상당수 과실파리과 곤충들이 공유하는 특성이다. 과실파리와 관련 있는 종들은 정도 차이는 있지만, 상대의 '숙주 표시 페로몬'을 인식하며 거기에 주의를 기울인다. 이 페로몬은 다투는 개체가 너무 많이 몰려 있어 경쟁이 치열한 곳을 피해 다른 곳으로 이동하도록, 그래서 유충을 경쟁으로부터 훨씬 더 안전하게 보호할 수 있도록 과실파리를 이끌어준다. 일부 종들에서는 '숙주 표시 페로몬'이 수컷을 그 근처에 머물도록 유도하기도 한다. 필시 부근에 암컷이 있음을 말해주는 신호이기 때문이다. 올리브에 막대한 피해를 입히는 해충으로 지중해 연안국 사람들의 식탁을 어지럽히곤 하는 올리브과실파리(olive fruit fly)가 2002년 맹렬한 기세로 이탈리아 남부의 올리브 숲을 덮쳤다. 이 해충은 '숙주 표시 페로몬'을 지니고 있지 않지만, 그 대신 올리브 열매 자체의 즙을 써서 경쟁 관계에 놓인 암컷을 퇴치한다. 암컷은 올리브 열매에 구멍을 뚫고 알을 낳은 뒤, 거기서 흘러나온 즙을 구기를 활용해 올리브 위에 펴 바른다.

하나의 종은 오로지 그 구성원이 자손을 계속 낳는 동안에만 유지된다. 종의 생존은 그 구성원 각자가 가능한 한 많은 자녀들, 즉 부모의 유전자를 후대에 전해줄 자녀들이 살아남을 수 있도록 애씀으로써 스스로의 진화적 적응도를 높이는 행동을 할 때에만 보장된다. 이 책을 계속 읽다 보면 여러분은 거기에 도달하는 한 가지 방법이 많은 수의 자녀를 낳는 일임을 깨달을 것이다. 그럴 경우 자녀들이 부모로부터 돌봄을 거의, 혹은 전혀 받지 못하겠지만 말이다. 적어도 몇몇 종은 이런 식으로 살아남는 것 같다. 이를테면 대서양연어(Atlantic salmon)는 개울 바닥에 얕은 홈을 파고 거기에 수천 개의 알을 낳지만, 포식자의 눈을 피하기 위해 알 위에 모래와 자갈을 살랑살랑 덮어주는 것 말고는 그 어떤 보살핌도 베풀지 않는다. 다음 장에서 만나볼 진딧물 역시 많은 자녀 낳기 전략을 구사한다. 하지만 그들은 동물 가운데에서 가장 독특한 방식으로 그 일을 해낸다.

06

후손 보장하기: 숫자 게임

진딧물(Aphid)

정수리가 검은 작고 앙증맞은 박새(chickadee)가 나뭇가지에 거꾸로 매달린 채 애벌레 같은 큰 먹잇감은 잠시 제쳐두고 단풍잎이 달린 나뭇가지 아래쪽에서 진딧물을 하나하나 쪼아 먹고 있다. 이 작은 흡즙성 곤충으로 한 끼 식사를 하려면 엄청난 수를 해치워야 한다. 하지만 그 수가 실로 어마어마하므로 박새는 엄청 많은 진딧물을 섭취함으로써 크기의 문제를 만회한다. 〔진딧물(aphid)은 'plant louse'라고도 부른다.〕 박새가 얼마나 많은 진딧물을 먹어치우는지는 아무도 모른다. 그러나 박새와 크기가 똑같은 휘파람새(warbler)의 일종인 노란목솔새(common yellowthroat)는 한 시간에 약 7000마리를 잡아먹는 것으로 관찰되었다. 박새는 아마 그보다 훨씬 더 먹성이 좋을 것이다. 박새 암컷은 교미 상대와 함께 썩은 자작나무 그루터기에 파놓은 구멍에 둥지를 틀고 알을 7개 낳는데, 그러려면 가외의 영양분이 필요하기 때문이다.

수많은 숲진드기종(woodland aphid)은 생태계에 이득을 안겨주는 존재다. 다양한 곤충뿐 아니라 박새를 비롯한 숲속의 여러 새에게 중요한 식량원인 까닭이다. 진딧물 개체가 폭발적으로 늘어날 가능성은 많지만 (이에 대해서는 뒤에서 따로 다룰 예정이다), 그 수가 숲이나 기타 야생 지역에 피해를 줄 정도로 불어나는 일은 여간해서 없다. 진딧물의 먹이 식물은 그들이 싫어하는 다른 식물 사이에 흩어져 있어 찾기 어려울뿐더러 천적이 그들을 가만 놔두지도 않기 때문이다.

좀 다른 종인 완두진디(pea aphid, *Acyrthosiphon pisum*)는 완두, 특히 넓은 땅에 상업용으로 촘촘하게 심은 완두에 커다란 피해를 입힌다. 완두진디는 완두의 줄기, 이파리, 꽃 그리고 콩깍지에 구멍을 뚫어 수액을 빨아 먹음으로써 그 식물을 시들게 만든다. 또한 그 식물에 바이러스성 질병을 퍼뜨리기도 한다. 완두는 초봄에 심으므로 완두진디의 천적 곤충들—무당벌레, 무당벌레 유충, 물결넓적꽃등에(hover fly)—은 아직 진딧물 개체를 억제하기에 충분할 만큼 나타나지 않은 상태다. 상황이 이런 데다 먹잇감이 사실상 무궁무진한 까닭에 진딧물은 급격하게 불어난다. 마치 들불처럼 번져 작물을 초토화시키고 수확량을 처참할 정도로 낮춰버린다.

완두진디의 수가 갑자기 불어나 밭이 위험에 빠진다면, 견디기 어려운 피해를 입기 전에 (닿으면 죽는) 접촉독(contact poison)을 밭에 뿌리는 게 상책이다. 나는 오래전 위스콘신 주의 통조림 회사에서 곤충학자로 일할 때, 두 번의 여름 동안 정확히 그와 똑같은 일을 담당했다. 완두진디는 통조림 공장과 계약한 농부들의 수많은 완두밭에서 잠재적 위험 요소였다. 나는 조수들과 함께 세심한 주의를 기울이며 밭에 진딧물이 생겼는지 수시로 확인했다. 우리는 각각의 밭 곳곳에서 여남은 개의 표본을 임의로 수집했다. 1제곱피트 크기의 나무판을 두 고랑 사이에 놓고, 주위의 완두 식물을 그 나무판 위로 구부린 다음 세차게 흔들어 진딧물을 떨어뜨리는 식이었다. 만약 모든 표본의 평균이 결정적 수치인 나무판당 50마리를 넘어설 경우에는 경제적으로 심각한 해를 입힐 가능성이 있는 수준이므로 밭에 살충제를 뿌렸다.

그런데 그냥 모든 밭에 농약을 뿌리면 될 것을 왜 굳이 그 같은 수고를 마다하지 않았을까? 그것은 완두진디—작물에 해를 주는 다른 해충들도 마찬가지다—가 꼭 모든 밭에 똑같이 심각할 정도로 들끓는 것은 아니기 때문이다. 가령 어떤 밭에는 다른 밭보다 더 많은 완두진디 천적이 있을 수 있다. 또 어떤 밭에서는 세균성 질환 때문에 진딧물 개체가 크게 줄어들기도 한다. 곤충의 피해를 입을 수도 그렇지 않을 수도 있는 작물에 정기적으로 농약을 치는 것은 비용과 노력의 낭비일뿐더러 더 중요하게는 공연히 환경을 오염시키고 곤충이 살충제에 내성을 키우는 경향을 부채질할 수 있다.

강력한 스티어먼(Steerman) 복엽 비행기가 공중에서 밭 위에 직선을 긋듯 왔다 갔다 하며 살충제를 살포했다. 우리는 보통 밭 맨 끝자락에 사람을 세워두고 깃발을 흔들어 비행기가 왕래한 경로를 알려줌으로써 혹시라도 살충제를 뿌리지 않은 틈이 생기지 않도록 신경을 썼다. 그런데 한 비행기 조종사가 자신은 굳이 깃발의 도움을 받지 않아도 밭에 빈틈없이 살포할 수 있다고 호언했다. 그러나 결과적으로 자신감이 지나쳤던 것으로 드러났다. 그 대담한 조종사는 작물 위로 너무 낮게 비행하는 바람에 걸핏하면 착륙 장치에 완두 덩굴을 휘감은 채 돌아오곤 했다. 그래도 어쨌거나 나는 그의 장담을 믿어보기로 했다. 조종사가 살충제를 살포하고 며칠이 지난 뒤, 우리는 살충제를 뿌린 곳의 직각 절개면에서 진딧물 표본을 수집했다. 밭 전체에서 우리의 방식대로 표본을 수집한 결과, 대부분 구역에서는 경제적으로 무시해도 좋을 만큼 진딧물이 소량 발견되었다. 하지만 네댓 구역에서는 심각한 피해를 끼칠 만한 엄청난 개체가 바글거리고 있음을 알아차렸다. 이는 그 조종사가 군데군데 살포하지 않은 틈을 남겨두었다는 증거이자 진딧물이 개체 수를 크게 불려놓는 놀라운 잠재력을 지니고 있음을 보여주는 증거였다.

진딧물은 어떻게 놀랄 만큼 짧은 기간에 그토록 많은 자손을 퍼뜨릴 수 있을까? 1930년 미국 곤충·식물검역국(Bureau of Entomology and Plant Quarantine)의 로버트 스노드그래스(Robert Snodgrass)는 이렇게 썼다.

> 당신은 이렇게 말합니다. "진딧물이라니! 그 혐오스러운 곤충에 관한 글을 대체 누가 읽고 싶겠어요? 우리가 알고 싶은 것은 어떻게 하면 놈들을 없앨 수 있는가 하는 것뿐입니다." 맞는 말입니다. 하지만 특정 계절에 당신의 장미·한련화·양배추·과실수를 뒤덮고 있는 이 부드러운 초록색 벌레들이 완전히 뿌리 뽑혔다고 턱하니 마음을 놓은 뒤에도 그토록 집요하게 재출현한다는 사실은 그들이 어떤 힘의 원천을 숨겨두고 있음을 말해줍니다. 이 지략 넘치는 적의 비밀은 적어도 파헤쳐볼 만한 가치가 있습니다. 게다가 그들은 흥미진진하기까지 합니다.[1]

낸시 모런(Nancy Moran)[2]에 따르면, 그 '숨겨둔' 힘의 원천은 다름 아니라 그들의 놀라운 생애 주기와 기이한 생식 방식이다. (4000종에 달하는 진딧물 전부는 아니지만) 상당수 진딧물종에서 그들의 계절적 주기에 날개 없는 무시(無翅) 세대와 날개 있는 유시(有翅) 세대, 기주 식물로 목본 식물을 취하는 세대와 초본 식물을 취하는 세대, (수컷의 도움 없이) 처녀 생식하는 세대와 유성 생식하는 세대가 번갈아 나타난다.

흡즙성인 장밋빛사과진딧물(rosy apple aphid)의 생애사는 복잡하지만 익히 알려져 있으며 무척이나 흥미롭다. 봄에 사과나무의 싹, 이파리, 자라나는 열매에 해를 입히곤 하는 이 진딧물은 사과나무 가지 껍질의 틈새에 자리 잡은 알 형태로 겨울을 난다. 반질반질한 진초록색 타원형 알은 사과나무가 막 싹을 틔우는 봄에 부화한다. 모든 알은 날개가 없고, 처녀 생식을 하고, 새끼를 낳는 암컷이 된다. (수컷은 그 계절의 마지막 세대에 이르러야만 태어난다.) 장밋빛사과진딧물 암컷은 연중 따뜻한 몇 달 동안 15세대 남짓을 거친다고 해서 '간모(fundatrix, 幹母)'라고도 알려져 있다. 성장을 마친 간모는 날개 없는(무시) 딸들, 자기 자신을 그대로 복제한 이른바 클론(clone)을 수십 마리 낳는다. 그 딸들도 어미와 마찬가지로 날개가 없으며, 처녀 생식을 하고, 모두 자신과 닮은꼴인 암컷을 수십 마리씩 출산한다. 그들의 딸도, 손녀도, 이어지는 세대도 마찬가지다. 맨 마지막 세대만큼은 예외다. 같은 해에 시간이 다소 흘러 초여름이 되면 날개 달린 암컷이 수없이 태어난다. 그들은 먹이를 먹고 성충이 되면 또 다른 기주 식물인 창질경이(narrow-leaved plantain)한테 날아간다. 잔디밭에서 흔히 볼 수 있는 잡초다. 창질경이에는 처녀 생식을 하며 날개가 없고 태생(胎生)인 암컷들, 하나같이 그 어미의 클론이자 오래전에 떠난 간모의 클론들이 살아간다. 가을이 되면 날개 달린 암컷들이 재등장하고, 이들은 사과나무로 자리를 옮겨 날개 없는 암컷을 낳는다. 이 암컷이 유성 생식을 할 수 있는 유일한 세대다. 창질경이에서는 날개 달린 수컷들이 태어나고—피켓(L. J. Pickett) 등[3]이 설명한 대로—그들은 사과나무로 날아가 거기서 암컷이 내뿜는 성페로몬에 이끌린다. 수컷은 암컷과 교미하고, 암컷은 이듬해 부화할 알 몇 개(대개 6개 미만)를 사과나무의 껍질 틈새에 낳는다. 새로운 주기가 시작되는 것이다.

박새와 진딧물은 진화적 적응도를 높여주는, 서로 확연하게 구분되는 생식 전략을 구사한다. 두 전략 모두 가능한 한 많은 후손을 살아남게 만들어 부모의 유전자를 미래 세대에 전달할 가능성을 높이기 위함이다. 진딧물은 다른 많은 곤충이나 몇몇 동물과 마찬가지로 일단 무수한 자손을 만들어낸다. 부모로서 일일이 돌봄을 제공하는 게 거의 혹은 완전히 불가능할 만큼 어마어마한 수다. 유전적으로 프로그램화된 그들의 전략은 수많은 새끼 가운데 적어도 일부는 살아남겠거니 하고 요행수를 노리는 것이다. 반면 박새는 다른 새나 포유류, 심지어 일부 곤충(다음 장에서 곧 그중 하나를 만나게 될 것이다)과 마찬가지로, 자녀를 오직 몇 마리만 낳지만 부모로서 애지중지 돌봄으로써 그들이 살아남을 가능성을 높이는 전략을 취한다. 진딧물은 새끼를 전혀 보살피지 않지만, 박새는 정성껏 알을 품고 새끼를 먹여 살린다. 심지어 자식이 둥지를 떠난 뒤에도 2~4주나 더 먹이를 챙겨준다.

진딧물과 새의 생식 전략은 스펙트럼상에서 거의 정반대에 위치한다. 한쪽 끝에는 자그마치 600만 개나 되는 알—생명을 유지시켜주는 난황(yolk, 노른자)을 최소한도로만 포함하고 있다—을 낳아 유기하는 대구(codfish) 같은 생명체가 있다. 생태학자들은 이것을 'r-전략'이라고 부른다. 다른 쪽 끝에는 코끼리나 사람 같은 동물이 놓여 있는데, 이들은 새끼를 아주 조금만 낳으며 긴 임신 기간 내내 돌보고 몇 년 동안 먹여 살린다. 생태학자들은 이것을 'k-전략'이라 부른다. 박새를 비롯한 여러 새들이 그렇듯 대다수 동물은 두 극단의 중간 어디쯤에 놓여 있다. 이들과는 다른 쪽 끝에 더 가까운 것으로는 담배박각시나방 등의 곤충이 있다. 이들은 난황 비율이 상대적으로 높은 알을 토마토·담배 등을 비롯한 가짓과 식물—특정 숙주에만 기생하는 담배박각시나방 유충이 유일하게 적응한 먹잇감—의 이파리에 한 번에 한 알씩 조심스럽게 붙여놓고 떠난다.

다산(多産) 전략을 따르는 대다수 종은 유성 생식을 통해 세대를 생산한다. 수컷이 수정시킨 암컷은 자녀를 무수히 만들어내며, 자녀는 저마다 부모의 유전자를 모두 지니고 있다. 완두진디, 장밋빛사과진딧물을 위시한 수많은 진딧물은 그와 동일한 목표를 간접적으로 성취한다. 간모는 처녀 생식을 통해 수많은 세대를 잇달아 쏟아낸다. 간모는 처녀 생식을 함으로써 자신의 클론을 만들어내는데, 그 클론은 수컷으로부터는 유전자를 받지 못하고 오로지 어미의 유전자만 갖는다. 간모의 클론은 운이 좋다면 세대를 거듭할수록 점점 더 수가 불어날 것이다. 처음 가문을 일군 간모와 유전적으로 완전히 동일한 처녀 생식의 마지막 세대 구성원은 유성 생식을 하는 수컷과 암컷을 낳는데, 이들 각자는 그저 알을 몇 개씩 낳을 뿐이지만 그것을 모두 합하면 유성 생식을 하는 대구가 낳은 어마어마한 알과 거의 맞먹는다.

유성 생식을 통해 혼자 많은 양의 알을 낳는 게 아니라 처녀 생식을 통해 잇달아 클론 세대를 쏟아내는 번식법은 간모에게 대단히 성공적인 전략일 수 있다. 간모가 새끼를 약 50마리(대다수 종에서 낮잡은 수치) 낳은 뒤 죽고, 그 새끼들과 그 딸·손녀·증손녀……가 살아남는다고 가정해보라. 이렇게 단 6세대—이는 진딧물이 보여주는 통상적 수치의 절반도 안 된다—만 거치면 간모는 저마다 제 클론이고 유전적으로 똑같은 판박이 후손을 무려 150억 마리나 거느린다는 계산이 나온다. 물론 이런 일은 불가능하다. 우리는 좀더 합리적으로 각 세대의 딸이 단 2마리씩만 살아남는다고 가정해볼 수 있다. 이렇게 된다 하더라도 15대를 거치고 나면 간모는 후손을 3만 2000마리 넘게 확보한다. 후손은 모두 간모 자신의 클론이며 마지막 처녀 생식 세대는 최종 세대인, 유성 생식을 하는 아들과 딸을 낳는다. 원래 간모의 대리인인 최종 세대의 암컷은 알을 낳는데, 이것이 겨울에 존재하는 그 종의 유일한 형태다. 각각의 암컷은 오직 한 줌에 불과한 적은 수의 알을 낳지만, 유성 생식을 할 수 있는 간모의 후손은 그 수가 수천을 헤아릴 정도로 많아진다. 그러나 개체수 폭발 같은 현상이 일어날 가능성은 희박하다. 나무껍질을 기어오르는 동고비(nuthatch), 갈색발바리(brown creeper), 그 밖의 새 같은 포식자와 기생 곤충으로 인한 손실로 인해 알 가운데 겨울을 이겨내고 살아남는 개체는 거의 없기 때문이다.

온대 지역에 사는 진딧물이 따뜻한 계절에 자녀를 무려 20세대나 거치는 것은 그리 드문 일이 아니다. 그보다 더 따뜻한 플로리다 남부 등지의 감귤류진딧물(citrus aphid)은 1년에 자그마치 47세대를 거치기도 한다. 위의 두 가지 경우 모두 한 세대의 생애 주기는 고작 7~8일에 불과하다. 이는 대다수 곤충의 성장률을 훌쩍 웃돈다. 진딧물은 어떻게 이처럼 놀라운 위업을 달성할 수 있을까? 비법이 몇 가지 있다.

먼저, 처녀 생식은 세대를 '단축(telescoping)'하는 게 가능하다. 요컨대 어미 몸에서 발달하는 배(胚) 안에 이미 발달 중인 배, 즉 어미의 손녀가 들어 있는 것이다. 딕슨(A. F. G. Dixon)은 이 기이한 현상을 다음과 같이 간단명료하게 설명했다.

> 유성 생식에서는 세대를 단축하는 게 불가능하다. 왜냐하면 교미해야 하는 동물은 배가 생기기 전에 미리 그것을 성숙시킬 수 없기 때문이다. 반면 처녀 생식을 하는 진딧물의 배는 그 안에 이미 발달 중인 배를 지니고 있다. 이렇

게 되면 다음 세대에서 성충이 출현하기까지의 기간, 성충으로의 탈피와 생식 개시 사이의 기간이 줄어든다. 이 두 가지는 결국 진딧물이 엄청난 속도로 불어나는 데 기여한다.[4]

나아가 딕슨이 수집한 자료에 따르면, 진딧물은 일단 태어나면 번식 가능한 성숙 단계에 빠르게 도달한다. 즉 섭씨 20~25도가량의 온도에서는 불과 6일, 10~15도의 낮은 온도에서도 17일이면 족하다. 마지막으로 계절에 따라 기주 식물을 목본 식물에서 초본 식물로 넘나든 결과, 진딧물이 섭취하는 먹이의 전반적 영양 수준이 향상되어 성장을 앞당기기도 한다. 목본 식물의 이파리는 영양소가 봄에는 매우 풍부하지만 한여름에는 크게 줄어든다. 그러나 진딧물은 한여름이 되면 영양분이 한층 더 풍부해질 소지가 있는 초본 식물로 기주 식물을 갈아탄다.

꽤나 많은 종, 특히 열대 지방에 서식하는 종은 오직 처녀 생식을 통해서만 번식한다. 하지만 다른 수많은 종과 마찬가지로 지금껏 우리가 살펴본 진딧물 역시 하나의 유성 생식 세대를 갖는다. 그렇다면 처녀 생식이 훨씬 더 빠르고 효율적일뿐더러 암수가 애써 상대를 찾아다닐 필요도 없는데(노력한다고 해서 늘 짝을 쉽게 구할 수 있는 것은 아니지만), 그들은 왜 굳이 유성 생식을 하려드는 걸까? 간단히 대답하면 이렇다. 즉 유성 생식을 하는 종은 구조·생리·행동이 천태만상인 후손을 만들어내므로 환경 변화에 더 잘 적응하는 것으로 보인다. 변이는 자연선택이라는 제분소의 곡식이나 다름없다. 왜냐하면 일부 후손은 환경의 요구에 남들보다 더 잘 대처할 가능성이 있기 때문이다. 그렇지만 처녀 생식을 하는 개체는 일반적으로 어미의 완벽한 판박이다. 그들은 빼다 박은 듯 생긴 데다 행동도 똑같아 변이를 거의, 혹은 전혀 일으키지 않는다. 이들은 현재 환경에 대처하는 데는 아무런 문제없는 선수이지만, 만약 환경이 조금이라도 변화하면 멸종으로 치닫기 십상이다. 세포생물학자 어설라 굿이너프(Ursula Goodenough)가 훌륭한 저서《자연의 신성한 깊이(The Sacred Depths of Nature)》에서 언급한 대로 "(처녀 생식으로 인한) 분화는 특정 생명체 종이 생태적 지위의 특정 측면을 활용할 수 있을 때라면 단시일 동안은 분명 좋은 전략이다. 그러나 대부분의 생태적 지위가 끊임없이 변화한다는 사실 앞에서는 힘을 잃고 만다".[5]

유성 생식을 하는 종에서는 구성원끼리 정확하게 같은 경우란 거의 없다. 우리는 실제로 일란성 쌍둥이(물론 이들은 서로의 클론이다)를 제외하고는 모든 인간을 서로 확실하게 구분할 수 있다. 우리는 변이를 일으킬 가능성이 숱하게 많아 실제로 북극 지역에서 열대 지방에 이르기까지 세계 구석구석에 적응하며 살아갈 수 있다. 이러한 변이는 모두 어디에서 비롯되는가? 그것은 다른 유기체도 그렇듯 우리 유전자 구조 안에 이미 붙박혀 있다. 수천을 헤아리는 한 종의 유전자가 저마다 다른 개체에서 서로 약간씩 다른 형태로 만들어진다. 유전학자들이 대립 형질이라고 부르는 이 상대적인 형태가 그 영향 아래 놓인 특성을 약간 혹은 크게 바꿔놓는다.

처녀 생식을 하는 암컷의 후예는 어미에게 오직 한 벌의 유전자만 받지만, 암수가 결합해 생겨난 후예는 어미와 아비로부터 각각 두 벌의 유전자를 받는다. 이 두 벌의 유전자는 유전자 대 유전자끼리 기능적으로 서로 상응하지만, 그 상당수는 상이한 개체 속의 상이한 대립 형질로서 존재한다. 예를 들어, 후각에 관여하는 대립 형질은 촉수의 길이에 관여하는 대립 형질과 함께 있을 가능성이 있다. 이는 드물거나 독특한 조합이지만, 어떤 환경에서는 매우 유용할 수 있다.

진딧물을 비롯한 대다수 곤충은 규모의 크고 작음이 있기는 하나 숫자 게임을 한다. 반면 앞에서 언급한 대로 일부 곤충은 이와 사뭇 다른 접근법을 모색한다. 즉 새나 포유류처럼 오직 소수의 새끼를 낳지만 그들 하나하나를 부모로서 세심하게 돌본다. 이런 곤충에는 다음 장의 주인공인 체체파리를 비롯해 몇 종의 파리가 포함된다. 아프리카의 체체파리는 무시무시하게도 심신을 쇠약하게 만들고 흔히 생명을 앗아가곤 하는 수면병을 전파한다. 대부분의 사람들은 체체파리 암컷이 유충을 오랜 임신 기간 동안 몸에 지니고 다니면서 완전히 자라 몸집이 어미만 해지고 번데기 단계로 탈피할 채비를 마칠 때까지 보호한다는 사실을 알면 적이 놀란다. 체체파리 유충은 어미의 '자궁'에 머무르는 동안 거기서 분비되는 젖을 먹고 살아간다. 다음 장을 보면 체체파리의 생식과 인간을 비롯한 포유류의 생식이 놀랄 만큼 닮았다는 사실을 알 수 있다.

07

후손 보장하기: 부모 돌봄의 역할

체체파리(Tsetse Fly)

어미는 새끼를 낳느라 갖은 고생을 무릅쓴다. 간헐적으로, 그러니까 처음에는 이따금, 그러나 탄생의 순간이 다가오면 점점 더 자주 몸 전체가 수축한다. 그리고 마침내 점차 빠르게 수축이 일어남으로써 자궁에서 자식이 나올 순간이 임박했음을 알린다……. 이것은 인간의 출산에서 흔히 볼 수 있는 광경인 것처럼 들리지만, 실은 그렇지 않다. 이 특별한 경우 태어나는 자식은 바로 곤충, 곧 다 자란 체체파리 유충이다. 체체파리의 탄생에 관한 이 같은 설명은 데이비드 덴링거(David Denlinger)와 얀 즈다렉(Jan Ždárek)의 관찰과 실험을 토대로 한 것이다.[1]

암컷 체체파리〔글로시나속(*Glossina*)〕를 비롯한 일부 파리는 수란관에 커다랗게 부푼 부분인 포유류 자궁의 유사체(동족체가 아니라)를 갖고 있다. 포유류의 태아에게 양분을 공급하는 태반 대신 '자궁'과 연결된 한 쌍의 젖샘에서 젖을 분비해 발달 중인 유충을 먹여 살리는 것이다. 체체파리의 젖은 흰색이고, 인간이나 소의 젖과 화학적 성분이 유사하다. 포유류의 젖과 마찬가지로 발달 중인 후손이 필요로 하는 온갖 영양소를 제공하는, 영양학적으로 더할 나위 없이 완벽한 식품인 것이다.

'체체파리'라는 용어를 과학 문헌에서나 일반적인 맥락에서 흔히 쓰고는 있지만, 이는 어디까지나 동어반복이다. 요컨대 체체(tsetse)에 파리(fly)를 붙여 쓰는 것은 기실 불필요하다. 패트릭 벅스턴(Patrick Buxton)은 이에 대해 다음과 같이 설명했다.

> 보츠와나 사람들 가운데 일부가 사용하는 세추아나어(Sechuana)에서 유래한 체체(tsetse)라는 단어는 '소를 망가뜨리는 파리'라는 뜻이다. '체체'가 소란스럽게 윙윙거리는 소리를 나타내는 의성어라는 주장도 있다. ……이 단어는 1849년 영어로 처음 사용했으며, 그로부터 얼마 지나지 않아 여행 책자에서 흔히 볼 수 있게 되었다…….[2]

예외 없이 피를 빨아 먹는 체체파리는 실제로 수많은 아프리카 원주민 문화에서 주축을 이루는 소(cattle)한테 큰 피해를 안겨준다. 또한 체체파리는 좀더 직접적인 방식으로 인간에게도 해를 끼친다. 다음은 로버트 스노드그래스의 설명이다.

> 모든 무는 파리 가운데 아프리카의 체체파리에 견줄 만한 존재는 없다. ……크기가 딱 집파리만 한 이 갈색 파리는 어찌나 심하게 물어대는지 인간이나 동물에게 참을 수 없을 만큼 귀찮은 존재다. 더군다나 인간한테 아프리카수면병 기생 동물을 매개하고, 말과 소한테 나가나병(nagana)이라는 수면병 유관 질병의 기생 동물을 매개한다는 점에서 위험천만한 존재이기도 하다.[3]

수면병이나 나가나병을 일으키는 네댓 종의 혈액 기생 동물은 트리파노소마(trypanosoma)라고 알려진 단세포 원생동물로, 물소·얼룩말·누·영양 같은 야생 동물에게서 인간이나 소한테 전파된다. 이는 주로 21종의 체체파리 가운데 단 4종의 암수 가운데 한 녀석에게 물린 결과다.

모리스 제임스(Maurice James)와 로버트 하우드(Robert Harwood)에 따르면,

> 나가나병 때문에 아프리카 대륙의 무려 4분의 1에 이르는 거대한 지역(사하라 사막 이남)에서 사람들은 가금류 말고는 가축을 이용할 수 없게 되었다. 그로 인해 가뜩이나 오래전부터 단백질 부족에 시달리던 대륙이 미래 발전에 꼭 필요한 단백질 공급원을 잃고 말았다. 그뿐만 아니라 이는 아프리카 몇몇 부족(예컨대 줄루족)의 풍습에도 영향을 끼쳤다. 그들에게는 소를 소유한다는 게 높은 사회적 신분을 드러내는 중요한 상징이었다.[4]

체체파리한테 물리면—곧 살펴보겠지만—단순히 인간에게 수면병을 일으키는 트리파노소마를 옮기는 데 그치는 게 아니다. 일단 물렸다 하면 어찌나 짜증나고 고통스러운지 체체파리가 우글거리는 지역에서는 사람들이 아예 작은 솔을 들고 다니며 연신 몸에서 파리를 털어낸다. 그들은 자연으로부터 교훈을 얻어 털이 부슬부슬한 꼬리로 솔을 만들었다. 누(wildebeest)가 체체파리 등 무는 파리를 쫓아내기 위해 세차게 제 몸을 때리는 그 꼬리로 말이다.

용케도 솔을 피해 무는 데 성공한 체체파리는 피해자에게 수면병을 일으키는 트리파노소마 하나를 주입할 가능성이 있다. 수면병에 걸

린 사람은 심신이 극도로 쇠약해지다가 결국 사망에 이른다. 혈액 속에 있던 트리파노소마가 10~20일의 부화 기간을 거치고 나면 발열, 맥 빠짐, 무기력 같은 증상을 일으킨다. 그리고 몇 달이 지나면 뇌척수액(cerebro-spinal fluid)으로 옮아간다. 수면병의 마지막 단계에서는 특징적으로 초조함, 노곤함, 그리고 결국 완전히 늘어져버리는 증세가 나타난다. 환자들은 결국 혼수상태에 빠지며, 아무것도 먹지 못하고 급속한 탈진 상태에서 헤매다가 끝내 숨지고 만다. 앞으로 살펴보겠지만, 최선의 '치유책'은 체체파리의 개체 수를 억제함으로써 미리 예방하는 것뿐이다.

수많은 곤충이 멀리서 신호를 느낄 수 있는 세 가지 감각 가운데 하나를 이용해 교미 상대를 찾는다. 시각(vision)은 반딧불이의 깜빡거리는 빛을 감지한다. 암컷 귀뚜라미는 수컷의 노래를 듣는다. 그리고 수컷 도롱이벌레(bagworm)는 후각을 이용해 암컷의 성페로몬을 찾아간다. 체체파리를 비롯한 여타 곤충들은 성적 상대방이 일상적 삶을 영위할 만한 장소에서 교미 상대를 찾는다. 사람들은 다양한 장소에서 잠재적인 성적 대상을 만난다. 독신 남녀 전용 바, 도서관, 빨래방, 교회 따위를 그런 장소로 꼽을 수 있다. 그러나 곤충은 한층 더 단순한 삶을 살아간다. 수컷—교미 상대를 찾아다니는 것은 거의 언제나 수컷이다—이 암컷과 밀회하는 곳은 오직 두 장소, 즉 암컷이 먹잇감을 구하는 곳과 알을 낳는 곳뿐이다. 앞으로 살펴보겠지만 일부 물결넓적꽃등에 수컷은 몸을 숨기고 있다가 나무 구멍에 산란하는 암컷을 덮친다. 몇몇 단생 벌(solitary bee: 사회생활을 하지 않는 벌의 총칭—옮긴이)의 수컷은 그들 종이 꿀을 빨아 먹는 특정 꽃에서 암컷이 오길 기다린다. 누와 얼룩말처럼 풀을 뜯어 먹는 덩치 큰 포유류의 몸에 붙어 있던 체체파리 수컷은 흡혈원을 찾아온 암컷과 교미하려 애쓴다. 몇 년 전의 실험에서는 수컷 체체파리들이 회색 담요를 덮은 채 열대 초원을 천천히 누비는 차량에 그 비슷한 반응을 보였다. 그들은 움직이는 차를 따라다니며, 차가 멈추자 담요에 내려앉았다. 수컷 체체파리는 어렴풋하게 감지되는 시각적 단서에 의존해 밀회 장소인 대형 동물을 알아보는 듯하다. 조시 지볼브(Josh Gewolb)는 최근 〈사이언스(Science)〉[5]에 실린 논문에서, 짐바브웨 곤충학자들도 체체파리 방제에 비슷한 전술을 구사한다고 밝혔다. 그들은 1984년부터 치명적인 살충제를 흠뻑 머금은 검은색과 푸른색의 네모난 천을 늘어뜨린 '가짜 소'를 활용했다. 오늘날에는 6만 개 넘는 '가짜 소'를 짐바브웨의 소목장 곳곳에 배치했다. 그 결과 진짜 소의 감염률이 연간 1만 건에서 50건으로 대폭 줄어들었다. 감염률이 거의 제로에 달해 문제를 해결한 것이다.

임신 기간은 길이 1.5밀리미터에 불과한 알이 암컷의 난소에서 자궁으로 내려와 이전 교미 때 보관해놓은 정자와 수정하면서 시작된다. 앞서 수컷은 남근을 통해 암컷의 자궁으로 정액을 사정하고, 암컷은 나중에 쓰기 위해 이를 2개의 정액낭에 저장해둔 터였다. 알은 곧 부화하고, 유충은 젖샘 입구에 달라붙어 젖을 먹는다. 어미는 임신 기간 내내 젖이 마르지 않도록 흡혈원을 세 차례 섭취해야 한다. 아흐레나 열흘이 지나면 유충은 두 번의 탈피를 거친 뒤 완전히 성장해 마침내 태어날 채비를 마친다. 암컷은 출산 준비를 마치면 알맞은 장소를 물색한다. 늘 그런 것은 아니지만 대체로 유충이 굴을 팔 수 있는 보드랍고 촉촉한 땅이 후보지다. 출산은 대개 늦은 오후에 일어나며, 대략 한두 시간이 소요된다. 덴링거와 즈다렉[6]이 관찰한 바에 따르면, "어미의 자궁에서 완전히 자란 유충이 실제로 어미보다 몸무게가 더 나간다는 사실은 출산 과정이 그

수면병에 걸려 숨지기 직전의 사람(아래)과 그 질병의 원인인 미생물을 전파하는 체체파리(위).

리 녹록지 않음을 시사한다". 분만을 마친 어미는 독특하게 윙윙거리는 소리를 낸다. 덴링거는 농담처럼 그 소리를 '산후우울증' 증세라고 말했지만, 실은 '안도의 한숨'일지도 모른다.

땅이 충분히 성길 경우 유충은 태어난 직후 굴을 파기 시작하며, 몇 분 내로 번데기 껍데기를 만든다. 만약 땅이 너무 딱딱해서 뚫고 들어가기 힘들면 이리저리 배회하고, 그러다 적절한 장소를 발견하면 땅속으로 혹은 암석 부스러기 아래로 굴을 파고 들어간다. 마땅한 장소가 없을 경우에는 하는 수 없이 그냥 땅바닥 위에 번데기 껍데기를 만든다. 이럴 경우엔 겉으로 드러나서 포식자의 눈에 띄기 십상이다. 약 3주 뒤, 성충 체체파리는 번데기 피부를 벗어던지고 번데기 껍데기에서 빠져나와 땅 위로 향한다. 벅스턴은 이렇게 설명했다. "성충 체체파리는 처음 지표면에 다다랐을 때 날개가 미처 펴지지 않아 날지를 못한다. 그러나 땅바닥 위를 활발하게 내달리기는 한다."[7] 체체파리는 1시간쯤 뒤 날개가 펴지면 비로소 날 수 있다. 그런데도 여전히 하루 이틀 정도 뭉그적거리고 나서야 최초의 흡혈원을 찾아 날아간다.

체체파리는 곤충 가운데 단연 최고의 k-전략가다. 즉 소수의 후손을 낳고 하나하나 정성껏 돌봄으로써(이 경우는 긴 임신 기간) 그들의 생존을 보장하려 힘쓴다. 그렇게 해서 자신의 유전적 경향성을 영속화하는 것이다. 벅스톤[8]이 간추려놓은 자료에 따르면, 나가나병과 수면병을 옮기는 가장 중요한 매개체인 암컷 체체파리(*Glossina morsitans*)는 실험실에서 평균 72일 정도 생존했다. 체체파리 상당수에 표시를 한 다음 들판에 풀어주었다가 도로 잡아들인 결과, 포식자를 비롯한 여러 위험에 노출된 자연 속에서는 수명이 크게 짧아진다는 사실이 밝혀졌다.(암컷의 경우 61일로 줄어들었다.) 한편 수컷은 생존 기간이 암컷의 절반에 불과한데, 아마도 한층 활동적이라 포식자한테 자주 노출되는 탓인 듯하다.

평균 기온 섭씨 30도인 실험실에서 임신 기간은 약 8일이다. (나이지리아에서는 바깥 평균 기온이 가장 무더운 달에는 32도, 우기에는 25도다.) 암컷은 평균 기온 30도, 수명 61일, 임신 기간 8일, 임신 사이의 하루 간격처럼 매우 우호적인 조건에서도 새끼를 일평생 최대 6마리밖에 낳지 못한다. 이는 앞서 언급한 박새가 낳는 알의 평균 수치에도 한참 못 미친다. 수전 스미스(Susan Smith)[9]에 따르면, 박새는 평균 수명 2년 반 동안 매년 약 6.7개씩 총 17개가량의 알을 낳는다.

다른 몇 가지 곤충의 생식 방식도 체체파리와 같다. 그중에는 흔히 양파리(sheep 'tick', sheep ked, *Melophagus ovinus*)라는 기생 곤충도 있다. 이들은 전 세계적으로 분포하며 양이나 염소의 몸에 붙어 산다. 외관이나 행동은 진드기와 흡사하지만, 실제로는 평생 양의 몸에 붙어 사는 것으로 급격하게 적응한 흡혈 파리다. 양파리는 날개가 없고, 진드기처럼 몸이 납작하며, 다리가 기주 동물을 붙들기 좋게끔 양옆으로 퍼져 있다. (로버트 L. 멧커프와 로버트 A. 멧커프[10]에 따르면, 양파리는 "양으로 하여금 양모를 긁고 비비고 물어뜯게 만들어 양털을 망가뜨린다……") 만약 양파리가 유충을 다 자랄 때까지 '자궁'에 보유하지 않는다면, 양을 비롯한 다른 동물에 영구 기생해 살아갈 수 없을 것이다. 성충 양파리는 날개가 없는 탓에 대다수 파리 유충이 그렇듯, 그리고 양파리의 선조들이 과거에 그랬듯 만약 그 기주 동물이 아닌 다른 곳(이를테면 썩어가는 고기나 동물의 똥 등이 유력하다)에서 유충 단계와 번데기 단계를 거칠 경우 새로 양을 발견하고 그 몸통으로 기어오르는 게 매우 어려워진다. 설령 양의 몸통까지 기어오르는 게 가능하다손 쳐도 (기생하지 않고) 독립생활을 하는 그 유충이 성충 단계로 성장을 마칠 무렵이면 배회하던 양 떼가 다른 곳으로 떠나버리기 십상이다.

양파리의 '자궁'과 젖샘은 체체파리와 매우 유사하며—베스 레노블(Beth Lenoble)과 데이비드 덴링거[11]가 밝힌 대로—분비하는 젖의 화학적 성분 역시 그와 비슷하다. 5~6개월에 이르는 전 생애를 시종일관 양의 몸에서 살 수 있는 것은 어미 양파리가 갓 태어난 유충을 자신이 분비하는 젤라틴 풀로 양털에 단단히 붙여두기 때문이다. 유충은 재빠르게 번데기가 되고(즉 탈피를 거쳐 번데기 껍데기 속에서 살아가는 번데기 단계에 접어들고), 그런 다음 약 3주가 지나면 성충으로 모습을 드러낸다.

동물은 살아남을 수 있는 후손을 낳으려면 어떻게든 성체 단계까지 버텨야 한다. 이는 부모로서 자녀들을 세심하게 돌볼 것이냐, 그저 숫자 게임만 할 것이냐와 무관한 일이다. 온대 지역에서는 모든 동물이 추운 겨울을 어떻게 이겨낼 것인가 하는 문제에 직면한다. 상당수 새들과 마찬가지로 제주왕나비(monarch butterfly) 같은 일부 곤충은 기후가 따뜻한 남쪽으로 이동함으로써 겨울 추위를 피한다. 대부분은 겨울잠, 즉 '휴면기'를 둠으로써 겨우내 살아남는다. 휴면은 앞에서 언급한 대로 곰이나 마멋 같은 포유류의 동면과 완전히 똑같지는 않지만 상당히 유사하다. 휴면에 접어들면 신진대사율이 대폭 느려지고, 몸은 추위를 잘 견딜 수 있는 상태가 된다. 이것은 사실상 온대 지역에서 살아가는 모든 곤충의 알·유충·번데기·성충(곤충종에 따라 거치는 단계가 저마다 조금씩 다를 수는 있지만)에 모두 해당한다. 다음 장에서는 관상 수목에 흔한 해충인 도롱이벌레가 어떻게 월동하는지 살펴보자.

08

휴면란으로서 겨울나기

도롱이벌레(Evergreen Bagworm)

12월의 어느 화창한 날, 마당을 거닐다 발걸음을 멈추고 집 가장자리에서 자라는, 하늘로 울창하게 뻗어 있는 서양측백나무(arborvitae, northern white cedar)를 감탄스럽게 올려다본다. 그런데 문득 전에 한 번도 본 적 없는 뭔가가 눈에 띈다. 가락(물레로 실을 자아 감는 데 쓰는 나무 막대기—옮긴이)처럼 생긴 갈색 주머니 수십 개가 가지에 매달려 있는 광경이다. 부드럽게 윤이 나는 튼튼한 주머니들은 길이가 약 5센티미터 정도이고 다양한 식물 조각들로 이뤄져 있다. 지난여름 이 주머니(이하에서는 그냥 '도롱이'라고 옮긴다. 자루 모양이 꼭 지푸라기로 만든 비옷, 즉 도롱이를 닮았다 해서 도롱이벌레라는 이름이 붙었기 때문이다—옮긴이)들은 고치처럼 생긴 움직이는 집이었다. 그리고 그 안에는 당신의 서양측백나무 이파리를 포식하던 먹성 좋은 애벌레들이 살고 있었다. 수컷 나방이 된 애벌레의 거처였던 일부 도롱이는 이제 텅 비어 있다. 그러나 암컷의 집이던 도롱이에는 탈피한 번데기 집이 들어 있고, 그 안에는 평균 1000개 넘는(더러 2000개를 웃돌 때도 있다) 작고 하얀 알이 다닥다닥 붙어 있다. 알들은 지금 모두 깊은 겨울잠에 빠져 있다. 전체 도롱이의 절반가량에 암컷이 들어 있다고 치면, 이듬해 봄에 알이 모두 부화하면 당신의 서양측백나무에는 자그마치 1만 8000마리나 되는 먹성 좋은 애벌레가 우글우글할 것이다. 이쯤 되면 나무는 보기 흉해지거나 심할 경우 말라 죽을 수도 있다.

당신의 마당에서 자라는 나무들이 이 먹성 좋은 애벌레 떼한테 심각한 피해를 입지 않는 방법은 무엇일까? 해충 방제 전문가를 따로 부를 필요는 없다! 이는 살충제를 쓰지 않고도 방제할 수 있는 수많은 곤충 문제 중 하나이기 때문이다. 당신은 거의 힘들이지 않고 나무에 닥친 위협을 사전에 막을 수 있다. 그저 손으로 몇 개 안 되는 도롱이를 떼어내 쓰레기통에 버리면 그만이다. 해마다 가을이나 겨울에 그렇게 해주면, 당신의 나무에는 도롱이벌레가 거의 혹은 전혀 없을 것이다. 물론 나무가 너무 클 경우에는 사다리를 타고 올라가든가, 아니면 이듬해 봄 알이 부화했을 때 살충제를 뿌려줘야 한다.

도롱이벌레(*Thyridopteryx ephemeraeformis*: 엄밀히 말하면 도롱이나방의 유충—옮긴이)는 미국 동부의 많은 지역에서 흔히 볼 수 있는 해충이다. 북쪽으로는 코네티컷에서 네브래스카 주까지, 남쪽으로는 조지아에서 루이지애나 주까지 분포한다. 알의 부화 시기는 분포지의 위도에 따라 달라지는데, 일반적으로 남쪽이 북쪽보다 이르다. 나는 일찍이 내 대학원 지도 학생 로버트 모던(Robert Morden)과 함께,[1] 부화 기간이 날씨에 따라 세밀한 조정을 거친다는 사실을 밝혀냈다. 일리노이 주 어배너에서 도롱이벌레의 부화 기간이 추운 봄에는 5월 29일부터 6월 9일까지, 따뜻한 봄에는 5월 21일부터 6월 1일까지로 융통성을 보인 것이다.

갓 부화한 도롱이벌레 유충은 작은 곡예사이자 때로 우주비행사 같은 존재로 충분히 관찰해볼 가치가 있다. 어미의 도롱이에서 빠져나온 애벌레는 마치 물구나무를 선 것처럼 배를 바닥에 딱 붙이고 위로 곧추선 채 발발거리면서 여기저기 돌아다닌다. 그러다 이파리에서 알맞다 싶은 장소를 발견하면 즉시 도롱이를 짓기 시작한다. 소라게(hermit crab)가 버려진 조개껍데기 안에서 살아가는 것처럼 유충으로서 나머지 삶을 의탁할 곳이다. 토코 카우프만(Tohko Kaufmann)이 그와 관련한 도롱이벌레의 행동을 연구한 바에 따르면,[2] 도롱이 만드는 작업은 명주 띠를 잣는 것부터 시작된다. 명주 띠는 양쪽 편에서 나뭇잎 쪽으로 기울어 있는 2개의 '당김줄'에 의해 지탱된다. 애벌레는 그 띠 사이로 머리를 내밀고 천천히 앞으로 나아가면서 명주실과 작은 식물 조각들을 도롱이 앞줄 가장자리에 붙인다. 애벌레는 이내 5밀리미터가 채 안 되는, 양쪽이 모두 뚫려 있는 작은 원통을 완성한다. 이 원통은 아직 애벌레의 몸 전체를 가릴 만큼 길지 않으므로 머리가 원통 앞쪽 위로 튀어나와 있고 배의 끝은 뒤쪽으로 삐져나와 있다. 마침내 이 작은 원통을 완성하면 도롱이는 애벌레의 몸 전체를 담기에 충분할 만큼 널찍해진다. 도롱이는 앞에 구멍이 뚫려 있고, 애벌레는 기어 다니거나 뭔가를 먹을 때 그곳으로 다리와 머리를 내민다. 또한 뒷구멍으로는 동글동글한 똥을 내버린다. 도롱이는 겉모양은 다들 엇비슷하지만 사이즈는 그 안에서 살아가는 애벌레의 크기—먹고 사는 식물종 이파리의 영양 수준이나 나이 등에 좌우된다—에 따라 제각각이다.

갓 부화한 일부 도롱이벌레는 명주실 가닥에 매달려 '풍선처럼 날아감으로써' 집에서부터 얼마간 벗어나기도 한다. 데이비드 콕스(David Cox)와 대니얼 포터(Daniel Potter)[3]는 도롱이벌레의 분산 방법에 관한 연구를 통해 몇몇 작은 애벌레들이 초기 원통을 만들고 난 뒤(더러 그 전일 때도 있다) 가느다란 명주실 한 가닥에 매달려 아래로 내려가기도 한다는 사실을 확인했다. 늘어진 명주실은 2.5센티미터가 채 안 될 수도, 60센티미터가 넘을 수도 있다. 만약 그 명주실이 바람에 흩날리다 붙어 있던 장소에서 끊어지면, 실의 다른 쪽 끝에 매달려 있던 애벌레가 마치 연처럼 날아간다. 끈이 짧을 경우는 겨우 10센티미터쯤, 길 경우에는 무려 75미터 정도를 난다. 이런 '풍선처럼 날아가기'는 몇 가지 위험을 내포한다. 만약 애벌레가 땅바닥이나 건물이 들어선 부지에 떨어지면 먹이 식물을 찾지 못해 굶어 죽기 십상일 것이다. 반면 목본 식물, 나무, 혹은 관목에 내려앉는다면 천우신조인 셈이다. 오직 몇 종의 식물만 받아들이는 수많은 곤충과 달리 도롱이벌레는 서양측백나무, 향나무 그리고 몇몇 침엽수를 유독 좋아하긴 하지만 겨울에 잎이 떨어지는 낙엽수든 상록수든 가리지 않고 대부분의 목본 식물을 먹을 수 있기 때문이다.

사실상 다른 모든 유기체처럼 도롱이벌레도 분산을 통해 이득을 본다. 부모나 형제자매와 한 곳에 복작대면서 먹잇감을 서로 차지하려 다투지 않아도 되고, 천적의 위협에서 벗어나고, 새로운 지역에서 군체를 형성할 수도 있기 때문이다. 대다수 나방과 나비의 분산은 거의 다른 모든 곤충과 마찬가지로 어미가 알을 흩어놓기 위해 여기저기 날아다니는 식으로 이뤄진다. 그러나 도롱이벌레의 암컷 성충은 날개가 없으므로 오직 움직일 수 있는 유충 단계에만 분산이 가능하다.

미주리 농업실험국의 레너드 헤이스먼(Leonard Haseman)[4]이 설명한 대로, 도롱이벌레 유충은 길이 약 5밀리미터에서 약 3센티미터 정도로 점차 자라면, 명주와 식물 조각을 도롱이 맨 앞 가장자리에 계속 덧붙여 그 크기를 키워야 한다. 유충은 몸집이 커감에 따라 예닐곱 차례 탈피를 거친다. 탈피 채비를 할 때면 도롱이 앞쪽 끝을 튼튼한 명주실로 나뭇가지에 동여맨 다음, 명주 띠로 앞의 구멍을 막는다. 우리가 알기에 암컷 유충은 여섯 번, 수컷 유충은 다섯 번의 탈피를 거친 뒤 최대 크기에 이른다. 암수 유충 모두 그다음 번 탈피를 거치면 번데기 단계에 접어든다. 이들은 흔히 가을에 일어나는 유충 단계의 마지막 탈피를 준비할 때 다시 한 번 도롱이를 나뭇가지에 매달고 앞 구멍을 막는다. 그리고 도롱이 내벽에 더 많은 명주를 덧대 도롱이를 키우고, 머리를 아래로 향할 수 있도록 몸을 반대쪽으로 돌린다. 동글동글한 똥을 내버리는 뒷구멍과 얼굴을 마주하는 것이다. 번데기는 2~3주가 지나면 성충 단계인 나방으로 변하는 마지막 탈피를 거친다. 도롱이에 거주하는 암컷이 낳은 알은 그곳에서 겨울을 난다.

도롱이벌레의 암수는 번데기 단계와 성충 단계에서는 겉모습과 행동이 확연하게 다르다. 그러나 헤이스먼에 따르면 "유충 단계에서는 암수 사이에 크기를 제외하면 외적인 차이가 거의 없다. 번데기가 될 준비를 하는 암컷의 도롱이는 수컷 것보다 2배나 크고, 암컷 유충 역시 수컷 유충보다 훨씬 클 뿐이다".[5] 번데기는 암수가 영판 다르다. 수컷 번데기는 다리·날개·촉수가 겉으로 드러나 있기는 하지만 그 모두가 몸통에 붙어 있어 마치 작은 견과류를 돋을새김 해놓은 듯한 모습이다. 반면 암컷 번데기는 수컷처럼 마디가 나 있기는 하지만 그것 말고는 아무런 부속지도 없는 그냥 길쭉한 갈색 자루다.

낙엽수에 자리 잡은 암컷 유충은 상록수를 터전으로 삼는 유충에게는 없는 고민이 한 가지 있다. 가을이면 상록수는 잎이 그대로 붙어 있지만 낙엽수는 잎을 떨군다. 만약 암컷이 도롱이를 낙엽수의 목질 나뭇가지에 묶어둔다면, 도롱이와 그 안에 들어 있는 알은 이듬해 봄까지 비교적 안전하다. 그러나 도롱이를 하필 잎자루에 매달아놓는다면, 낙엽처럼 땅에 떨어져 뒹구는 신세가 되고 만다. 알은 굶주린 생쥐의 먹잇감이 될 테고, 아마 겨울을 나는 동안 세균에 감염될 소지도 있다. 반면 수컷이 버린 빈 도롱이가 나무에서 떨어지는 것은 아무런 문제도 되지 않는다. 피터 라고이(Peter Lagoy)와 에드워드 배로스(Edward Barrows)는 예상대로 안전하게 도롱이를 부착할 수 있는 장소를 선택하는 데 암컷이 수컷보다 훨씬 더 안목이 있음을 확인했다.[6] 낙엽수인 아카시아나무에 사는 암컷 395마리 중 97퍼센트 이상이 도롱이를 목질의 나뭇가지(지름이 3밀리미터 넘는)에 묶어둔 반면, 수컷은 158마리의 약 77퍼센트가 도롱이를 잎자루에 매달았다. 잎자루는 목질의 나뭇가지와 달리 가을이 되면 나무에서 떨어져나가고 지름도 약 1.5밀리미터에 불과하다. 라고이와 배로스는 암컷이 더 두꺼운 게 이롭다고 판단해 두께를 기준으로 도롱이에 적합한 장소인지 아닌지 식별한다고 결론 내렸다. 잎자루보다는 나뭇가지가 거의 언제나 더 두껍기 때문이다.

나는 제임스 스턴버그와 함께,[7] 박물학자들이 사랑하는 무해 곤충 프로메테우스누에나방(Promethea moth)의 애벌레도 암컷 도롱이벌레만큼이나 안목이 있어 고치를 나뭇가지에 매단다는 사실을 확인했다. 프로메테우스누에나방의 애벌레는 집이 따로 없지만, 암수 번데기는 기주식물(블랙체리·사사프라스·물푸레나무 등)의 목질 나뭇가지에 동여맨 보드라운 고치에서 겨울을 난다. 가을에 프로메테우스누에나방 애벌레는 고치를 짓고 혹시라도 바닥에 떨어져 배고픈 쥐들에게 잡아먹히지 않도록 그것을 단단히 붙들어 매야 한다. 그들은 고치를 나뭇잎과 함께 동여맨 뒤 튼튼한 명주 띠로 부근의 나뭇가지에 매단다. 이 띠는 우선 목질이 아닌 잎자루를 감싸고, 잎의 기부와 목질 나뭇가지로까지(거기에 이르는 거리는 저마다 다르다) 뻗친다. 결국 목질의 나뭇가지가 고치를 단단히 붙여놓는 장소인 것이다. 명주 붙임 띠의 길이는 두꺼운 체리나무 가지에서는 1.3센티미터 정도에 불과하지만, 가느다란 체리나무 가지에서는 7.5센티미터가 넘는다. 더러 그보다 훨씬 더 길 때도 있고, 심지어 다음 번 나뭇가지가 갈라지는 지점까지 뻗어나가기도 한다. 가느다란 나뭇가지의 붙임 띠가 언뜻 불필요해 보일 정도로 긴 것은 홑잎이 아니라 겹잎인 물푸레나무 등에서 고치가 떨어져나가지 않게 하려는 조처다. 물푸레나무에서 프로메테우스누에나방 애벌레는 이파리 하나로 고치를 감싸지만, 정착용 띠를 (잎자루보다 더 두꺼운) 가지까지 뻗침으로써 가을에 겹잎인 나무에서 떨어지지 않도록 대비한다.

나는 로버트 모던과 함께 관찰을 통해 일리노이 주 어배너에서 수컷 도롱이벌레가 9월 말과 10월 초, 정오에서 오후 6시 사이 번데기로부터 빠져나온다는 사실을 알아냈다.[8] 성충 수컷이 막 나오려 할 때면 번데기가 도롱이를 약 4분의 3가량 벗어나기까지 꿈틀거리는데, 그런 다음 번데기 집이 정수리와 흉부의 중간선을 따라 둘로 쪼개진다. 여전히 젖어 있는 데다 날개가 구겨진 수컷 도롱이벌레는 조금 열린 틈새를 간신히 비집고 나와 이제는 텅 비어버린 번데기 껍데기에 다리로 매달려 있다. 도롱이벌레는 곧 몸이 마르고, 혈압의 힘으로 날개를 완전히(3.8센티미터) 펼칠 수 있다. 도롱이벌레 성충인 도롱이나방은 검은색에 가까운 비늘로 뒤덮여 있으나, 날개에 붙은 비늘은 이내 떨어져나가고 날개가 파리나 꿀벌처럼 투명한 막 모양이 된다. 수컷은 빠르고 노련한 비행사지만, 다른 수많은 나방과 마찬가지로 구기가 퇴화해 꽃의 수액을 빨아 먹지 못하므로 단 하루 만에 숨지기도 한다.

헤이스먼은 이렇게 설명했다.

암컷의 번데기 집 안에서는 성숙과 관련해 아무런 뚜렷한 변화도 일어나지 않는다. 번데기 집 아래쪽 끝이나 머리 쪽 끝에 눈에 띄지 않을 정도의 틈새가 나타나지만, 성숙한 암컷은 성장을 마친 뒤에도 번데기 집에 남아 있다. 만약 누군가가 큰 도롱이 가운데 하나를 잘라 성숙한 암컷을 갈색 번데기 집에서 꺼낸다면 그 암컷이 다리도 날개도 여타 부속지도 없는, 그저 민달팽이처럼 생긴 보드라운 존재라는 사실을 알게 될 것이다. 암컷은 알이 가득 들어 있는 육질의 자루에 불과하다.[9]

암컷의 흉부와 복부는 털로 뒤덮여 있는데, 노란빛 감도는 갈색 털이 복부의 끝부분에는 촘촘하게, 나머지 부분에는 성기게 나 있다. 암컷은 교미하고 산란할 때까지 도롱이를 떠나지 않는다.

오후에 교미 채비를 마친 암컷은 번데기 집의 머리 쪽 끝에 난 틈새로 머리와 흉부를 불쑥 내민다. 레온하르트(B. A. Leonhardt)는 공동 작업자들과 함께 도롱이벌레의 교미 행동을 매혹적으로 기술한 논문에서, 그런 다음 암컷은 제 흉부에 난 털을 한 움큼 뽑아 도롱이 앞쪽에 내던진다고 썼다.[10] 그 털은 자극적인 성페로몬을 배출하고, 페로몬은 바람을 타고 퍼져나가 암컷을 찾아다니는 수컷을 유혹한다. 수컷이 암컷의 도롱이에 내려앉으면 암수가 교미한다. 그런데 도롱이벌레의 교미는 그들과 유연관계에 있는 종을 제외하면 동물의 왕국에서 가장 이채롭고도 놀라운 방식으로 이뤄진다. 도롱이벌레에게 교미는 호락호락한 일이 아니다. 헤이스먼은 그들의 교미 행동을 이렇게 묘사했다.

도롱이벌레의 교미 방식은 여간 특이한 게 아니다. 암컷은 여전히 단단한 명주 도롱이에 에워싸인 번데기 집에 남아 있으므로, 암컷에게 다가가려는 수컷은 이중의 철벽을 뚫어야 한다. 도롱이의 아래쪽 끝에 구멍이 나 있고, 그 구멍 옆에 있는 번데기 집의 머리 쪽 끝에는 틈새가 벌어져 있다. 따라서 실제 길이의 3배까지 복부를 늘어뜨릴 수 있는 수컷 도롱이벌레는 명주 도롱이 입구 속으로, 그리고 번데기 집에 난 작은 틈새로 자기 복부의 미단(尾端)을 밀어 넣는다. 아울러 그 복부를 점점 암컷의 몸통과 암컷을 싸고 있는 번데기 집 사이로 밀어 올려 암컷의 몸 뒤쪽 끝까지 닿게 한다. 수컷은 천신만고 끝에 가까스로 수정을 성사시킬 수 있다.[11]

헤이스먼은 그들의 산란에 대해서도 다음과 같은 간단명료한 묘사를 이어갔다.

수정이 이루어지고 얼마 안 되어 암컷은 번데기 집의 위쪽 끝에 알을 낳기 시작한다. 알을 배열하는 데 무슨 체계가 있는 것은 아니다. 그냥 차곡차곡 쌓아놓는다. 알을 번데기 집의 복부에 앞의 첫 번째 큰 마디 부분만 빼고 빽빽하게 채운다. ……이 부분과 흉강(胸腔)에는 암컷 몸의 뒤쪽 끝에서 나온 비늘처럼 생긴 연모(軟毛)가 가득 차 있다. 알을 낳으면 상당량의 연모가 알 사이를 누비고 다니며 그것들을 일일이 떼어놓는다. 물론 연모 대부분은 번데기 집의 앞쪽 미단을 막는 마개로 쓰인다. 연모의 속성 그리고 연모가 번데기 집의 앞쪽 미단을 틀어막는 방식을 보면, 번데기 집이 왜 호시탐탐 알을 넘보는 적들에게 뚫고 들어가기 힘든 철옹성인지 알 수 있다.[12]

교미를 마친 암컷의 몸은 번데기 집을 가득 채울 만큼 커지는데, 알을 낳으면서 점차 쭈글쭈글해진다. 그래서 산란을 마칠 때쯤에는 거의 남아 있는 게 없다. 암컷은 숨지기 전 사력을 다해 번데기 집 앞에 난 틈새와 도롱이의 구멍으로 몸을 밀치고 나가 땅바닥으로 떨어진다. 암컷이 떨어지고 나면 틈새가 닫히고 알은 단단히 봉합된 도롱이 속에 안전하게 머문다. 물이 스며들지 않으며 뚫고 들어가기도 힘든 도롱이는 겨우내 나뭇가지에서 대롱거린다.

도롱이벌레는 길고 더러 엄혹할 때도 있는 겨울 추위 속에서 어떻게 살아남을까? 도롱이가 다소 도움을 줄 수도 있지만, 그것이 열을 유지해주는 담요 같을 거라고 생각해선 안 된다. 포근한 겨울 침대에 몸을 누인 당신과 달리 도롱이벌레의 알은 명주 담요가 유지해줄 열을 내지 못한다. 대다수 곤충처럼 도롱이벌레의 알도 휴면한다. 휴면은 알·유충·번데기·성충으로 이어지는 어느 생애 단계에서나 일어날 수 있지만, 특정한 종의 경우 휴면이 이뤄지는 생애 단계는 거의 언제나 동일하다. 휴면 곤충은 다음 생애 단계로의 신체적 발달이 멈춘다. 즉 알은 휴면을 종료할 때까지 부화하지 않으며, 유충은 번데기가 되기 위한 탈피를 하지 않는다. 마찬가지로 번데기는 성충으로 달라지지 않으며, 성충 암컷은 알을 낳지 않는다. 겨울 휴면에 접어든 곤충은 대개 자기 몸을 극도로 차갑게 유지하는 생리적 기제를 동원한다. 다시 말해, 체온이 영하 이하로 떨어져도 신체 세포에 돌이키기 힘든 타격을 입혀서 끝내 죽게 만드는 얼음 결정을 형성하지 않는다. 더군다나 어떤 단계에 있든 휴면 곤충의 신진대사율은 비휴면 곤충보다 한없이 느리다. 대체로 정상적인 비율의 10분의 1도 안 된다. 신진대사율이 정상치의 10분의 1로 떨어진 곤충은 에너지 소비율도 90퍼센트 정도 줄어들고, 따라서 동일한 비축 에너지를 갖고 비휴면 곤충보다 10배나 더 오래 버틸 수 있다.

그렇다면 곤충이 휴면에 접어들도록 자극하는 요인은 무엇일까? 소수의 곤충은 별도의 자극 요인이 필요치 않다. 도롱이벌레의 예에서 보듯 그들은 적절한 발달 단계에 이르면 자동적으로 휴면에 들어간다. 곤충학자들은 이것을 '의무적 휴면(obligatory diapause)'이라고 부른다. 반면 대부분의 곤충은 '기회적 휴면(facultative diapause)'을 한다. 즉 모종의 환경 요인에 의해 촉발되지 않으면, 계속 발달을 이어가고 중단 없이 다음 세대를 만들어낸다. 빠르게 성장해서 여름 한철 동안 두어 세대를 거치는 곤충에게는 기회적 휴면이 이롭다. 나는 로버트 모던과 함께,[13] 도롱이벌레를 항온과 인공적인 낮 길이의 조합을 다양하게 변화시키면서 알부터 성충에 이르기까지 길러본 적이 있다. 그런데 그 둘을 어떤 식으로 조합해도 도롱이벌레의 암컷이 휴면란을 낳는 것을 막지 못했다. 따라서 우리는 아마도 도롱이벌레가 '의무적 휴면'을 하는 것으로 생각한다. 이는 그들이 워낙 느리게 성장해 여름 한철에 딱 한 세대만 거치므로 사리에 닿는 판단이다. 그러나 모던과 나 역시 주의를 기울였듯 "의무적 휴면이 일어나는 것을 증명하기란 간단치 않다. 왜냐하면 시도해보지 않은 어떤 요인이 의무적 휴면을 가로막을 가능성이 얼마든지 남아 있기 때문이다. 가령 우리는 '일정한' 낮의 길이는 휴면을 막지 않는다고 알고 있지만, '끊임없이 증가하는' 낮의 길이가 휴면을 막을 수도 있다".[14]

집에서 기르는 누에(silkworm)는 도롱이벌레와 마찬가지로 알 단계에서 휴면하지만, 이는 '기회적 휴면'이다. 그것은 필시 겨울이 다가오고 있음을 말해주는 모종의 환경적 단서에 의해 촉발되는 듯하다. 겨울이 다가오는 조짐을 보여주는 가장 믿을 만한 단서는 물론 낮의 길이다. 기온은 너무나 변화무쌍하므로 그리 믿을 만하지 않다. 북반구의 온대 지방에서는 겨울이 시작되는 12월 21일에 연중 낮 길이가 가장 짧다. 그날 일리노이 주 중부의 낮 길이는 일광(daylight) 9시간 30분과 여명 및 황혼녘의 어스름 약 30분을 합한 10시간 정도다. 같은 장소에서 여름이 시작되는 6월 21일은 연중 낮 길이가 가장 길어 일광 15시간과 어스름 30분을 합해 15시간 30분 정도다. 6월부터 12월까지는 낮이 점차 짧아지며 겨울이 다가옴을 말해준다. 12월부터 6월까지는 낮이 서서히 길어지면서 봄의 도래를 예고한다. 일부 곤충은 '여름'에 휴면에 들어가기도 한다. 흔히 늦은 봄과 초여름에 낮 시간이 길어지면서 열기가 강하고 건조해지는 것을 피하기 위해서다. 그러나 온대 지방에서는 대부분의 곤충이 오직 겨울에만 휴면한다. 겨울 휴면에 들어가는 것은 늦여름과 초가을에 상대적으로 낮 길이가 짧아지는 데 반응한 결과다.

발달이 완성되지 않은 알은 눈이 없을뿐더러 빛을 감지할 만한 다른 방안도 갖고 있지 않다. 따라서 알의 휴면을 주도하는 건 필시 어미일 것이다. 집에서 기르는 누에(블라우스나 셔츠를 만드는 데 쓰이는 명주실을 잣는다)는 어미가 배(胚)였을 때—배에는 눈이 있다—노출된 낮 길이에 따라 알이 휴면에 들어갈지 말지 결정한다. 대다수 곤충은 낮 길이가 짧아지면 겨울 휴면에 들어가고, 낮 길이가 길어지면 휴면하지 않는다. 그러나 몇 주 뒤 성충이 될 때까지 출산 계획을 늦추는 누에는 그와 정반대로 낮 길이에 반응한다. 그해의 첫 세대는 낮 길이가 여전히 짧은 초봄에 배 단계로 있다. 그럼에도 이들은 성충 단계에 이르고 몇 주가 지나면 비휴면란을 낳도록 미리 정해져 있다. 이때쯤은 여름이 될 테고, 자녀들은 낮이 길고 따뜻한 나날 동안 크게 번성한다. 낮이 길면 자녀들은 늦여름에 성충이 되었을 때 휴면란을 낳도록 운명 지어져 있다. 휴면란은 이듬해 봄에야 부화한다. 만약 그들이 봄에 너무 늦게 부화하면 애벌레는 성장을 미처 완수하기도 전에 추운 날씨가 닥쳐 죽음을 맞이할 수도 있다.

따스한 봄날이 다가오면 온대 지방의 곤충은 발달과 생식을 재개한다. 하지만 그 밖의 종들은 자신에게 필요한 여러 자원(이를테면 초식 곤충의 경우 특정 먹이 식물, 혹은 기생 곤충의 경우 가장 선호하는 기주 곤충 등)을 이용할 수 있는 시기와 맞추기 위해 그와 다른 시기를 택한다. 즉 어떤 종은 매우 이른 봄을, 또 어떤 종은 한참 뒤의 계절을 택한다. 그들은 대체 어떻게 봄이 왔거나 조만간 올 거라는 사실을, 그리고 봄이 평범한 삶을 다시 시작하기에 가장 안전한 계절이라는 사실을 알까? 봄에 처음으로 따뜻해지는 날이 시작되면 온화한 계절이 다가오고 있음을 알 수 있다. 그러나 만약 어떤 곤충이 그저 따뜻한 며칠에 반응해 휴면을 마치도록 프로그램화되어 있다면, 가을의 따스함 심지어 겨울날 며칠 동안 이어진 따뜻함도 때 이른 휴면을 끝내도록 자극할 수 있다. 그런 곤충은 결국 다시 정상적인 겨울 추위가 닥치면 목숨을 부지할 수 없다.

이 딜레마를 어떻게 해결할 수 있을까? 즉 곤충들은 예측 불허의 날씨에 과연 어떻게 대처할 수 있을까? 내가 제임스 스턴버그와 함께 다룬 연구 주제 가운데는 멧누에나방(cecropia moth)의 휴면을 멈추게 하는 메커니즘에 관한 것이 다수 있었다.[15] 날개를 쫙 폈을 때 15센티미터나 되는 화려하고 아름다운 멧누에나방은 오직 충분히 긴 기간 동안 추운 날씨에 노출되어야만 일정 기간의 따뜻한 날씨에 반응한다. 조기에 휴면을 마무리하는 치명적 위험을 피해가는 전략이다. 익히 알려져 있다시피 휴면 단계의 멧누에나방 번데기는 마치 기상학자들이 겨울에 난방 일수의 누계를 내는 것처럼 자신이 노출되었던 추위의 양을 헤아린다. 멧누에나방은 자연적 조건에서 일정 기간 따뜻한 날씨에 자극받으면 휴면을 종료하고, 번데기 집을 벗어던지고, 고치에서 나와 나방이 된다. 오직 추위를 충분히 겪고 난 후에만 그렇게 한다.

당신이 가을에 멧누에나방 고치를 몇 개 발견한다면, 그리고 호기심도 많고 탐구심도 풍부하다면, 추위가 고치에서 휴면하는 번데기한테 어떤 영향을 미치는지 직접 확인할 수 있다. 먼저, 번데기의 생사 여부를 확인하기 위해 고치를 귀에 대고 살살 흔들어보라. 만약 고치가 무겁고 쿵하는 야무진 소리가 들린다면, 그 속엔 필시 살아 있는 번데기가 들어 있다. 그런 다음 고치 몇 개는 당신 집의 따뜻한 장소에, 또 같은 수의 몇 개는 냉장고에 넣어두라. 10주가 지난 뒤 냉장고에서 고치를 꺼내 따뜻한 장소에 있던 고치 옆에 두어보라. 그로부터 약 3주 뒤, 냉장고에 있던 고치에서는 거의 동시에 멧누에나방이 나올 것이다. 그러나 나머지 고치에서는 아무런 기척도 없다. 몇 주 혹은 몇 달 뒤 나방이 몇 마리 나올 수 있지만, 그들은 대개 성충 단계로 변신하지 못한 채 죽어간다.

도롱이벌레의 알도 멧누에나방처럼 몇 주 동안 추위에 노출되고 난 뒤에야 비로소 부화한다. 나는 로버트 모던과 함께,[16] 자연적 추위의 지속 기간이 길어지면 도롱이벌레의 알이 부화하는 데 어떤 영향을 주는지 밝혀냈다. 우리는 도롱이에 든 알을 빛을 차단시킨 새장에 넣어 바깥에 놔두었다. 알은 거기서 산란 시점인 초가을부터 모두가 부화 채비를 마치는 이듬해 5월 중순까지 일기 변화에 고스란히 노출되었다. 우리는 정기적으로 알 가운데 일부를 실험실로 옮겨놓고 항온(알이 부화하는 데 적합한 29도)을 유지했다. 그 결과 자연적인 추위의 지속 기간이 길어지면 길어질수록, 알이 봄에 자연적으로 부화하는 것과 마찬가지로 점점 더 알에서 깨어나게끔 조건화된다는 것을 발견했다. 상당한 추위를 경험하기 전인 9월에 실험실로 옮긴 알은 75퍼센트가 목숨을 잃고, 부화의 동기화(synchronization)도 이뤄지지 않았다. 요컨대 68일 뒤 최초의 알이 부화했고, 그 후 70일 동안 간헐적으로 애벌레 몇 마리가 더 부화했다. 바깥 일기에 노출되는 기간이 늘어날수록 점점 더 많은 애벌레가 살아남고, 부화의 동기화 경향도 꾸준히 늘어났다. 36주 후인 5월(도롱이벌레의 알이 자연에서 정상적으로 부화하는 것과 같은 때)에 실험실로 옮긴 마지막 알 집단은 오직 11퍼센트만이 목숨을 잃었다. 이 종에게서 흔히 볼 수 있는 비율이다. 이들 집단은 불과 여드레에 걸쳐 부화했을 정도로 엄밀한 동기화 경향을 보여주었다.

같은 지역에 사는 도롱이벌레는 여름에 동일한 비율로 성장한다. 따라서 알이 부화할 때부터 시작되는 동기화를 성충이 되어 교미할 때까지 제법 잘 유지한다. 엄밀한 동기화는 도롱이벌레를 비롯한 여러 곤충에 대단히 중요한 요소다. 동시에 존재하는 개체 수가 많을수록 한 개체가 짝을 찾고 생식할 가능성이 높아지기 때문이다.

그러나 내가 1978년 밝힌 대로,[17] 일부 곤충은 양다리 작전을 펼치곤 한다. 이를테면 후손 가운데 일부가 그해의 다른 시기에, 혹은 심지어 다른 해에 휴면을 종료하고 발달을 시작하도록 한다. 예컨대 멧누에나방 암컷은 하나같이 이처럼 기회주의적인 후손을 몇 마리 낳는다. 즉 이들은 충분한 추위를 겪고 난 뒤 봄에 최초의 따뜻함을 느끼면 서둘러 번데기 단계의 휴면을 종료하고 발달을 시작하며 5월에 성충이 된다. 다른 한편 같은 멧누에나방 암컷은 추위 뒤에 긴 기간의 따뜻함을 경험하고서야 비로소 휴면을 종료하는 자손을 대거 생산하며, 그들은 약 한 달 뒤 출현한다. 가령 '이른 집단'의 일부는 '늦은 집단'은 버텨내지 못하는 혹독한 여름 가뭄을 겪고도 살아남는다. 반면 '늦은 집단'의 일부는 '이른 집단'을 죽음으로 내모는 늦추위를 겪고도 생존한다. 수많은 식물종도 이와 비슷한 양면 작전을 펼친다. 즉 같은 식물에서 단기 휴면하는 종자와 장기 휴면하는 종자를 한꺼번에 만들어낸다. 일리노이 대학 작물진화실험실의 키더 힐루(Khidir Hilu)와 드 웻(J. M. J. de Wet)은 자신들의 관찰 결과를 이렇게 발표했다. "장기 휴면 곡물(종자)은 조건이 맞으면 즉시 싹을 틔우는 묘목이 환경적 재앙을 겪으면서 파괴될 때 그 식물 집단이 끝내 살아남을 수 있게끔 보장한다."[18]

곤충은 치명상을 입힐 소지가 있는 기후 등 환경의 물리적 측면을 이기고 살아남아야 하는 문제를 안고 있다. 그뿐만 아니라 자신들을 잡아먹으려 혈안이 되어 있는 수많은 동물(특히 새)에게 사방으로 둘러싸여 있다. 곤충은 포식자를 피하는 전략을 무수히 개발해왔지만, 그중 가장 흔히 볼 수 있는 것은 바로 위장(camouflage)이다. 어떻게든 눈에 띄지 않게끔 하는 전략이다. 또 다른 전략은 독을 쏘거나, 먹었을 때 치명적이지 않은 독성을 내뿜는 것이다. 포식자는 이러한 곤충을 물리치는 방법을 이내 알아낸다. 그런 곤충은 대개 여봐란 듯 색채가 화려하고 쉽게 눈에 띄어 자연스레 경각심을 일깨운다. 먹어도 아무 문제없는 무해한 곤충 가운데 일부는 쏘거나 독성 있는 곤충들의 외관, 더러 행동까지 흉내 내는 속임수를 써서 포식자를 따돌린다. 우리가 검은제비꼬리나비에 관해 관찰한 내용을 살펴보면, 새를 비롯한 일부 포식자에게 잡아먹히지 않는 여러 가지 전략에 대해 알 수 있다.

09

속임수로 포식자 따돌리기

검은제비꼬리나비(Black Swallowtail Butterfly)

검은제비꼬리나비를 비롯한 모든 동물은 자기 유전자를 미래 세대에 전달해줄 후손을 생산할 수 있을 때까지 어떻게든 살아남는 일에 '매달린다'. 그런데 살아남으려면 한편으론 부지런히 먹어야겠지만, 다른 한편으론 포식자한테 잡아먹히는 사태를 피해야 한다. 곤충은 식충 새를 비롯한 다른 동물을 다양한 방식으로 피하는데, 그중 몇 가지는 무척 기발하다. 대다수 곤충은 그저 달아나려 애쓴다. 놀라면 재빨리 날아가버리는 파리, 위협을 느끼면 서둘러 안전한 곳으로 피신하는 바퀴벌레 따위가 그런 예다. 상당수 곤충은 도망가지 않고 죽은 듯 버팀으로써 눈에 띄는 사태를 면한다. 못 먹는 물체인 양 꾸미거나 그 자리에 꼼짝 않고 있으면서 어떻게든 이목을 끌지 않게끔 위장하는 것이다. 개미·꿀벌·말벌 따위의 곤충은 물거나 쏘는 식으로 스스로를 방어한다. 그런가 하면 또 어떤 곤충은 먹히면 독성을 내뿜는다. 그들은 대다수 쏘는 곤충과 마찬가지로 눈에 잘 띄는 화려한 색채로 몸을 치장함으로써 색깔에 반응하는 포식자한테 접근하면 위험하다고 경고한다. 쏠 수도 없고 독성도 없는 일부 곤충은 마치 자신이 쏘거나 유독한 곤충인 양 보이게끔 속임수를 써서 포식자를 따돌린다. 노란색과 검은색 줄무늬가 그어진 어떤 파리는 말벌을 닮았고, 주황색과 검은색의 바이스로이나비(viceroy butterfly)는 유독한 제주왕나비와 모습이 흡사하다. 검은제비꼬리나비는 네 가지 발달 단계마다 이런 방법 가운데 한두 가지로 자기 자신을 보호한다. 그러나 이러한 보호 조치는 오직 그 곤충의 생애사, 생애 주기, 섭식 습성이라는 맥락에 비추어볼 때에만 제대로 이해할 수 있다.

검은제비꼬리나비(*Papolio polyxenes*)는 알에서부터 생애를 시작한다. 그 알은 어미가 자기 애벌레 자녀들이 먹잇감으로 받아들이리라는 것을 본능적으로 직감한 어느 종의 식물에 슬어놓은 것이다. 폴 오플러(Paul Opler)와 조지 크리젝(George Krizek)[1]에 따르면, 검은제비꼬리나비 암컷은 화창한 날 대개 오전 10시부터 오후 3시 사이에 짧게 자란 초목 바로 위를 천천히 날아다닌다. 그러다가 괜찮다 싶은 기주 식물을 발견하면 잠시 그 여린 이파리 끝에 내려앉아 노란 알을 딱 하나 낳는다. 몇 가지 예외가 있긴 하지만 검은제비꼬리나비 애벌레가 먹이로 삼는 것은 오직 당근과(Apiaceae) 식물뿐이다. 검은제비꼬리나비 애벌레는 나비와 나방의 유충이 모두 그렇듯 이파리를 잘라서 씹는 튼튼한 하악골이 달린 구기가 있다. 그들의 기주 식물에는 독미나리속(cowbane, water hemlock), 피막이속(water pennywort: 우리나라에서는 워터코인, 물동전이라는 이름으로 통용—옮긴이) 같은 몇 가지 토종이 있다. 그들은 점차 일부 도입된 잡초—야생 설탕당근(parsnip), 야생 당근(carrot, Queen Anne's lace), 그리고 '신들을 경시했다'는 죄목으로 유죄 판결을 받은 소크라테스를 죽일 때 사용한 악명 높은 독당근(poison hemlock)—를 유독 선호하게 되었다. 검은제비꼬리나비 애벌레는 더러 야생 당근이나 야생 설탕당근의 재배종, 딜(dill: 허브의 일종—옮긴이), 파슬리(parsley), 셀러리(celery), 캐러웨이(caraway), 회향(fennel) 같은 농작물을 야금야금 갉아먹거나 더러 심하게 고사시킴으로써 스스로 해충이 되기도 한다.

검은제비꼬리나비 애벌레는 번데기 단계로 넘어가는 탈피 준비를 마치면, 내장을 비운 다음 번데기가 되고 기주 식물, 인근의 고사목, 목재 기둥, 혹은 초목의 껍질에 자기 몸을 부착한다. 나비 수집가와 관찰자들 사이에서 흔히 '나비 번데기(chrysalis, 蝶蛹)'로 통하는 이 번데기는 거의 대부분의 나비 번데기가 그렇듯 고치가 없는 알몸이다. (나비목(Lepidoptera)에서는 주로 나방이 보드라운 고치를 짓는다.) 번데기는 복부 끝에 달린 갈고리에 의지해 번데기화한 장소 표면의 명주 패드에 붙어 있다. 다른 일부 나비의 번데기와 마찬가지로 검은제비꼬리나비의 번데기도 가느다란 명주실에 감겨 지탱을 받으며, 수직의 버팀목에서 약 30도 정도 뒤로 몸을 기대고 있다. 마치 목재 전신주를 올라가는 작업자가 가죽 안전벨트에서 몸을 살짝 뒤로 젖힌 모습처럼 보인다. 나비는 애벌레 단계일 때에만 명주실을 분비하므로, 번데기 단계로 탈피하기 직전의 애벌레가 명주 띠와 명주 패드를 만들어야 한다. 이 마지막 유충 단계의 탈피는 마치 절묘한 곡예 같다. 명주 띠 안에서 복부 끝에 달린 육질의 다리를 명주 패드에 붙이고 있는 애벌레는 매우 신중하게 껍데기를 벗어던진다. 애벌레는 탈피 뒤에도 계속 명주 띠의 지탱을 받으며, 애벌레 복부의 다리가 아닌 번데기 복부 끝에 달린 갈고리로 명주 패드에 내내 붙어 있다.

검은제비꼬리나비는 1년에 2~3세대를 거치지만, 마지막 세대는 휴면 번데기로서 겨울을 난다. 마침내 번데기에서 나온 성충은 모습이 애벌레와 판이하다. 식물의 꿀 등 여러 가지 액체를 빨아 먹기에 알맞게끔 적응한 구기는 음료용 빨대처럼 길고 가는 혀로 이뤄져 있다. 혀는 사용하지 않을 때면 손목시계 태엽처럼 머리 아래에 둘둘 감겨 있다. 암컷과 수컷은 다양한 종류의 수많은 식물에 핀 꽃에서 달콤한 꿀을 찾아 먹음으로써 분주한 생활 방식에 필요한 에너지를 조달한다. 그들이 가장 선호하는 식물은 붉은토끼풀(red clover), 향수박하(bee balm), 네댓 종의 엉겅퀴(thistle) 그리고 유즙초(milkweed)다. 널찍하고 알록달록한 날개가 두 쌍 달린 검은제비꼬리나비는 나는 재주가 비상하다. 날개는 언뜻 투명한 것 같지만 유심히 살펴보면 다채로운 색깔의 불투명하고 자잘한 비늘로 뒤덮여 있다. 비늘은 지붕 널빤지처럼 겹쳐서 배열되어 있다. (나비를 만지면 손에 묻는 유색의 가루가 바로 이 비늘이다.) 길고 가느다란 다리는 착륙 장치다.

느릿느릿 기어 다니는 애벌레는 가장 효율적으로 섭식과 성장을 이루게끔 고안된 존재다. 애벌레는 식충이(eating machine)라고 부를 만큼 잘 먹고, 기동성이 좋으며 짝을 찾고 알을 퍼뜨리는 데 알맞도록 고안된 성충은 교미에 아주 뛰어나다.

수컷과 암컷은 한낮에 교미할 짝을 찾아다닌다. 그들은 서로를 잘 알아볼 수 있는 탁 트인 장소, 즉 언덕 꼭대기의 평평한 지역을 선호한다. 내 친구이자 동료 제임스 스턴버그가 들려준 대로, 이 같은 곳은 주위 환경으로부터 약간, 그러나 분명하게 도드라진 장소다. 이들의 행동은 독신 전용 바에 모여 있는 인간 남녀와 하등 다를 바 없다. 수컷은 주위의 낮은 초목 위로 솟아 있는 식물의 꼭대기에 내려앉아 탁 트인 시야를 확보한다. 그리고 오전 9시부터 몇 시간 동안 오직 가까운 거리만 이따금 날아다닐 뿐 참을성 있게 기다린다. 드디어 암컷이 나타나면 수컷은 암컷을 가로채기 위해 날쌔게 움직인다. 암수는 그늘진 장소로 내려오고, 수컷은 암컷의 질에 정액을 삽입한다. 수컷은 암컷이 잘못되는 일만 없다면 자기 유전자를 영속시키고자 하는 궁극의 목표를 비로소 완수한 셈이다.

사실상 모든 곤충이 그렇듯 검은제비꼬리나비도 생애 단계가 온통 수많은 포식자의 먹잇감이다. 포식자 중에는 개미, 육식성 딱정벌레(ground beetle), 사마귀(praying mantis) 같은 수많은 곤충, 도마뱀과 작은 뱀, 다양한 조류, 심지어 흰발생쥐(deer mouse)나 스컹크 같은 포유류도 포함된다. 검은제비꼬리나비는 포식자를 피하는, 심지어 물리치는 여러 가지 방법을 동원한다. 그들은 자신의 알은 어떻게든 보호할 테지만, 내가 알기에 이를 보여주는 관찰이나 실험 결과가 발표된 일은 없다. 그러나 제임스 스턴버그는 (아직 검증되지는 않았지만) 실제로 시각 지향적인 포식자는 초록색 이파리에 놓인 노란색 알(아마 검은제비꼬리나비의 알도 마찬가지일 것이다)을 지나칠 가능성이 높다고 주장했다. 노란색 알이 이파리에서 흔히 볼 수 있는 황반병(yellow spot disease)의 자취와 비슷하기 때문이다. 어떤 곤충은 초록색 알을 낳지만 상당수는 노란색 알을 낳는다. 초록색이 아닌 노란색 알을 낳는 곤충의 기주 식물이 다른 식물보다 황반병에 걸리기 쉽다는 사실이 확인된다면 정말이지 근사할 것이다.

유충이 모든 영충(instar, 齡蟲) 단계에서 보호받는다는 사실은 거의 의심할 나위가 없다. (유충의 하위 단계인 영충은 유충의 탈피와 탈피 사이 시기를 말한다.) 검은제비꼬리나비 애벌레는 세 번의 탈피로 나뉜 4개의 영충 단계를 거친다. 1령충과 2령충은 새똥처럼 생겨서 분명 먹잇감을 찾아 나선 새나 기타 다른 식충 동물이 거들떠보지도 않을 것이다. 이 어린 유충은 양쪽 끝이 유난히 새까맣지만, 중앙 한쪽 끝의 가장자리에 특이한 안장 모양의 희고 널찍한 띠가 그어져 있다. 검은색은 똥(소화되지 않은 먹잇감), 흰색은 반(半)고체의 하얀 요산(오줌)이다. 새들의 경우 오줌은 똥과 섞여 있다. 검은제비꼬리나비와 유연관계인 몇 종의 애벌레도 마치 새똥인 것처럼 행동한다. 그중에는 범호랑나비(tiger swallowtail butterfly), 거인호랑나비(giant swallowtail butterfly), 플로리다키스에 서식하는 희귀한 샤우스제비꼬리나비(Schaus's swallowtail butterfly) 따위가 있다. 새똥을 닮은 거미, 애벌레, 심지어 성충 나방은 전 세계적으로 분포한다. 뉴넘(A. Newnham) 대령은 옥스퍼드 대학의 폴턴(E. B. Poulton) 교수에게 보낸 편지에서 새똥을 닮은 인도의 애벌레에 관해 다음과 같이 생생하게 묘사했다.

> 저는 1892년 8월인가 9월쯤에 아마다바드(인도 서부 뭄바이 북쪽의 도시—옮긴이)의 살바도라과(Salvadora) 덤불에서 문제의 유충을 발견했습니다. ……딱정벌레 한 마리를 잡으려고 손을 뻗치던 순간, 더러운 까마귀 똥이지 싶은 것에 닿기 직전 황급히 손을 움츠렸습니다. 그런데 그건 놀랍게도 흐느적거리면서 나뭇잎에 반쯤은 몸을 붙이고 반쯤은 매달려 있는 애벌레였습니다. 저를 놀라게 만든 것은 무엇보다 그들이 자기 몸의 표면을 다채롭게 채색하는 솜씨였습니다. 위쪽은 고슬고슬하게, 주요 부분은 촉촉하고 끈끈하고 보드랍게, 그리고 끝은 반짝이는 작은 구형으로 주조해놓았지요. 온갖 재료를 자유자재로 활용하는 이 능란한 예술가는 그보다 더 잘할 수 없을 정도로 훌륭하게 그 일을 해냈습니다.[2]

3령충과 4령충은 밝은 패턴으로 연두색 바탕에 검은 줄이 넓게 그어져 있고, 검은 줄에 노란 점들이 찍혀 있다. 이들의 기주 식물 상당수는 이파리가 작은데, 이제 그 위에 떨어진 새똥 행세를 하기에는 덩치가 너무 커져버린 것이다. 오플러와 크리젝은 이런 패턴이 몸을 보호하려는 것이라고 믿는다. 다시 말해, 애벌레의 위장에 이롭다는 얘기다.[3] 메이 베렌바움[4]은 그 패턴이 멀리서 보면 보호용이지만 가까이서 보면 확연하게 눈에 띈다고 주장했다. 그렇다면 새한테 보드라운 한 점 먹거리에 불과한 애벌레는 어째서 일정 거리 안에 들어오면 잘 보이는 전략을 '선택'했을까?

이 질문에는 두 가지 답변이 있을 수 있다. 적어도 두 가지 중 하나는(둘 다는 아니라 할지라도) 대부분의 눈에 띄는 곤충에게 해당한다. 첫 번째 답변은 쏘거나 먹으면 독성이 있는, 또는 그 밖에 다른 어떤 방식으로 스스로를 보호하는 곤충은 포식자에게 다채로운 색깔을 과시함으로써 자신이 유독하다고 미리 경고한다는 것이다. 포식자는 과거 이들 종의 누군가를 건드렸을 때의 불쾌했던 기억을 떠올리며 그들에 대한 공격을 멈출 것이다. 나는 데이비드 에번스(David Evans)와 함께[5] 이 같은 언짢은 기억이 붉은어깨검정새(red-winged blackbird)와 찌르레기사촌(common grackle)의 경우 한 번의 여름에서 다음 여름까지 지속될 수 있음을 보여주었다. 독 있는 여러 상이한 종의 곤충이 유사한 경고 패턴을 채택하는 것, 다시 말해 동일한 패턴으로 수렴하는 것과 관련해서는 강력한 진화적 경향성이 엿보인다. 프리츠 뮐러(Fritz Müller)[6]는 그들이 제아무리 유독하다 하더라도 포식자를 교육하거나 재교육하는 과정에서 불가피하게 몇몇 개체는 비명횡사할 거라고 지적했다. 만약 두 종 이상이 같은 '광고 로고(advertising logo)'를 사용하면, 사망 소식을 거대 집단이 공유하므로 모든 종의 구성원으로서는 이득이다. 예를 들어, 대부분의 꿀벌이나 말벌은 검정색과 주황색 혹은 검정색과 노란색 줄이 엇갈리는 비슷한 패턴을 띤다. 유해 곤충이 동일한 경고 신호를 사용하는 것을 뮐러식 의태(Müllerian mimicry)라고 한다. 이를 다음에 논의할 의태 유형과 혼동하지 않도록 하자.

눈에 띄는 전략에 관한 두 번째 설명은 일부 무해 곤충이 속임수를 부린다는 것이다. 즉 진짜 독성이 있거나 유해한 동물과 비슷한(때로 거의 똑같은) 색깔 패턴을 취해 포식자를 속인다는 얘기다. 이런 현상은 더러 '가짜 경계색(false warning coloration)'이라고 부르기도 하지만, 흔히 이를 발견한 헨리 베이츠(Henry Bates)의 이름을 따서 베이츠식 의태(Batesian mimicry)로 알려져 있다.

이제 왜 검은제비꼬리나비 애벌레가 가까이에서 볼 때만 눈에 잘 띄는 전략을 택하느냐 하는 문제로 돌아가보자. 베렌바움[7]은 이들 애벌레가 제주왕나비의 애벌레 단계와 흡사한 색깔 및 패턴을 보여주는 베이츠식 의태 동물이라고 주장한다. 나 역시 그렇다고 생각한다. 검은제비꼬리나비의 의태 동물인 제주왕나비는 독성 강한 화합물을 함유한 유즙초를 먹고 살며, 그 화합물을 체내에 따로 보유하고 있기까지 하다. 제주왕나비 성충이 새한테 유해하다는 사실은 익히 알려져 있다. 실험을 통한 연구를 보면 그들이 애벌레 단계에서조차 새한테 해를 끼친다는 것을 알 수 있다. 다행히 이 화합물은 대체로 새를 죽이지는 못한다. 치사량을 흡수하기 전에 토하게끔 되어 있기 때문이다. 독소의 체계와 경계색은 새를 죽이기 때문이 아니라 경계색에 주의하게끔 학습받은 새 집단을 만들어내기 때문에 효과적이다. 이런 식으로 경계색을 지닌 곤충은 그들의 '이웃'으로부터 스스로를 안전하게 지켜낼 수 있다.

검은제비꼬리나비 애벌레가 분명 식용 가능한데도 유독한 제주왕나비 애벌레를 흉내 낸다는 가설을 통해 우리는 이렇게 예측해볼 수 있다. 즉 멋모르는 순진한 새들이야 검은제비꼬리나비 애벌레를 먹겠지만, 제주왕나비 애벌레에게서 언짢은 경험을 한 뒤에는 검은제비꼬리나비 애벌레를 손도 대지 않을 거라고 말이다. 이런 예측은 다음과 같은 뻔한 실험을 통해 검증할 수 있다. 요컨대 새 자신에게 제주왕나비 애벌레와 검은제비꼬리나비 애벌레 가운데 하나를 선택하도록 하는 것이다. 실험 결과는 베이츠식 의태 가설을 지지할 수도, 그게 사실이 아니라고 반박할 수도 있다. 이 실험은 실제로 진행되지는 않았다. 그러나 맬컴 에드먼즈(Malcolm Edmunds)가 집필한《동물의 방어 기제(Defence in Animals)》[8]에서는 1939년 윈데커(W. Windecker)[9]가 이와 다른 종을 대상으로 실시한 유사 실험을 다루고 있다. 윈데커는 새들이 노란색과 검은색이 교차하는 진홍나방(cinnabar moth) 애벌레를 먹지 않으려 한다는 사실을 밝혀냈다. 새들은 진홍나방 애벌레를 물기는 했지만 이내 황급히 떨어뜨리고 부리를 세차게 닦았다. 진홍나방 애벌레가 해로운 것은 몸에 난 털 때문이다. 이는 새들이 털 깎은 애벌레를 먹는다는 조사 결과에 의해 입증된 사실이다. 윈데커의 발견에 따르면, 털 난 애벌레를 경험한 새들은 그 후 노란색과 검은색이 교차하는 곤충이라면 여하한 것이든 무조건 거부했다.

제비꼬리나비 애벌레는 개미를 물리치는 것으로 알려져 있다. 아마 기생 곤충뿐 아니라 그 밖에 다른 포식자도 물러나게 만드는 화학적 방어 기제를 지닌 듯하다. 그들에게는 뱀의 갈라진 혀처럼 생긴 기관이 있는데, 이것은 뒤집혀서 머리 바로 아래 있는 작은 틈새로 빠져나올 수 있다. 취각(osmeterium, 臭角: 그리스어로 '냄새의 원천'이라는 의미)이라고 부르는 이 기관은 밀려나올 때 사람 코에는 그다지 거슬리지 않지만 어쨌거나 독특한 냄새를 짙게 풍긴다. 토머스 아이스너(Thomas Eisner)와 위포네 마인발트(Yvonne Meinwald)는 검은제비꼬리나비와 긴밀한 유연관계에 있는 한 유럽 종의 취각이 개미를 격퇴하는 효과적인 방어 기제라고 밝혔다.[10] 두 사람은 개미가 소규모로 공격하는 한 제비꼬리나비 애벌레는 가뿐하게 물리쳤다고 썼다. 제비꼬리나비 애벌레는 개미한테 물리면 "즉시 앞쪽 끝을 돌려서 밀려나온 취각을 가해자에게 문지르고, 눈에 띌 만큼 분비물로 더럽혀진 개미는 지체 없이 줄행랑을 친다. 개미는 도망치면서 이따금 멈추어 제 몸을 격렬하게 닦는다".

검은제비꼬리나비 번데기는 위장을 하고 있어 주변 환경과 잘 분간이 되지 않아 포식자의 시선을 피해갈 수 있는 듯하다. 가을 세대의 번데기(이듬해 봄에야 성충이 되어 나타난다)는 언제나 갈색이라서 겨울에 죽은 식물에 섞여 잘 보이지 않는다. 여름 세대의 번데기는 갈색일 수도, 초록색일 수도 있다. 만약 그들이 나무줄기, 울타리 기둥, 혹은 그 밖의 짙은 색 버팀목에서 번데기가 되기로 했다면 갈색으로 변할 것이다. 그러나 초록색 식물에 몸을 붙인다면 초록색으로 달라질 것이다. 물론 이런 일이 꼭 그렇게 간단한 것만은 아니다. 요컨대 예외도 있다. 데이비드 웨스트(David West)와 웨이드 헤이즐(Wade Hazel)[11]은 만약 여름에 번데기가 아주 가느다란 갈색 줄기에 붙어 있다면, 초록색이 되기도 한다는 사실을 발견했다. 둘의 주장에 따르면, 번데기는 '초록색 조각'—즉 이파리—이 배경의 흔한 구성 요소인 상황일 경우 마치 나뭇잎인 것처럼 위장해 눈에 띄는 사태를 피할 수 있다.

그렇다면 번데기의 위장술은 실제로 그들을 어느 정도나 보호해줄까? 헤이즐과 그의 동료들[12]은 현장에 나가 실험실에서 기른 갈색 번데기와 초록색 번데기를 나무 기둥이나 관목의 줄기 같은 갈색 지지대, 혹은 초본 식물의 줄기 같은 초록색 지지대에 붙였다. 실험에 사용한 번데기 297마리 가운데 일부는 배경색이 같은 곳에, 나머지는 배경색이 다른 곳에 둔 것이다. 이후 매일매일 번데기를 관찰한 결과, 예상대로 배경색이 같은 곳의 번데기들이 반대의 경우보다 포식자의 습격을 덜 받는 경향이 있음을 확인했다.

가장 널리 알려져 있을 뿐 아니라 이해하기도 쉬운 위장술은 얼룩나방(peppered moth)의 사례다. 이는 주로 옥스퍼드 대학에 재직 중인 케틀웰(H. B. D. Kettlewell)[13]의 작업에 의해 명료하게 밝혀졌다. 얼룩나방은 산업혁명 이전에는 색깔이 연했고, 따라서 밝은색 나무껍질에 붙어 있으면 잘 보이지 않았다. 그랬던 그들의 위장술은 한 걸음 향상되었다. 날개와 몸통이 나무껍질에서 자라는 이끼를 닮은 패턴으로 달라진 것이다.

그러나 얼룩나방이 살던 숲은 18세기에 이르러 증기기관차의 발명을 기점으로 산업혁명이 전개되면서 서서히 변화를 겪었다. 19세기에 석탄을 때는 공장이 우후죽순 생겨나면서 공해로 인해 공장 부근에 자리한 숲의 나무 기둥이 검어졌고, 나무껍질에 붙어서 자라던 이끼도 사라졌다. 밝은색 얼룩나방은 검은 나무 기둥에 붙어 있을 경우 더 이상 안전하지 않았다. 18세기에는 존재 사실이 알려지지 않았던 검은색 얼룩나방만이 매연에 오염된 나무껍질에서 눈에 띄는 불상사를 면할 수 있었을 것이다.

그러나 최근의 변종이었을 검은색 얼룩나방 한 마리가 1848년 산업도시 맨체스터 인근에서 과거에는 모두 밝은색이었던 집단 가운데서 발견되었다. 그때 이후 밝은색 개체 수는 점차 감소하고, 위장에 좀더 유리한 검은색 얼룩나방이 늘어나기 시작했다. 그로부터 불과 반세기만인 1898년경 맨체스터에 서식하는 얼룩나방 개체 수의 약 95퍼센트가 검은색이었다. 똑같은 일이 영국과 북유럽 전역의 공업 도시와 그 주변에서도 벌어졌다. 북미에서는 그와 다른 곤충종에서 같은 현상이 발생했다. 매연 없는 지역에서도 검은색 변종이 일부 등장했을지 모르지만, 자연선택은 그들을 이내 제거하며 청정 지역의 얼룩나방 집단은 꾸준히 밝은색 개체로 꾸려졌다. 이 이야기의 속편도 흥미진진하다. 영국에서 오염된 대기를 정화하는 기술이 발달하자 한때 검게 더러워졌던 나무 기둥이 원래처럼 밝은색으로 돌아오고 나무껍질의 이끼도 도로 자라고 있다. 이런 상황은 이들 지역에서 살아남은 소수의 밝은색 얼룩나방한테 이로워 점차 검은색 얼룩나방을 대체해가고 있다.

그렇다면 그들 사이의 생존율은 왜 차이가 날까? 나무 기둥에 먹잇감이 있는지 훑어보던 새는 필시 색깔이 일치하지 않는 나무껍질에 붙어 있는 나방을 발견할 것이다. 케틀웰과 그의 동료들[14]은 마침내 이런 설명이 옳다는 것을 보여주었다. 또 다른 연구자들은 검은색 얼룩나방이 공해로 인한 생리적 스트레스에 대처하는 능력이 밝은색 얼룩나방보다 나은 부수적 이점이 있음을 발견했다. 새가 선택 과정에서 중요하다는 것을 보여주기 위해 사용한 전술은 두 가지였다. 먼저, 밝은색과 검은색 나무 기둥 모두에 나방을 풀어놓고 나중에 그들이 강하게 이끌리는 빛이나 페로몬을 내뿜는 암컷을 미끼 삼아 도로 잡아들였다. 나방은 배경색과 일치할 경우 살아남을 가능성이 더 많은 것 같았다. '올바른' 색깔의 나무껍질에 풀어놓은 나방이 '그릇된' 색깔의 나무껍질에 풀어놓은 나방보다 더 많이 잡혔기 때문이다. 다음 단계는 새들이 정말로 사리 분별력이 있는지 판단하는 것이었다. 나방들을 색깔이 일치하는 나무 기등과 색깔이 일치하지 않는 나무 기둥에 각각 붙여놓고 블라인드 뒤에서 관찰했다. 그 결과에 따르면, 새들은 일치하지 않는 색상의 나무껍질에 앉아 있는 나방은 이따금 붙잡았지만, 배경색과 일치하는 나방은 좀처럼 알아차리지 못했다.

나비 단계인 성충 암컷(수컷은 아니다) 검은제비꼬리나비는 증거가 나오기 한참 전부터 쥐방울덩굴호랑나비(pipevine swallowtail)의 베이츠식 의태 곤충으로 여겨졌다. 모델인 쥐방울덩굴호랑나비는 독성 식물로 악명 높은 아리스톨로치아속(*Aristolochia*)—관상용 쥐방울덩굴(Dutchman's pipe), 야생 버지니아쥐방울(Virginia snakeroot) 등—을 먹고 살므로 유해하다. 그들은 노골적인 경계색을 사용한다. 즉 날개 위쪽은 거의 완전한 검은색이고, 날개 아래쪽은 커다란 주황색 얼룩을 네댓 개 곁들인 검은색이다. 비교적 충실하게 쥐방울덩굴호랑나비를 모델로 삼는 그 밖의 의태 곤충에는 범호랑나비 암컷의 검은색 단계, 암컷 다이애나표범나비(Diana fritillary, *Speyeria diana*), 스파이스부시호랑나비(spice bush swallowtail)의 암컷과 수컷, 그리고 붉은점자주나비(red-spotted purple, *Limenitis arthemis*) 등이 있다. 최근에는 이 목록에 낮에 날아다니는 프로메테우스누에나방(*Callosamia promethea*) 수컷이 추가되었다. 이 나방은 아름답지만 의태를 사용하지 않는 멧누에나방·달긴꼬리산누에나방(luna moth, *Actias luna*)과 더불어 북미에 서식하는 대형 누에나방(silkworm moth) 가운데 하나다.

그렇다면 이런 일부 종에서 왜 '암컷'만이 쥐방울덩굴호랑나비를 의태할까? 어째서 수컷은 의태를 통해 포식자로부터 자신을 보호하려 하지 않을까? 그 답은 아무도 모르지만, 다음과 같은 두 가지 타당한 가정을 해볼 수는 있다. 첫째, 암컷이 수컷보다 모방을 통해 더 많은 것을 얻을 것이라는 가정이다. 아마도 암컷이 더 활동적이어서 포식자한테 노출될 소지가 많기 때문일 것이다. 나비에게서는 이 가설을 지지해주는 증거가 거의 없다. 그러나 의태와 관련해 그와 정반대 성차를 보이는 프로메테우스누에나방의 경우를 살펴보면 이 가정이 맞을 거라고 짐작해볼 수 있다. 낮에 돌아다니는 수컷은 시각 지향적인 새들한테 노출되므로 의태를 사용하지만, 밤에 돌아다니는 암컷은 그럴 위험이 없어 의태를 사용하지 않는 것이다. 둘째, 암컷 나비는 최근에 의태 패턴을 발달시킨 수컷보다 자기 종의 조상과 같은 색채 패턴을 지닌 수컷의 구애를 더 선호한다는 가설이다. 이런 주장은 의태를 통해 얻는 수컷의 이득이 암컷을 사로잡고 수정시키는 능력이 줄어드는 데 따른 불리함을 상쇄하고도 남을 정도여야 한다는 것을 시사한다. 그러나 이 가설을 뒷받침할 만한 증거는 거의 없다.

1958년 브라우어(J. V. Z. Brower)[15]는 나비와 식충 새를 대상으로 실시한 실험실 연구의 결과를 발표했다. 베이츠식 의태 가설을 강력하게 뒷받침하는 결과였다. 실험 대상 새는 플로리다덤불어치(Florida scrub jay)였다. 대조군에 속한 순진한 새들 가운데 일부는 유독한 모델에 노출된 경험이 없었으며, 실험군의 일부 새는 이미 유독한 모델을 퇴짜 놓은 경험이 있었다. 독성 없는 나비는 스파이스부시호랑나비, 검은제비꼬리나비 암컷, 검은색 상태인 범호랑나비 암컷이었다. 결과는 놀라웠다. 나아가 새들이 쥐방울덩굴호랑나비 그리고 유독하지 않음에도 의태를 사용한 검은제비꼬리나비에 어떻게 반응하는지 비교한 실험은 특히 명쾌한 결론에 이르렀다. 순진한 대조군 새들은 검은제비꼬리나비를 쪼아 죽이고 더러는 몽땅 먹어치우기도 했다. 반면 모델의 독성에 대해 잘 알고 있는 실험군 새들은 13마리 가운데 12마리가 그 의태 곤충을 건드리지도 않았다. 이런 결과를 쉽게 간과해선 안 된다. 어떤 통계 분석 결과는 그런 일(실험군 새들이 의태 곤충을 건드리는 일)이 발생할 가능성이 1000분의 1밖에 안 된다는 사실을 보여준다.

링컨 브라우어(Lincoln Brower)[16]는 여기서 한 걸음 더 나아갔다. 그는 제주왕나비를 몇 마리 기르면서 독성을 갖게끔 만드는 디기탈리스(digitalis) 같은 물질이 들어 있지 않은 유즙초종을 먹였다. 포획 상태로 오래 있어 과거 유독한 제주왕나비한테 당한 기억을 까맣게 잊어버린 큰어치(blue jay)는 독 없는 식물을 먹여 키운 제주왕나비를 냉큼 잡아먹었다. 그들은 독 없는 제주왕나비를 주는 족족 먹어치웠다. 반면 독소가 함유된 식물을 먹여서 키운 제주왕나비를 제공받은 큰어치는 그것을 먹었지만, 이내 볏을 세우고 깃털을 부풀리는 등 괴로운 기색을 내비쳤다. 그러곤 앓기 시작하더니 먹은 것을 게워냈다. 그들은 이 단 한 번의 경험을 한 뒤, 독이 있건 없건 제주왕나비에게 눈길조차 주지 않았다. 심지어 몇몇은 제주왕나비를 보기만 해도 헛구역질을 해댔다.

바이스로이나비가 유독한 제주왕나비와 무척이나 닮았다는 사실은 베이츠식 의태의 빼어난 예로서 오랫동안 회자되어왔다. 그러나 최근의 일부 연구는 몇몇 종의 순진한 새들도 바이스로이나비를 먹지 않는다고 주장했다. 이는 바이스로이나비가 베이츠식 의태 곤충이 아니라 뮐러식 의태 곤충임을 말해준다. 어쨌거나 의태를 일삼는 각종 제비꼬리나비, 말벌이나 꿀벌을 흉내 내는 수많은 파리종을 비롯해 베이츠식 의태를 분명하게 보여주는 예는 수없이 많다. 순진한 새는 이들을 냉큼 잡아먹지만, 모델 곤충을 단 한 번이라도 경험한 적 있는 새는 결단코 의태 곤충을 건드리지 않았다.

그러나 일부 생물학자들은 실험실 연구만으로 실제 자연에서 일어나는 현상을 정확하게 예측하기란 어렵다고 주장했다. 백번 옳은 말이다. 물론 확정적으로 공표하기에 충분할 만큼 야생 새들이 야생 나비를 해치거나 거부하는 광경을 관찰하는 것은 불가능하다. 그렇다면 어떻게 해야 할까? 당시 매사추세츠 주 애머스트 대학에 재직하던 링컨 브라우어는 빼어난 제안을 한 가지 했다. 자연에서 의태를 사용하는 데 따른 이점을 측정하는 방법에 가능한 한 가까이 다가선 제안이었다. 요컨대 수컷 프로메테우스누에나방을 일부는 유해한 나비처럼, 일부는 맛있는 나비처럼 보이게끔 칠해 놓아준 다음 다시 잡아들이는 것이었다. 언뜻 말이 안 되는 것 같지만 그렇지 않다. 수컷 프로메테우스누에나방은 나비처럼 낮에 날아다닌다. 그리고 제비꼬리나비와 크기가 거의 같아 날아다니는 모습이 마치 나비처럼 보인다. 날개는 거의 완전한 검은색이다. 날 때 보면 검은색 쥐방울덩굴호랑나비 혹은 그들의 의태 곤충 가운데 하나와 신기할 정도로 닮았다. 나는 제임스 스턴버그와 함께 네댓 차례 프로메테우스누에나방 수컷을 쫓아다닌 끝에 포충망으로 잡은 적이 있다. (사실은 제비꼬리나비가 틀림없다고 믿어 잡은 것이었다.) 화창한 어느 날, 나는 집 진입로에서 차 안에 앉아 아내가 나오길 기다리고 있었다. 그때 커다란 검은색 프로메테우스누에나방 한 마리가 날개를 퍼덕이면서 우리 집 잔디밭을 가로질렀다. 나는 처음에 그게 제비꼬리나비라고 믿어 의심치 않았다. 녀석이 방충망이 달린 현관으로 들어가려고 안간힘을 쓸 때까지만 해도 말이다. 현관 안쪽에는 새장에 가둬둔 처녀 암컷 프로메테우스누에나방이 네댓 마리 있었다.

수컷 프로메테우스누에나방은 분명 처녀 암컷들이 배출한 성페로몬에 반응을 보였을 것이다. (일단 수정하고 나면 암컷은 다시는 성페로몬을 방출하지 않는다.) 자연에서 눈에 잘 띄지 않는 갈색·황갈색·적색 날개가 달려 있어 전혀 제비꼬리나비처럼 보이지 않는 처녀 암컷 프로메테우스누에나방은 나뭇잎 속에 몸을 숨긴다. 낮에 돌아다니는 포식자들을 피하기에 비교적 안전한 곳이다. 그들은 오후 2시경(흐린 날에는 그보다 조금 일찍)부터 일몰 직전까지 성페로몬을 내뿜는다. 암컷은 오직 산란하는 밤에만 날아다니므로 주행성 새를 두려워할 까닭이 없고, 따라서 굳이 의태를 사용할 필요도 못 느낀다. 일부 수컷은 오전에 활동하기도 하지만, 대다수 수컷은 암컷이 성페로몬을 내보내는 오후에 돌아다닌다. 암컷과 달리 운 나쁜 수컷은 주행성 식충 새한테 노출된다. 따라서 스스로를 보호하기 위해 쥐방울덩굴호랑나비를 의태한다.

이제 브라우어의 제안으로 다시 돌아가보자. 프로메테우스누에나방 수컷의 검은색 날개는 다양한 색깔에 서로 다른 수많은 패턴을 그려 넣을 수 있는 빈 '캔버스'나 마찬가지다. 브라우어는 채색한 프로메테우스누에나방 수컷을 자연에 풀어줘 때로 이틀 넘게 주행성의 야생 식충 새들한테 노출시킨 다음 도로 잡아들였다. 프로메테우스누에나방 수컷을 사용할 때의 주요 이점 가운데 하나는 페로몬을 방출하는 처녀 암컷을 미끼로 쓰면 거의 힘들이지 않고 덫으로 재포획할 수 있다는 것이다. 반면 나비는 어떤 성(性)도 짝을 멀리서부터 유인하는 페로몬을 내뿜지 않으므로 포충망으로 한 마리씩 일일이 추적해 잡아야 한다. 두말할 나위 없이 나비를 풀어주고 다시 잡아들이는 실험은 (좋게 말하자면) 극도로 어렵다. 아니, 사실상 거의 불가능에 가깝다.

브라우어 연구진은 방출·재포획 실험을 트리니다드 섬(서인도 제도 최남단에 있는 섬—옮긴이)에서 진행했다. 일부 나방의 날개는 유해한 것으로 알려진 알록달록한 나비를 닮게 그렸고, 일부 나방은 (식용 가능한 것으로 추정되는 대조군으로) 본래 검은 날개에 그냥 검은색 페인트를 덧칠했다. 그런데 이렇게 해도 쥐방울덩굴호랑나비 혹은 그와 유연관계에 있는 호랑나비 3종(역시 주로 검은색이고 트리니다드 섬에 지천으로 있었다) 등 유해한 검정 나비와의 유사성은 달라지지 않았다. 어쨌거나 연구진은 이런 식으로 수년에 걸쳐 실험을 진행했는데, 결과적으로 그 어떤 것도 베이츠식 의태의 유효성을 속 시원하게 보여주지 못했다.

로렌스 쿡(Laurence Cook), 링컨 브라우어, 존 앨콕(John Alcock)[17]은 이렇게 말했다. "4년 남짓 수집한 모든 증거를 종합해보건대, 실험군의 의태 나방에게도 대조군의 나방에게도 이렇다 할 유의미한 이점은 없었다. ……그리고 그 세월 동안 혹은 새로운 장소와 옛 장소 간 이질성도 찾아볼 수 없었다. 야생 상태에서는 프로메테우스누에나방의 의태 시스템에서 그 어떤 선택적 차이도 볼 수 없다고 결론 내려야 할 것이다." 그들은 색칠한 의태 곤충이 처음에는 대조군보다 이점을 누렸을지 모르지만, 새들이 그 실험동물에 대해 인식하자마자 그런 이점이 빠르게 단점으로 바뀌었다고 판단했다. 브라우어 연구진은 실험을 진행하면서 밋밋한 수컷 프로메테우스누에나방의 외관으로는 트리니다드 섬 새들의 공격을 물리치지 못하리라고 암묵적으로 가정했다. 나는 제임스 스턴버그와 함께[18] 이러한 가정은 옳지 않으며, 그들의 연구 결과는 오히려 베이츠식 의태의 유효성을 확실하게 입증하는 자료로 재해석할 수 있다고 주장했다.

내가 설명한 것처럼 브라우어 연구진의 가장 큰 잘못은 알록달록하고 유해한 트리니다드 나비처럼 그린 나방의 생존율을 식용 가능한 것으로 추정되게끔 그린 대조군 나방의 생존율과 비교했다는 점이다.[19] 그러나 실제로 대조군 나방은 트리니다드에 살고 있는 또 다른 유해 나비 집단—이를테면 미국에서 프로메테우스누에나방이 천연 모델로 삼는 쥐방울덩굴호랑나비와 밀접한 유연관계에 있는 3종의 나비—을 닮았다. 검은색으로 칠한 프로메테우스누에나방은 채색 효과를 보려는 연구에 쓰인 대조군이기는 해도 검은색 페인트를 덧칠했다고 해서 외관이 달라지지 않았다. 검게 칠한 프로메테우스누에나방은 브라우어 연구진의 가정과 달리, 유해 나비를 전혀 닮지 않은 식용 가능한 대조군이 아니었다. 그들은 분명 식용 가능하긴 했으나 독성 있는 나비(트리니다드 섬에 서식하는 쥐방울덩굴호랑나비의 친척)처럼 보였다. 제대로 된 대조군을 만들려면 식용 가능한 나비를 닮도록 채색해야 했다.

나는 마이클 제포즈(Michael Jeffords), 제임스 스턴버그와 함께[20] 일리노이 주 중부에서 브라우어 연구진이 트리니다드에서 실시한 것과 흡사한 방출·재포획 실험을 실시했다. 차이점이라면 본래의 검은색 날개에 검은색 페인트를 칠한 수컷 프로메테우스누에나방(쥐방울덩굴호랑나비의 의태)과 페인트로 노란 줄을 그은 나방(식용 가능한 범호랑나비의 노란색을 그려 넣은 것)을 대조했다는 것이다. 6월 말부터 9월 초에 걸친 시기 동안 우리는 지름 1.5킬로미터 정도의 원형 공간 중앙에서 두 집단의 나방을 동일한 수로 풀어놓았다. 그리고 일리노이 대학 안에 있는 로버트 앨러튼 공원(Robert Allerton Park)을 둘러싼 그 원형 공간에 처녀 암컷 프로메테우스누에나방을 미끼로 넣은 덫을 7개 설치했다. 로버트 앨러튼 공원은 주로 오래된 숲이 차지하고 있지만, 복구된 작은 초원 지역과 갓 조성한 숲도 포함하고 있었다.

우리는 풀어준 436마리 나방 가운데 40퍼센트를 도로 잡아들였다. 그들은 덫에 잡히기 전 직경 800미터 혹은 더러 그보다 훨씬 더 먼 거리에서 식충 새들한테 호되게 시달렸다. 실험 결과는 베이츠식 의태의 유효성을 유감없이 보여주었다. 우리는 검게 칠한 나방을 47퍼센트 재포획했다. 그러나 노랗게 칠한 나방은 겨우 34퍼센트만 재포획했다. 이는 통계적으로 유의미한 차이다. 더욱이 다시 잡힌 것들 가운데 검게 칠한 나방에서는 날개를 다친 개체가 거의 없었던 반면, 노랗게 칠한 나방에서는 그런 개체가 수두룩했다. 그들의 날개에는 더러 부리에 쪼인 자국이 선명했는데, 필시 새들이 덥석 물기는 했으나 끝까지 붙드는 데 실패한 결과 생겨난 생채기였을 것이다.

모든 동물의 삶은 세 가지 임무의 지배를 받는다. 먼저 우리가 지금껏 살펴본 대로 자신이 속한 종을 재생산해야 한다. 아울러 그렇게 하기 위해 잡아먹히는 것을 피해야 하고, 성적으로 성숙해질 때까지 끊임없이 먹고 성장해야 한다. 식물을 먹이로 삼는 대다수 곤충은 오직 한 종의 식물만을, 훨씬 더 흔하게는 같은 과에 속한 오직 몇 개의 유관 종만을 고집할 정도로 식성이 까다롭다. 이처럼 먹잇감 선택이 까탈스러운 곤충을 흔히 '기주 특이적(host specific)'이라고 표현한다. 그런 곤충 가운데 하나가 바로 다음 장에서 소개할 배추흰나비다. 배추흰나비는 몇 가지 중요하고 흥미로운 예외가 있긴 하지만, 오직 겨잣과에 속한 양배추 그리고 케일(kale) · 콜라드(collard) · 꽃양배추(cauliflower) · 방울양배추(brussels sprout) · 순무(turnip) 등 그 밖에 다른 겨잣과 식물의 이파리만 먹는다. 다음 장에서는 곤충들이 왜 '기주 특이성'을 띠는지, 또한 그들이 어떻게 자신에게 적합한 먹이 식물을 용케 알아보고 찾아내는지 살펴보고자 한다.

10

왜 곤충은 그토록 식성이 까다로운가

배추흰나비(Cabbage White Butterfly)

실험실에서 기르는 배추흰나비 유충은 다양한 겨잣과 식물의 이파리를 닥치는 대로 먹고 무럭무럭 자란다. 그러나 이와 다른 유의 식물(예컨대 시금치·상추·토마토 같은) 이파리만 제공하면, 시험 삼아 몇 번 야금거릴지는 몰라도 급기야 아무것도 먹지 않은 채 고스란히 굶어 죽는 편을 택한다. 1910년 네덜란드 곤충학자 페르스하펄트(E. Verschaffelt)[1]는 이 종의 애벌레로 하여금 거름종이를 먹게 만들었다. 이들에게 거름종이는 단연코 영양적 가치가 없는 것이다. 이처럼 희한하고 언뜻 모순적인 것처럼 보이는 결과가 나온 까닭은—지금으로서는 믿기 힘들겠지만—이번 장을 읽노라면 차차 이해할 수 있을 것이다.

배추흰나비(*Pieris rapae*. 북미에서는 흔히 'imported cabbage worm'이라고 부른다)는 유럽에서 유입된 종으로, 양배추·방울양배추·케일·순무 등 겨잣과 식물을 텃밭에서 기르는 이들에게는 낯익은 곤충이다. 2.5센티미터 남짓한 보드라운 초록색 애벌레는 나뭇잎에 불규칙한 모양의 구멍을 커다랗게 뚫어놓는다. 이들의 수가 불어나면 농작물에 큰 피해를 입는다. 이파리 조직을 상당 부분 훼손해 식물의 성장을 크게 위축시키기도 한다. 그렇게 되면 케일·콜라드 등 겨잣과 식물의 이파리 소비가 부적절해진다. 게다가 꽃양배추나 양배추의 머리 부분이 제대로 형성되지도, 성장하지도 못한다.

배추흰나비 애벌레는 다 자라면 겨잣과 식물이나 인근의 지지대에 붙어서 번데기가 된다. 고치 없는 번데기, 즉 나비 번데기(접용)가 검은제비꼬리나비의 번데기처럼 매달려 있다. 꼬리 쪽 끝의 갈고리는 단추 모양의 명주 속에 묻혀 있다. 몸을 지지대에 둘둘 감아주는 명주실이다. 번데기는 자신을 끌어안고 있는 명주 띠에 몸을 맡긴 채 뒤로 비스듬하게 기댄 모습이다. 그로부터 1~2주 뒤에 등장하는 성충이 바로 우리에게 낯익은 배추흰나비다. 날개에 검은 점 두어 개가 찍혀 있는 게 특징이다. 1년에 3세대 이상을 거치므로, 초봄부터 여름까지 흔히 볼 수 있다. 암컷은 수백 개의 진노란색 알을 이파리 아래쪽에 슬어놓는다. 마지막 세대의 번데기는 잡초 줄기, 울타리 기둥, 기타 믿을 만한 지지대에 붙은 채 휴면 상태로 겨울을 난다.

거름종이로 꼬드기는 실험을 하는 연구자들에게 휘둘리지만 않는다면, 대부분의 초식 곤충은 먹잇감에 대해 놀라우리만큼 까다롭다. 루이스훈호번(Louis Schoonhoven)과 공저자들[2]이 설명한 바에 따르면, 현재까지 알려진 약 40만 종의 초식 곤충 가운데 약 80퍼센트에 해당하는 32만 종이 '기주 특이성'을 띤다고 한다. 다시 말하면 그들은 오직 한 과에 속한 식물 혹은 그와 밀접한 유연관계에 있는 몇몇 과의 식물만을 먹는다. 니클라스 잰즈(Niklas Janz)와 공저자들[3]에 따르면, 뜻밖에도 오직

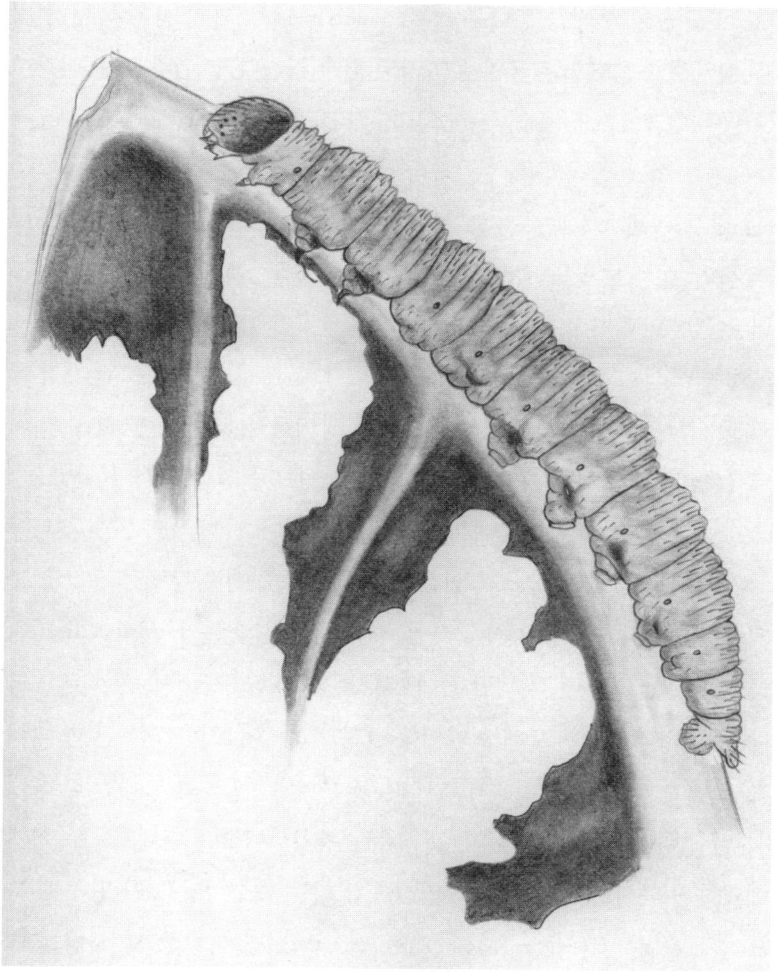

배추 이파리를 뜯어 먹고 있는 배추흰나비 애벌레.

한 과에 속한 하나의 식물 혹은 몇몇 식물만 먹고 사는 엄격한 기주 특이성을 보이는 특수종(specialist)이 유연관계로 묶이기 힘든 서로 다른 여러 종의 식물을 먹고 사는 일반종(generalist)보다 수가 훨씬 많다고 한다. 예를 들어 누에는 뽕나무(white mulberry)나 그와 가까운 몇몇 친척을 제외하고는 어느 식물의 이파리도 먹지 않는다. 그런가 하면 박각시나방 애벌레(tomato hornworm)와 콜로라도감자잎벌레(Colorado potato beetle)는 가짓과 식물, 제주왕나비 애벌레는 유즙초, 콩잎벌레(bean leaf beetle)는 콩과 식물, 느릅나무잎벌레(elm leaf beetle)는 느릅나무만을 먹고 산다. 또한 호박노린재(squash bug)는 오로지 오이과(cucumber) 식물의 수액만을 빨아 먹는다.

이는 초식 포유류와 극명한 대조를 이룬다. 초식 포유류는 두 가지 예외만 빼고는 수많은 과에 속한 수많은 상이한 유의 식물을 두루 먹이로 삼는다. 다시 말해, 그들은 광식성(廣食性)이자 일반종 식자(generalist feeder)다. 반면 초식 곤충에서는 일반종 식자가 전체의 약 20퍼센트에 그치는 소수 집단이다. 우리 인간과 그 영장류 친척 상당수는 온갖 식물의 이파리며 줄기, 덩이줄기, 과실, 씨앗 등속을 먹는다. 사람들이 먹는 무수한 식물 가운데 몇 개만 꼽아보자면 콩·호박·시금치·상추·밀·양배추·셀러리·사과·오렌지 따위를 들 수 있다. 이 모든 것은 단 한 과에 속한 단 한 개 종의 식물인데, 인간이 먹는 식물은 그 한 과에만 몇 종에서 몇십 종이 포함되어 있다. 포유류는 광식성이 보통인데, 딱 두 가지 예외가 있다. 하나는 오스트레일리아에 사는 매혹적인 코알라(koala)로 오직 유칼립투스나무(eucalyptus tree)의 이파리만 먹는다. 또 하나는 대나무 이파리만 고집하는 것으로 유명한 자이언트판다(giant panda)다.

세상에는 30만 종에 이르는 서로 다른 식물이 존재한다. 일리노이 주에만 2400종, 일리노이 주 상거먼(Sangamon) 강 유역의 12개 카운티에만 서로 다른 136개 과에 속한 1500종의 식물이 살아간다. 그렇다면 왜 그토록 많은 곤충이 수많은 잠재적 먹이 식물에 둘러싸여 있는데도 딴 곤충들은 아무 탈 없이 먹는 수많은 식물을 거들떠도 보지 않을까? 다시 말해 그들은 기주 특이성을 통해, 즉 밀접하게 연관된 소수의 식물만 먹음으로써 대관절 무슨 이득을 취하는가? 결론적으로 말하자면, 기주 특이성은 확실한 이점이 있다. 가령 인간을 예로 들면 모든 것을 시도하려는 이는 거의 없다. 누구라도 숙련된 목수·사서·교사·배관공 등 저마다 직능이 특화된 제 분야의 전문가다.

기주 특이적 곤충 역시 마찬가지다. 하나의 과에 속한 식물은 서로 비슷할 가능성이 높은 반면, 연관성이 적은 식물은 일반적으로 초식 곤충들에게 영향을 미치는 수많은 측면이 저마다 다르다. 이를테면 그들은 크기며 생육 형태, 습격하는 곤충에 맞서는 생화학적·물리적 방어 기제, 서식지만의 미기후(微氣候: 좁은 특정 지역의 기후—옮긴이), 발아, 개화, 씨앗 퍼뜨리기처럼 생애 주기상의 사건이 일어나는 계절 따위가 제각각이다. 따라서 곤충들은 자기 기주 식물만의 고유한 특성에 적응함으로써 그 식물에 잘 대처할 수 있도록 진화한다.

기주 특이성이 초식 곤충에게 안겨주는 이점은 그들이 성장하며 살아남고 자녀를 생산하기 위해 고군분투하는 과정에서 만나는 도전만큼이나 많고 다채로울 것이다. 어떤 곤충은 경쟁 관계에 있는 곤충이 상대적으로 적은 초봄 식물을 먹기 위해 추운 기온에 적응함으로써 다른 식물 식자(plant feeder)들과의 다툼을 피해간다. 또 어떤 곤충은 포식자로부터 몸을 보호해주는 위장술이 기주 식물의 색깔, 이파리의 크기와 형태, 그 밖의 시각적 특성에 맞춰져 있어 특정 기주 식물만을 고집한다. 가장 흔한 것으로, 기주 특이적 곤충은 자기 자신이 뚫을 수 있는 특정 물리적·화학적 방어벽을 지닌 식물만으로 스스로를 제한함으로써 이득을 본다. 가령 날카롭고 빳빳한 털이나 가시를 피하기 위해 단단한 식물의 이파리나 과실을 깨물 수 있도록 튼튼한 턱을 발달시킨다. 또 어느 식물의 생화학적 방어 물질을 견디거나 독성을 없애는 생리적 능력을 키우기도 한다. 제주왕나비는 다른 거의 모든 곤충은 얼씬조차 못하는 독소가 함유된 유즙초를 먹어도 끄떡없다. 그뿐만 아니라 다른 몇몇 곤충처럼 식충 새에 맞서 스스로를 보호하기 위해 몸에 독소를 비축하는 식으로 그 식물을 역이용하기까지 한다. 눈에 잘 띄는 제주왕나비의 주황·검정 조합은 그것을 먹었던 과거의 부작용을 기억하는 새들의 접근을 막아준다. 오직 소수의 곤충만이 유즙초를 먹고 살지만, 흡즙성 잎벌레나 장수하늘소(long-horned beetle)처럼 유즙초를 먹는 곤충은 대부분 거기에 들어 있는 독소를 분리하고 또한 주황·검정의 경계색을 활용하기도 한다.

기주 특이적 곤충은 자신에게 맞는 기주 식물을 발견하고 알아보는 신비로운 능력을 지녔다. 성충 암컷은 극소수의 예외를 빼고는 '알맞은' 식물종에 알을 낳는다. 이들은 그 식물종이 제 자식들이 받아들일 만한 먹이가 되리라는 것을 본능적으로 '안다'. 이들은 여간해선 실수를 저지르지 않는다. 예를 들어, 로버트 야마모토(Robert Yamamoto)와 고트프리트 프렝켈(Gottfried Fraenkel)[4]이 발견한 바와 같이, 우리 안의 담배박각시나방은 토마토·담배를 비롯한 가짓과 식물에 주저 없이 알을 슬어놓지만 다른 종류의 식물에는 단 한 개의 알도 낳지 않는다.

심지어 미성숙한 곤충, 즉 유충이나 약충도 알에서 부화하자마자 자기가 붙어 있는 나무를 알아보고 받아들일 수 있다. 그리고 드물긴 하나 혹여 어미가 산란하면서 나무를 잘못 고르는 실수라도 저질렀을 경우 그 나무를 거부하기도 한다. 모든 기주 특이적 곤충한테 본능처럼 내재해 있는 이러한 능력은 언뜻 불필요해 보인다. 어미가 거의 오류 없이 자녀들이 받아들일 식물에 산란하는 능력을 갖추었기 때문이다. 그러나 적절한 기주 식물을 알아보는 능력이 그들의 생애 주기에서 나중에 맞이하는 유충이나 약충 단계에서는 유용할 것이다. 요컨대 그들이 어쩌다 생래적 기주 식물로부터 벗어나 다른 기주 식물을 찾아야 할 필요가 생길 경우에 말이다. 예를 들어, 어떤 애벌레는 다가오는 기생 곤충이나 포식자를 피하려다 재수 없이 땅바닥으로 떨어지기도 한다. 또 어떤 곤충은 몇 가지 타당한 이유에서(예컨대 한 가지 식물만으로는 식욕을 감당하기가 턱없이 부족하다든가 하는) 기존 기주 식물에서 다른 기주 식물로 옮아가야 한다. 또한 자기가 이미 망가뜨려놓은 이파리에서 벗어나야 할 필요도 생긴다. 만신창이가 된 나뭇잎은 굶주린 새들에게 대놓고 '나 여기 있소' 하고 알려주는 시각적 신호일 수도 있기 때문이다.

기주 특이적 곤충은 곤충 세계에서 흔히 식물분류학자로 통하곤 한다. 왜냐하면 자신이 좋아하는 식물과(plant family)에 속한 다양한 종을 알아보고, 그것을 사실상 모든 다른 식물로부터 추려낼 수 있기 때문이다. 그들을 '훌륭한 생화학자'라고 여기는 것 역시 사리에 닿는다. 그들이 모종의 물질을 통해 먹이 식물을 가려내기 때문이다. 이 물질은 대개 그들이 감지할 수 있는 특유의 냄새와 맛을 지니긴 하지만 그 식물의 생존에 꼭 필요한 요소는 아니다. 셀러리·회향·체리·양배추 같은 채소나 과일은 그 물질 덕분에 그만의 독특한 향과 맛을 낸다. 우리가 바닐라, 후추 그리고 허브(세이지·로즈메리·타임 등) 따위의 향신료를 높이 평가하는 것은 거기에 함유된 물질의 향과 맛 때문이다. 앞으로 살펴보겠지만, 향과 맛을 내는 이런 물질은 그 식물에게 일차적 물질(미네랄·탄수화물·지방 같은 영양소)보다 덜 중요한 이차적 물질이다. 즉 신진대사를 비롯한 여러 생리 과정에 필수불가결한 물질은 아니라는 애기다.

오늘날 식물에 존재하는 수많은 이차적 물질은 대체 어떻게 해서 생겨났을까? 그 물질이 처음 등장한 이래 개체 식물의 유전적 변이에 따라 새로운 물질이 속속 출현했다. 그러나 하나의 변이가 끝내 살아남아 변이체의 후손에게까지 퍼져나가려면 필히 자연선택이라는 검열을 통과해야 한다. 다시 말해 그 변이가 유용하며, 따라서 그것을 이룬 개체 식물이나 동물의 적응도가 높아졌음을 증명해야 한다. 자연선택은 몇 가지 이차적 물질을 좋아한다. 향이 꽃으로 곤충을 끌어들여 수분하도록 이끌기 때문이다. 우리의 코를 즐겁게 해주는 꽃향기는 곤충들에게 한층 더 반가운 존재일 것이다. 꽃을 찾아갈 때마다 꿀까지 덤으로 얻는 까닭이다. 변이에 의해 생겨난 어떤 이차적 물질은 자연선택에 의해 보존되기도 한다. 식물의 적을 막아주는 생화학적 방어 물질로 입증되었기 때문이다. 바이러스·박테리아·곰팡이류 그리고 다양한 척추동물 따위도 식물의 적이지만, 나는 초식 곤충에 맞서는 방어 물질에만 초점을 맞추고자 한다. 이들 방어 물질 가운데 일부는 독성이 있어 곤충을 비롯한 식물 식자들이 섭취하면 불쾌한 증상으로 고통당하거나 심하면 목숨을 잃기도 한다. 또 어떤 방어 물질은 그 자체로는 무해하지만, 다른 모종의 해로운 물질이 존재한다고 경고하는 독특한 향과 맛을 지니고 있어 곤충들로 하여금 먹기를 포기하도록 만든다.

곤충과 식물의 상호 작용에 관한 복잡하고도 매력적인 이야기를 처음으로 우리에게 들려준 인물은 바로 페르스하펄트다. 그는 1910년 배추흰나비 애벌레가 겨잣과 식물만 먹고 다른 과 식물은 입에도 대지 않는다는 사실을 실증적으로 보여주었다. 몇 가지 흥미로운 예외가 없지는 않지만 이들 역시 규칙에서 크게 벗어나지 않았다. 그 예외에는 흔히 볼 수 있는 두 가지 정원 꽃이 포함되어 있다. 물냉이과(watercress)의 한련

(nasturtium)과 케이퍼과(caper)의 풍접초(spider flower, *Cleome*: '족두리꽃' 이라고도 한다—옮긴이)가 그것이다. 페르스하펄트는 이들 식물의 이파리를 찧어본 결과, 양배추 등의 겨잣과 식물처럼 톡 쏘는 냄새가 난다는 사실을 발견했다. 겨잣과·물냉이과·케이퍼과 식물의 톡 쏘는 냄새는 글루코시놀레이트(glucosinolate)라고도 알려진 화학 물질인 겨자기름 배당체(mustard oil glucoside) 때문임이 진즉부터 알려져 있었다. 그는 이 화학 물질이 배추흰나비 애벌레를 위시한 수많은 곤충이 지체 없이 십자화과(겨잣과) 식물을 먹도록 내모는 유인 물질이라는 가설을 세웠다. 그가 멋진 실험을 통해 얻은 결과는 이 가설을 뒷받침해준다.

> 실제로 이들 곤충이 겨자기름에 어느 정도 혹하는가 하는 문제에 관한 답은 다음의 실험을 통해 분명하게 알 수 있었다. 만약 (그러지 않았다면 먹지 않았을) 어떤 종의 이파리에 겨잣과 이파리를 으깬 즙을 발라서 …… 곤충들에게 먹잇감으로 제공했다. 그들은 이파리를 한 번 건드려보더니 이내 우적우적 먹기 시작했다. 당연히 이런 실험에 모든 종의 식물을 동원하기 어렵지만, 다른 식물들의 이파리를 사용한 실험에서도 같은 결과를 얻으리라는 것을 굳이 재론할 필요는 없다. ……물론 그들이 건드리지 않고 내버려둔 식물도 더러 있기는 했다. 그러나 이는 필시 그 식물에 애벌레가 싫어하는 어떤 성분이 들어 있기 때문일 것이다.
>
> 하지만 살아 있는 나뭇잎에 겨잣과 식물의 즙을 올려놓을 필요는 없다. …… 내가 관찰한 바에 따르면, 배추흰나비 애벌레는 거름종이가 말라 있거나 물에 젖어 있으면 먹으려 들지 않았지만, 겨잣과 식물의 즙에 젖에 있으면 허겁지겁 먹어치웠다. 그들의 배설물을 현미경으로 들여다보니 그 안에 엉겨 붙은 종이 섬유 말고 다른 성분은 거의 들어 있지 않았다.[5]

그때 이후 다른 연구자들이 실시한 그다지 결정적이지 않은 몇몇 실험 결과가 더해졌을 뿐 기주 특이적 곤충이 어떻게 용케 자기 기주 식물을 알아보는지에 관한 지식은 크게 달라지지 않았다. 그러던 중 1953년 런던 대학교의 아스게이르 소르스테인손(Asgeir Thorsteinson)이 중대 연구 결과를 발표했다.[6] 그가 연구 대상으로 삼은 배추좀나방(diamond-back moth)은 애벌레일 때 배추흰나비 애벌레와 마찬가지로 오직 겨잣과 식물이나 그와 화학적으로 유사한 몇 가지 식물만을 먹는 특수종이다. 기주 식물 특이성에 관한 선도적인 학자 고트프리트 프렝켈[7]은 이렇게 말했다. "소르스테인손의 연구 결과는 페르스하펄트의 결론을 확실하게 뒷받침해주었다. ……아니, 여러 가지 측면에서 오히려 그것을 확장했다."

소르스테인손은 배추흰나비를 대상으로 실험한 페르스하펄트와 마찬가지로, 배추좀나방 애벌레가 겨잣과를 먹는 특수종이라는 사실을 실증적으로 보여주었다. 배추좀나방 애벌레는 겨잣과에 속하는 30여 종의 식물, 그리고 배추흰나비 애벌레와 마찬가지로 겨자기름 배당체를 함유한 비겨잣과 식물 몇 가지를 기꺼이 받아들였지만, 그 밖에 다른 식물은 모조리 거부했다. 소르스테인손은 페르스하펄트가 중단한 지점에서 몇 걸음 더 나아갔다. 즉 겨잣과 식물을 화학적으로 분석한 것이다. 이는 페르스하펄트가 주장한 대로 겨자기름 배당체가 기주 특이적 곤충들로 하여금 오직 그 식물만 먹고 살도록 이끄는 유인 물질이라는 사실을 증명하는 첫걸음이었다. 소르스테인손은 검정색 겨자씨로부터 두 가지 겨자기름 배당체 시니그린(sinigrin)과 시날빈(sinalbin) 그리고 겨잣과 식물을 먹는 곤충이 자기 기주 식물을 알아볼 때 근거로 삼는, 신진대사에 중요하게 작용하는 미로신(myrosin) 효소를 분리·정제했다. 이들 물질은 모두 겨잣과 식물의 씨앗뿐 아니라 이파리에도 존재한다.

소르스테인손은 이어서 또 하나 중요한 실험을 실시했다. 배추좀나방 애벌레가 실제로 겨잣과 식물을 먹게끔 유도하는 게 다름 아니라 겨자기름 배당체임을 보여주는 실험이었다. 그들은 데이지과(daisy)의 개쑥갓(common groundsel)이나 콩과의 완두(common garden pea) 등 평소 같으면 먹지 않을 식물의 이파리에 시니그린이나 시날빈을 발라놓으면 거침없이 먹었다. 소르스테인손은 계속해서 그 자체로는 맛도 없고 아무런 영양 성분도 함유하지 않은 우무에 각각 콩잎 가루와 몇 가지 시니그린 농축물을 섞었다. 배추좀나방 애벌레는 콩잎 가루만 들어 있는 우무를 조금 먹었다. 그런데 거기에 시니그린을 넣자 우무를 상당량 먹어치웠다. 추가한 시니그린 함량이 7.8ppm밖에 되지 않음에도 그랬다. 이 같은 결과로 미루어보건대 배추좀나방 애벌레는 이파리에 극소량의 시니그린만 들어 있어도 그 식물을 먹잇감으로 받아들일 가능성이 있는 듯하다. 그들은 인간보다 시니그린에 한층 더 민감하다. 소르스테인손은 시니그린의 맛을 느끼는 데 인간인 자기 자신과 배추좀나방 애벌레의 능력이 어떻게 다른지 견주어보았다. 실제로 그 자신은 "실험에 사용한 극도로 농축된 시니그린 용액의 맛을 거의 느낄 수 없었다". 그 용액이 배추좀나방 애벌레가 인지하는 최저 농도보다 자그마치 1000배나 더 진했음에도 말이다.

소르스테인손은 당시에는 그 진가를 제대로 인정받지 못했지만, 어쨌거나 또 한 가지 사실을 발견했다. 콩잎 가루와 시니그린이 들어 있는 우무에 효소 미로신을 넣으면 애벌레들이 그것을 넣기 전보다 덜 먹는다는 사실을 알아낸 것이다. 그는 열에 의해 활성화하지 않은 효소를 넣으면 먹는 양이 줄어들지 않는 것으로 보아 효소가 그 자체로는 역겨운 물질이 아니지만, 활성 효소는 우무에 들어 있는 시니그린의 양을 화학적으로 줄어들게 만든다고 결론 내렸다.

겨잣과 식물의 화학적 방어 기제에서 효소 미로신의 역할이 분명하게 밝혀진 것은 그로부터 50년 뒤였다. 바로 안드레아스 라츠카(Andreas Ratzka)와 공동 연구자들[8]이 거둔 성과였다. 그들의 연구 결과를 살펴보면, 소르스테인손이 콩잎 가루와 시니그린을 섞은 우무에 미로신을 넣으면 배추좀나방 애벌레가 왜 덜 먹는지 그 이유를 알 수 있다. 더군다나 이는 위대한 곤충생리학자 고트프리트 프렝켈[9]이 과거에 주장한 것처럼 식물 독소를 무해한 소량의 섭식 자극 물질로 달라지게 만드는 한 가지 방법이기도 하다. 시니그린을 비롯한 겨자기름 배당체는 그 자체로 거의 해가 없지만, 곤충이 이파리를 씹을 때 유독한 섭식 제지 물질을 만들어낸다. 아울러 그것은 이파리에 별도로 저장되어 있는 미로신과 접촉한다. 미로신은 겨자기름 배당체가 다양한 산물로 분해되도록 한다. 그 산물 가운데 일부는 겨잣과를 먹고 사는 것으로 특화하지 않은 곤충들에게 유독하다. 심지어 배추좀나방 애벌레처럼 겨잣과 특수종에조차 해롭다. 그러나 배추좀나방 애벌레를 비롯한 겨잣과 식자들은 그것에 중독되지 않는다. 특정 효소를 분비해 미로신이 겨자기름 배당체(즉 소량의 섭식 자극 물질)를 유독한 섭식 제지 물질로 분해하지 못하도록 막아주기 때문이다. 소르스테인손이 우무에 추가한 미로신은 이파리에서와 달리 시니그린과 분리되어 있지 않으므로, 시니그린 일부와 반응해 섭식 속도를 늦추거나 섭식을 가로막는 독성 분해 산물을 만들어낸 것이다.

1959년 프렝켈은 "식물에 이차적 물질이 존재하는 까닭(The Raison d'être of Secondary Plant Substances)"[10]이라는 논문에서 기주 식물의 선

택에 관한 통합적 이론을 제시했다. 그는 곤충에 필요한 것으로 알려진 영양 물질은 대개 거기서 거기고, 생명체가 필요로 하는 영양 물질은 모든 식물의 이파리에 함유되어 있으므로 기주 특이적 곤충이 그 식물의 영양 구성 요소인 일차적 물질로 특정 먹이 식물을 분간해내는 것 같지는 않다고 주장했다. 그리고 식엽 곤충은 충분한 양을 먹을 수만 있다면 어떤 식물의 이파리에서나 똑같이 잘 성장하고 발달할 수 있다고 덧붙였다. 그는 곤충이 오직 식물의 이차적 물질(즉 처음에는 그 곤충을 막으려는 방어 물질로서 생겨난 것)에 반응해서만 그 식물을 알아보고 그걸 먹겠노라 작정한다고 했다. "기주 선호는 주어진 어떤 곤충종이 유전적 선택에 의해 이러한 방어 물질의 역겨운 효과를 이겨내고, 그 결과 또 하나의 새로운 식량원을 확보했을 때 생겨났다. 이는 부가적 선택을 통해 과거의 제지 물질을 섭식으로 이끄는 유인 물질(즉 소량의 섭식 자극 물질)로 바꾼 새로운 곤충종의 탄생을 초래했다"(1466쪽).

프렝켈은 "식엽 곤충이 충분한 양을 먹을 수만 있다면, 어느 식물의 이파리에서나 똑같이 잘 성장하고 발달할 수 있다"고 말함으로써 자신의 주장을 과장했다. 그 정도로 그의 기본적 주장의 가치가 손상되는 것은 아니지만, 어쨌거나 그 말은 곤충과 기주 식물의 상호 작용에 따른 생리적·생태적 측면을 지나치게 단순화했다는 점에서 잘못이기는 하다. 나는 프렝켈의 지도를 받으며 박사 학위 논문을 쓰는 동안, 담배박각시나방 유충은 미각 기관의 일부가 잘려나간 뒤에는 만약 그렇지 않았더라면 먹지 않았을 가짓과 이외의 식물도 일부 먹는다는 사실을 발견했다. 이는 아마도 그들이 그 식물에 들어 있는 제지 물질을 더는 느낄 수 없기 때문인 듯하다.[11] 나는 나중에 미각 수용기가 없는 담배박각시나방 유충은 그들이 흔히 먹는 식물인 가짓과의 토마토처럼 데이지과의 우엉(burdock)이나 금어초과(snapdragon)의 멀런(mullein)도 허겁지겁 먹어댄다는 것을, 하지만 그들이 섭취한 우엉과 멀런의 무게는 각각 토마토의 74퍼센트와 44퍼센트에 불과하다는 것을 알아냈다. 이는 아마도 이들 식물에 들어 있는 영양 물질의 '종류'가 아니라 그들의 존재 '비율'(즉 영양 물질 간의 조화)이 저마다 달라서일 것이다.

1965년 곤충학자 폴 에를리히(Paul Ehrlich)와 식물학자 피터 레이븐(Peter Raven)은 나비가 선호한다고 알려진 먹이 식물을 분석하고, 그 조사 결과를 바탕으로 프렝켈의 주장을 진화적·생태적 맥락에 비추어 재조명했다.[12] 같은 해에 허친슨(G. E. Hutchinson)은 제목을 잘 지은 책《생태라는 극장과 진화라는 연극(The Ecological Theater and the Evolutionary Play)》을 출간했다.[13] 아서 와이즈(Arthur Weis)와 메이 베렌바움[14]이 간단하게 요약한 대로, 에를리히와 레이븐은 곤충이 이질적 섭식 습관을 발달시킨 과정에 대해 생생하게 묘사했다. 즉 한 식물이 어떤 우연한 변이 과정에서 진귀한 이차적 물질을 합성하고, 그게 그 식물이 곤충들에게 덜 적합한 먹잇감이 되게끔 만들어준다는 것이다. 곤충 적들로부터 벗어난 식물은 새로운 종을 만들어내는 '진화방산(분기)'을 거친다. 곤충은 우연한 변이를 통해 그 식물의 새로운 방어 물질에 내성을 키운다. 전에는 사용할 수 없었던 식량원을 통해 이득을 본 곤충은 수가 불어나고, 그만의 고유한 '진화방산'을 겪는다. 에를리히와 레이븐[15]은 이러한 과정을 공진화(coevolution, 共進化)라고 일컬었다. 공진화란 2개의 유기체 혹은 유기체 집단이 서로에게 반응하면서 만들어가는 상호 호혜적인 진화를 말한다.

좀더 간단히 말해보자. 식물은 자기를 먹는 곤충을 막기 위해 방어 물질을 개발한다. 곤충은 살아남으려면 다른 먹이 식물로 갈아타든가, 아니면 그 식물의 방어 물질을 피해갈 수 있는 방법을 찾아내야 한다. 곤충은 곧 자기가 피해갈 수 있는 방어 물질을 가진 식물을 선호하고, 마침내 특징적인 맛이나 냄새 혹은 둘 모두를 통해 그들을 식별해내는 능력을 키운다. 이제 방어벽에 구멍이 뚫려버린 식물종은 또 다른 방어 기제를 개발하거나, 아니면 중도에 포기하거나 둘 중 하나다. 이제 다시 곤충이 반응해야 할 차례다.

오늘날 식물에 존재하는 수만 가지 이차적 방어 물질은 지난 3억 년 남짓 이렇게 개발된 것으로, 저마다 식물을 먹이로 삼는 하나 혹은 그 이상의 곤충에게 도전한 결과물이다. 오늘날 우리는 동식물종을 한층 더 세분화하게끔 이끄는 공진화의 군비 경쟁에서 종내 살아남은 수십만 종의 생존자를 주위에서 보고 있다. 하지만 필경 그 과정에서 수많은 동식물종이 버티지 못하고 멸종으로 치달았을 것이다.

식물이 곤충 적에 맞서 스스로를 지킬 방법을 강구하는 것처럼 곤충 역시 '자신의' 곤충 적(기생성의 말벌, 포식성의 개미·딱정벌레)에 맞서기 위해 방어 기제를 발달시켜왔다. 2002년 스콧 스메들리(Scott Smedley)와 동료들[16]은 배추흰나비 애벌레의 화학적 방어 물질을 발견하고, 그 분석 결과를 〈국립과학아카데미 회보(Proceedings of the National Academy of Sciences)〉에 실었다. 저자 중에는 오랫동안 곤충의 화학 방어 물질에 관한 선도적 권위자로 인정받아온 토머스 아이스너도 포함되어 있었다.

그들이 발견한 바에 따르면, 배추흰나비 애벌레는 등에 긴 샘털(glandular hair: 식물과 곤충 따위의 몸 겉쪽에 있는 털—옮긴이)을 지닌 강모(bristle, 剛毛)가 나 있고, 그 위쪽 끝에 방어용으로 분비하는 불포화 지질(지방)의 혼합물로 이뤄진 기름방울이 달려 있다. 스메들리 연구진은 메이 베렌바움에게 다음과 같이 경의를 표하면서 그 기름방울에 '메이올린(mayolene)'이라는 이름을 붙여주었다. "곤충에 관한 베렌바움의 예지력 있는 연구·강의·저술은 전 세계적으로 곤충 애호(entomophilia)를 불러일으키는 데 기여했다." 어쨌든 배추흰나비 애벌레한테 접근해 메이올린을 접촉한 개미들은 눈에 띄게 괴로운 기색을 보이며 흠칫 뒤로 물러섰다. 그리고 이례적일 정도로 오랫동안, 즉 메이올린을 제거한 애벌레와 접촉한 개미보다 무려 6배나 긴 시간 동안 몸을 핥거나 털어댔다.

수많은 다른 종류의 식물을 먹고 사는 일반종은 수가 극히 적은 반면, 특수종인 기주 특이적 곤충은 절대 다수를 차지한다. 이는 앞서 살펴본 대로 식물과 곤충 사이에 끊임없는 투쟁이 이어지기 때문이다. 특수종은 오직 밀접하게 연관된 몇몇 식물, 즉 자신이 뚫을 수 있는 방어벽을 지닌 식물만 먹이로 삼으며, 나머지 수십만 종의 식물은 거들떠보지도 않는다. 설령 그것들이 하나같이 해당 곤충(몇몇 예외가 있긴 하지만 지상의 모든 생명체)한테 필요한 영양소를 고루 갖추고 있다 해도 말이다.

일반종 식자들 가운데는 큰담배밤나방(corn earworm)이 있다. 큰담배밤나방은 비록 그 일반명이 하나의 식물[옥수수(corn)]을 특정하고 있기는 하나 결코 기주 특이적인 곤충이 아니다. 큰담배밤나방은 옥수수뿐 아니라 면화·담배·토마토·살갈퀴(vetch) 따위를 공격하는 해충이며, 수많은 야생 식물을 먹고 산다. 우리는 다음 장에서 이 곤충을 해충으로 간주할 것이다. 더불어 이들이 실험실에서 어떻게 단백질·탄수화물·지방·비타민·무기질 같은 영양소를 갖고 스스로 균형 잡힌 식단을 짤 수 있는지 살펴볼 것이다. 이는 비단 실험용 관심사에만 그치는 것이 아니다. 자연에서 살아가는 곤충 역시 같은 문제에 부딪친다. 필시 꽤나 많은 곤충은 영양 성분이 저마다 다른 상이한 식물 부위를 섭취함으로써, 혹은 두어 종의 식물을 고루 섞어 먹음으로써 어렵잖게 영양적 조화를 꾀하고 있을 것이다.

11

'영양과 관련한 지혜'

큰담배밤나방(Corn Earworm)

토요일, 농산물 직거래 장터가 열리는 날이다. 당신은 지역에서 키운 신선한 채소(특히 사탕옥수수)를 사러 그곳을 찾는다. 캘리포니아와 플로리다 주에서 온, 수확한 지 좀 지난 옥수수로 아쉬움을 달래며 겨울을 보낸 터라 알갱이가 탄탄하고 즙이 많은 갓 딴 옥수수가 그립다. 다행히도 당신은 운이 좋다. 한 농부가 그해 최초로 전날 오후에 딴 옥수수를 트럭 한가득 싣고 온 것이다. 게다가 그 옥수수는 당신이 가장 좋아하는 달고 맛있는 노릿한 품종이다. 옥수수를 하나 들어 겉껍질을 벗긴 당신은 자루 끝에 늘어선 알갱이 속에 똬리를 틀고 천연덕스럽게 들어앉은 커다랗고 통통한 애벌레를 한 마리 발견한다. 당신은 그걸 내던지고 애벌레가 없는 다른 옥수수를 고른다. 하지만 자기 집 채마밭에서 옥수수를 키우는 사람은 이 곤충에 대해 잘 알고 있으므로 그 존재를 아무렇지도 않게 받아들인다. 이 애벌레는 골육상쟁의 습성이 있어 대체로 한 옥수수에 한 마리씩밖에 없다. 따라서 옥수수 전체를 망가뜨리지 않는다. 게다가 입도 짧아서 옥수수 끝의 알갱이 몇 개만 먹으면 그만이다. 옥수수는 피해를 입은 부분만 떼어내면 별 탈 없이 말짱하다.

이 곤충은 색깔이 칙칙한 데다 날개 길이가 약 4센티미터에 이르는 큰담배밤나방(*Helicoverpa zea*)의 애벌레다. 그런데 아무래도 영어 일반명(corn earworm)은 잘못 붙인 것 같다. 왜냐면 그건 오직 옥수수만 먹고 사는 특수종이 아니기 때문이다. 초식 곤충은 오직 하나 혹은 그와 밀접하게 연관된 몇 가지 식물만 먹이로 삼는 단식성의(monophagous) 곤충일 수도, 그보다는 좀 다양하지만 대체로 한 과에 속한 네댓 종의 식물만 먹는 가림먹성의〔또는 소식성의(oligophagous)〕 곤충일 수도, 마지막으로 서로 다른 여러 과에 속한 훨씬 더 다양한 식물종을 섭취하는 다식성의(polyphagous) 곤충일 수도 있다. 그런데 큰담배밤나방은 그 일반명이 false tobacco budworm(담배), vetchworm(살갈퀴), cotton bollworm(목화), tomato fruitworm(토마토)(우리말로는 모두 동일하게 '큰담배밤나방'으로 옮기므로, 각 일반명에 특정된 먹이 식물만을 괄호 안에 적었다—옮긴이)처럼 다양한 데서도 알 수 있듯 오갈 데 없는 다식성이다.

옥수수를 해치는 큰담배밤나방은 신선한 옥수수수염에 산란하는 것을 좋아한다. 그들은 한 번에 한 개씩 알을 낳는다. 그렇지만 나방 한 마리가 옥수수자루 하나에 네댓 개의 알을 낳을 수도, 나방 네댓 마리가 한 가닥의 옥수수수염에 한꺼번에 알을 낳을 수도 있다. 그래서이겠지만 나는 옥수수수염 다발에 알이 수백 개씩 붙어 있는 모습을 본 적이 있다. 한 가닥의 옥수수수염에 붙어 있는 알은 연노란색이고, 크기가 작은 못대가리의 절반쯤 된다. 날씨가 따뜻하면 알은 단 이틀 만에 부화하고, 애벌레는 즉각 옥수수수염 다발 속으로 깊숙이 숨어든다. 애벌레는 수염을 먹고 살다가 수염이 마르면 옥수수 알갱이 쪽으로 관심을 돌린다.

미 농무부 소속 곤충학자 블랜처드(R. A. Blanchard)와 더글러스(W. A. Douglas)[1]가 기술한 바에 따르면, 큰담배밤나방 유충은 성장이 매우 빨라서 날씨에 따라 다소 차이가 있기는 하지만 부화하고 13~28일이 지나면 완전히 자란다. 다 자란 애벌레는 저마다 초록색·노란색·주황색 혹은 갈색을 띠는데, 길이가 약 4센티미터 정도로 튼실해 보인다. 이들은 옥수수 껍질을 뚫고 땅바닥으로 향한다. 블랜처드와 더글러스는 이렇게 설명한다. "그들은 가능한 한 빨리 땅속으로 3~20센티미터 정도 구멍을 파고 들어간다. ……애벌레는 그런 다음 거기에 거처를 마련한다. ……그리고 그곳에서부터 땅 표면까지 이어진, 나중에 나방이 되었을 때 빠져나갈 길을 닦는다. 다시 자기 거처로 돌아온 애벌레는 길이가 2센티미터쯤 되는 연갈색 번데기로 용화한다."

번데기는 유충 단계일 때 여름을 오랜 나날 겪으면 곧 발달을 시작하고, 2~3주 만에 땅에서 나온다. 반면 유충 단계를 가을에 며칠밖에 겪지 못하면 발달을 멈추고 휴면에 들어간다. 대부분의 옥수수 곡창 지대에서 큰담배밤나방은 1년에 3~4세대를 거친다. 이 가운데 마지막 세대의 번데기는 겨우내 휴면 상태이고, 이듬해 봄에야 성충이 되어 나타난다.

큰담배밤나방 성충은 야행성이다. 농업곤충학자 필립 캘러핸(Philip Callahan)[2]에 따르면, 이들은 저녁 무렵(약 95퍼센트가 오후 7~11시 사이) 번데기 집에서 나온다. 이튿날부터는 점차 이른 저녁에 활동하면서 다양한 꽃의 꿀을 섭취한다. 암컷은 성페로몬을 공기 중으로 내보내 수컷을 꼬드기며, 교미한 뒤에는 산란하는 데 알맞은 식물(미국 중서부에서는 주로 옥수수)을 찾아 나선다. 그들이 12일에 걸친 생애 내내 낳는 알은 평균 약 1000개인데 적은 경우 400개, 많은 경우는 3000개로 개체별 차이가 큰 편이다.

큰담배밤나방 번데기는 겨울에 미국 동부의 버지니아 주 중부부터 미주리 주와 세인트루이스 주를 잇는 지대의 북쪽에서 거의 살아남지 못한다. 반면 여름에 이들 종의 애벌레는 그보다 훨씬 북쪽, 심지어 캐나다 남부에도 풍부하게 존재한다. 그들은 남쪽에서 이동해온 나방의 자녀다. 어배너샴페인에 위치한 일리노이 대학의 작물학과 교수 릭 와인지얼은 6월에 일리노이 주 중부에서 산란하는 큰담배밤나방은 본시 루이지애나와 텍사스 주 동부에서 이동해온 것이라고 내게 귀띔해주었다.

로버트 L. 멧커프와 로버트 A. 멧커프[3]에 따르면, 큰담배밤나방은 미국에서 옥수수에 가장 큰 피해를 끼치는 해충임에 틀림없다. 사료용 옥수수는 70~98퍼센트가 이 해충한테 피해를 입는데, 옥수수자루 하나에서만 자그마치 알갱이의 7퍼센트가 먹혀 수확이 곤란한 지경에 이른다. 사탕옥수수의 경우는 피해가 한층 더 심하다. (알갱이가 완전히 영글고 딱딱해질 때 수확하는 사료용 옥수수는 일부를 콘플레이크나 옥수숫가루를 만드는 데 쓰지만, 대개는 가축의 먹이로 사용한다. 반면 알갱이가 완전히 여물기 전 보드랍고 여릴 때 거둬들이는 사탕옥수수는 주로 사람이 먹는다.) 로버트 L. 멧커프와 로버트 A. 멧커프의 말마따나 미국 농부들은 해마다 그저 큰담배밤나방을 먹여 살리려고 무려 200만 에이커에 달하는 밭에 사료용 옥수수를 재배하고 있는 셈이다. 사료용 옥수수에 사는 큰담배밤나방을 방제하는 방법 가운데는 경제적 실용성을 갖춘 것이 없다. 그러나 사탕옥수수는 사료용 옥수수보다 훨씬 더 값이 나가므로, 광물성 기름에 녹인 살충제를 각각의 옥수수자루 끝에 주사하거나 손으로 옥수수수염에 조심스레 살충제를 뿌려 나방을 방제하는 편이 한층 경제적이다. 살충제는 철저하게, 그리고 수시로 살포해야 한다. 큰담배밤나방의 알이 부화하기까지는 그리 오랜 시간이 걸리지 않으며, 일단 애벌레가 옥수수자루에 들어가 수염 속에 자리 잡으면 살충제를 뿌려봐야 껍질의 보호를 받는 그들을 제거할 도리가 없기 때문이다.

내가 이 책을 집필하는 동안에도 곤충학자와 생태학자들은 기생 곤충이 큰담배밤나방, 혹은 그 밖의 초식 기주 곤충을 이끄는 화학적 경로와 관련한 지식을 빠르게 확장하고 있었다. 이제 일부 식물, 아니 분명 수많은 식물이 초식 곤충의 공격을 받으면 '도움을 호소한다'는 사실을 누구도 의심하지 않는다. 이러한 식물에는 옥수수·목화·리마콩·사과·카사바·셀러리·오이·대두·양배추 따위가 있다. 이들 식물은 곤충한테 습격당하면 냄새를 퍼뜨려 자신을 해친 곤충의 기생 곤충을 끌어 모은다. 오래전인 1955년 캐나다 곤충학자 몬티스(L. G. Monteith)[4]는 기생파리들이 자기 기주가 망가뜨린 식물에 꼬여든다는 사실을 보여주었다. 그러나 1990년대에 이르러서야 비로소 테드 털링스(Ted Turlings) 연구팀[5]이 이 같은 식물과 기생 곤충 간의 놀랍고도 새로운 의사소통 방식을 규명해냈다.

식물은 초식 곤충에 의해 실제로 공격받은 뒤에만 그 곤충의 기생 곤충한테 도움을 요청한다. 거염벌레(armyworm)의 애벌레, 혹은 그 사촌뻘인 큰담배밤나방의 애벌레한테 피습당한 식물은 휘발성 화학 물질인 테르페노이드(terpenoid)를 방출해 그 애벌레에 기생하는 몇몇 말벌종을 불러들인다. 식물은 애벌레의 구강 분비액으로 상처가 더럽혀지면 유인 물질, 즉 '경고성 냄새'를 퍼뜨린다. 그런데 상처만으로는 충분치 않다. 식물은 면도칼로 인위적 상처를 내면 테르페노이드를 분비하지 않았고, 당연히 기생 곤충도 끌어들이지 못했다. 그러나 식물은 인위적 상처가 거염벌레의 역류액으로 뒤범벅되자 휘발성 화학 물질을 방출하고 기생 곤충을 불러들였다. 한편 상처 나지 않은 식물에 애벌레 역류액이 묻을 경우 역시 식물은 휘발성 유인 물질을 배출하지도, 기생 곤충을 끌어들이지도 않았다. 분명 곤충이 식물을 씹을 때처럼 상처와 구강 분비액에 의한 오염 두 가지가 함께 어우러져야만 기생 곤충을 끌어들이는 화학 물질의 방출을 촉발하는 것으로 보인다. 피해 입은 이파리뿐 아니라 식물 전체가 유인 물질을 배출한다. 따라서 피해 식물은 기생 곤충에게 다음과 같은 구체적 메시지를 전달하는 꼴이다. "나한테 오면 당신의 자녀들이 의탁할 숙주를 발견할 수 있어요!"

게리 매크래컨(Gary McCracken)과 존 웨스트브룩(John Westbrook)[6]은 〈내셔널 지오그래픽(National Geographic)〉에 실린 매혹적인 논문에서 자신들이 어떻게 도플러 레이더(Doppler radar)와 열기구를 사용해 멕시코꼬리박쥐(Mexican free-tailed bat)와 그들의 먹잇감을 추적했는지 보여주었다. 멕시코꼬리박쥐는 멕시코에서 텍사스 주 샌안토니오 부근으로 이동하는데, 거기서 밤이면 공기를 가르며 곤충을 잡아먹고, 낮에는 동굴에 들어앉아 휴식을 취한다. 이들은 기본적으로 육아 군집이다. 거의 대부분이 암컷인데, 저마다 6월이 되면 새끼를 한 마리씩 낳아 기른다. 이제 어미는 2인분을 먹어야 한다. 멕시코꼬리박쥐는 6월과 7월에 거의 큰담배밤나방이나 그와 긴밀한 유연관계에 있는 담배나방(tobacco budworm)만을 먹고 산다. 담배나방은 이름에 '담배'가 특정되어 있기는 하지만, 큰담배밤나방의 여러 사촌처럼 옥수수를 비롯한 다른 수많은 식물을 섭취한다.

6월 초에 큰담배밤나방 수십 억 마리가 리오그란데 강(미국과 멕시코의 국경을 이루는 강—옮긴이) 하류의 옥수수밭에서 텍사스 주 중남부 샌안토니오 북쪽으로 약 400킬로미터 떨어진 농업 지역에까지 이동한다. 그들은 거기서 알을 낳고, 그 결과 옥수수에 막대한 피해를 입힌다. 그리고 성충 나방이 되면 다른 곳에서 합류한 집단과 더불어 북쪽으로 날아가 미국 중부와 좀더 위쪽에 있는 캐나다 남부의 작물를 먹어치우며 두어 세대를 더 거친다.

매크래컨과 웨스트브룩은 도플러 레이더를 사용해 곤충을 찾아다니는 박쥐가 무려 3000미터 높이까지 날아간다는 사실을 밝혀냈다. 밤에 열기구를 타고 1500미터 상공에서 관찰한 결과, 최소한 그 고도에서 멕시코꼬리박쥐가 나방을 잡아먹는다는 것을 확인했다. 아울러 그들은 훗날 박쥐 똥에서 찾아낸 곤충 유해의 DNA를 분석해 멕시코꼬리박쥐가 주로 큰담배밤나방과 담배나방을 먹고 산다는 사실을 입증했다. 한창 이동 중인 이들 나방과 다른 소수의 나방이 박쥐 먹이의 거의 전부랄 수 있는 90퍼센트를 차지했다.

텍사스 주 중남부의 동굴에는 박쥐가 약 1억 마리쯤 살고 있다. 암컷 박쥐는 자기 자신과 새끼가 먹기 위해 매일 밤 제 몸무게(14그램)의 70퍼센트에 이르는 약 10그램의 먹이를 섭취해야 한다. 간단한 산수만으로도 1억 마리의 박쥐가 하룻밤 사이 자그마치 1000톤(200만 파운드)에 달하는 어마어마한 양의 곤충(대부분 나방)을 해치운다는 계산이 나온다. 멕시코꼬리박쥐는 경제적 관점에서 보면 충분히 보호할 만한 가치가 있다. 그들이 없다면 나방이 낳은 파괴적인 애벌레 수가 감당할 수 없을 만큼 불어날 테니 말이다.[7]

멕시코꼬리박쥐와 그 밖에 다른 야행성 식충 박쥐는 기본적으로 음파를 탐지하는 반향위치측정법(echolocation)을 사용해 나방 등 날아다니는 먹잇감을 찾아낸다. 박쥐는 사람 귀에는 들리지 않는 강한 소리를 내보내고, 그 소리가 날아다니는 곤충의 몸에 부딪쳐 돌아오는 반향을 들음으로써 그 존재를 감지한다. 그러나 나방은 박쥐의 치명적 위협에 서서히 적응해왔다. 큰담배밤나방을 비롯한 대부분의 나방은 귀를 발달시켜 사냥에 나선 박쥐의 울음소리를 알아들을 수 있다. 박쥐의 울음소리는 나방이 회피 행동을 하게끔 유도하는 사전 경고로서 이따금 그들을 구제해주기도 한다. 캐나다 오타와에 위치한 칼턴 대학교의 제인 야크(Jayne Yack)와 제임스 풀러드(James Fullard)[8] 교수는 일부 야행성 나방이 주행성 나비가 되는 식으로 진화함으로써 박쥐의 습격을 피해왔다고 주장했다. 그들은 필요 없어진 만큼 귀가 사라졌다. 물론 이 규칙에도 예외는 있다. 변종인 야행성 나비 하나만큼은 여전히 귀를 보유하고 있다.

쉽게 이용할 수 있고 인공 먹이를 먹여 간편하게 기를 수 있는 큰담배밤나방은 '영양소 자기 선택(nutrient self-selection)'이라는 놀라운 현상과 관련한 행동·생리를 연구하기에 알맞은 실험동물이다. '영양소 자기 선택'은 의인화한 표현이랄 수 있는 '영양과 관련한 지혜'를 지칭한다. 이는 동물이 스스로 수많은 먹잇감, 즉 영양 물질을 함유한 '음식'으로부터 균형 있는 식단을 선택하는 능력을 말한다. '영양과 관련한 지혜'는 연체동물, 어류, 소라게, 조류, 인간을 포함한 포유류 그리고 다른 원생동물을 먹는 원생동물 따위의 동물에게서 흔히 볼 수 있다. 그러나 내가 이 문제를 연구하기 시작했을 때는 그 얼마 전 단 한 가지 밀가루벌레(flour beetle) 유충의 자기 선택에 대해서만 밝혀졌을 뿐 자기 선택의 행동적·생리적 기초에 관해 규명해야 할 부분이 다수 남아 있는 상태였다.

이 주제와 관련해서는 나와 애누프 바타차랴(Anoop Bhattacharya)[9]의 발견에 힘입어 새로운 국면이 펼쳐졌다. 밀가루벌레 유충이 밀알 세 부분(껍질에 해당하는 겨, 배아 그리고 밀알의 거의 대부분을 차지하는 녹말질의 내배유)의 굵은 입자를 섞어놓은 데에서 스스로 영양적으로 적합하고 조화로운 식사를 선택할 수 있음을 우연찮게 발견한 것이다. 그 발견은 또 다른 물질에 대해 조사하는 실험을 진행하는 와중에 운 좋게 얻어낸 부산물이었다. 곤충의 자기 선택을 보여주는 최초의 사례를 발견하고 흥분을 감추지 못한 우리는 내친김에 밀가루벌레의 '영양과 관련한 지혜'를 속속들이 밝혀보고자 했다.

겨·배아·내배유를 똑같은 분량 제공받은 유충은 겨를 무시해도 좋을 만큼 소량만 섭취했다. 내배유의 17퍼센트, 배아의 81퍼센트에 해당하는 분량이었다. 그들은 밀알의 세 요소 가운데 오직 하나만 제공받은 유충보다 생존율이 높았다. 반면 겨만 섭취한 유충은 3분의 1, 내배유만 섭취한 유충은 2분의 1이 목숨을 잃었다. 게다가 살아남았다 하더라도 성장률과 체중 증가율이 비정상적으로 낮았다. 배아만 먹은 유충도 여러모로 배아와 내배유 입자의 혼합물을 먹은 유충만 못했다. 그들은 몸무게가 큰 폭으로 줄었고 생존 가능성도 약간 낮았다.

나와 바타차랴는 이 연구에서 밀가루벌레가 뒤섞여 있는 여러 먹잇감을 나름대로 골라서 적절한 식단을 짜는 능력이 있음을 보여주었다. 그런데 이 결과는 자못 흥미롭지만 몇 가지 중요한 질문에는 여전히 답하지 못했다. 첫째, 다른 곤충도 이런 행동을 할 수 있는가? 우리는 다른 동물에서도 자기 선택을 흔히 볼 수 있다는 관점에 비추어 아마 그럴 거라고 추측했다. 그러나 과학은 그보다 좀더 근거 있는 추측을 요구한다. 우리는 밀가루벌레 이외의 다른 곤충도 자기 선택을 하는지 실증적으로 입증해야 했다. 둘째, 곤충을 비롯한 여러 동물이 자기 선택을 하게끔 이끄는 행동적·생리적 메커니즘은 무엇인가? 우리는 남들이 진행한 연구와 우리 자신이 실시한 실험으로 뒷받침되는 그럴듯한 가정을 하나 제시함으로써 이 질문에 대한 답을 찾아 나서기 시작했다.

우리는 밀알의 화학적 구성을 분석할 수는 있지만 바꿀 수는 없다. 따라서 이 연구를 지속하기 위해 영양 구성을 임의로 바꿀 수 있는 인위적 식단을 짜야 했다. 이 문제는 어마 밴더전트(Erma Vanderzant)[10]가 곤충의 영양을 연구하기 위해 인위적으로 작성한 큰담배밤나방의 식단을 사용함으로써 해결했다. 그녀는 별개의 영양소(단백질, 당분, 옥수수기름, 콜레스테롤, 비타민, 무기질, 섬유질의 섬유소 분말 등)를 섞어 식단을 구성했다. 그리고 이를 모두 우무에 넣었다. (아무런 영양소도 없는 우무는 해조에서 추출한 젤라틴이다.) 이런 식단에서는 전체 영양소 가운데 어느 것을 빼거나 그 양을 바꾸는 게 가능했다.

나와 스탠리 프리드먼(Stanley Friedman)[11]은 몇 년간 대학원생 네댓 명의 도움을 받아 큰담배밤나방의 영양과 관련한 자기 선택을 연구했다. 우리의 첫 실험은 대성공이었다. 실험은 큰담배밤나방 애벌레가 두 가지 인위적 식단(하나는 단백질, 다른 하나는 당분이 결핍되어 있다는 것만 빼면 모두가 영양적으로 완벽한 식단)을 제공받았을 때, 단백질과 당분이 잘 어우러지게끔 선택한다는 것을 보여주었다. 실험에서는 수많은 애벌레를 한 마리씩 뚜껑 닫힌 작은 유리그릇에 넣었다. 그리고 그릇 반대편에 크기가 동일한 두 종류의 동글납작한 먹이 조각을 놔두었다. 우리는 큰담배밤나방 애벌레가 두 음식 사이를 왔다 갔다 하면서 단백질 음식을 약 4시간가량, 당분 음식을 약 45분가량, 요컨대 약 81 대 19의 비율로 먹는 모습을 지켜보며 기쁨을 가누기 어려웠다. 우리는 애벌레가 먹은 먹이의 무게를 재보고 그들이 개체별로 큰 차이 없이 단백질과 당분을 약 80 대 20의 비율로 선택했음을 확인했다. 아울러 그 비율의 먹이를 먹고 자란 애벌레의 성장률과 생존율을 그와 다른 비율의 먹이를 먹고 자란 애벌레와 비교한 결과, 그 비율이 가장 적합한 것임을 밝혀냈다.

비슷한 실험에서 큰담배밤나방 애벌레는 자기 선택을 통해 필요한 비타민과 지질(이 경우는 옥수수기름)을 확보했다. 큰담배밤나방 애벌레는 하나는 비타민, 다른 하나는 옥수수기름이 결핍되었다는 점만 빼고 나머지는 모두 동일하고 영양적으로도 완벽한 두 종류의 먹이를 제공받으면 어김없이 두 가지를 다 먹었다. 대체로 둘 다 무척 많이 먹었다. 다른 한편 비타민과 옥수수기름을 모두 함유한 완벽한 먹이를 두 종류 제공받으면, 딱 한 가지만 혹은 대체로 그중 한 가지만 먹었다.

또 다른 비슷한 실험에서는 가정에서 흔히 볼 수 있는 해충인 갈색 띠무늬 바퀴벌레의 경우, 단백질과 당분을 큰담배밤나방 애벌레가 선택한 것과 거의 정반대인 16 대 84 비율로 섭취했다. 이처럼 확연한 차이가 나는 것은 두 곤충의 생애 주기와 성장 속도가 완전히 딴판임을 보여준다. 큰담배밤나방 애벌레는 빨리 자라서 유충 단계를 단 17일 만에 끝내버린다. 그들은 또한 극도의 정착 생활을 하는 까닭에 유충의 전 생애를 단 하나의 옥수수자루에서 보내는 것으로 보인다. 옥수수자루는 주위에 먹을 것 천지이고, 적으로부터 안전하게 보호받을 수 있는 곳이다. 반면 바퀴벌레는 한량없이 느리게 자라서 약충 단계를 완성하기까지 자그마치 256일이나 걸린다. 더욱이 바퀴벌레는 정착 생활과 한참 거리가 멀다. 그들은 여기저기 흩어져 있는 먹이 자원과 쉴 곳을 찾아 돌아다녀야 하고, 또 인간이나 포식자를 피해 도망 다녀야 하는 까닭에 잠시도 가만있을 새가 없다. 큰담배밤나방 애벌레는 빠른 성장을 감당하기 위해 매일 상당량의 단백질을 섭취해야 한다. 그러나 신체 활동이 지극히 적으므로 에너지 공급원인 당분을 그다지 많이 필요로 하지 않는다. 반면 활동량이 많은 바퀴벌레는 미친 듯이 쏘다니는 데 쓰이는 에너지를 공급하기 위해 당분을 다량 섭취해야 한다. 그러나 성장이 더없이 느리니만큼 단백질은 매일 소량만 필요하다.

그렇다면 자기 선택을 가능케 하는 행동적·생리적 기제는 무엇일까? 초기 가설은 동물이 본능적으로 '영양과 관련한 지혜'를 지니고 있다고 주장했다. 이 말은 얼핏 그럴듯하게 들리고 인상적이기도 하다. (그러나 내 생각은 다르다.) 어쨌거나 이를 문자 그대로 받아들이면 그들이 마치 어떤 특정 영양소가 결핍되어 있거나 부족하다는 사실을 알아차리고, 그 영양소를 찾아다니다 그것을 발견하면 이내 알아보는 능력을 타고났다는 듯한 뉘앙스를 풍긴다. 이 가설을 진지하게 받아들이기란 어렵다. 그것은 모든 동물이 필요로 하는 비타민·무기질 등 30여 개 영양소 가운데 하나를 식별하는 능력이 뇌 속에 이미 내장되어 있다는 의미이기 때문이다. '지혜'의 원천은 딴 곳에 있는 게 분명하다. 동물 행동 전문가로 노벨상을 수상한 콘라트 로렌츠(Konrad Lorenz)[12]는 좀더 합당한 가설을 내놓았다. 즉 동물은 자신에게 주어진 물질을 시험 삼아 일일이 조금씩 먹어보고 '맛이 어떤지' 주의를 기울인 다음, 그 결과에 따라 먹을지 말지를 결정한다는 것이다.

하지만 그의 주장은 우리의 관찰 결과와 딱 맞아떨어지지 않는다. 큰담배밤나방 애벌레는 '맛이 어떤지' 알아보기 위해 두 가지 먹이를 그저 조금씩만 먹어보지 않았다. 그들은 당분이 들어 있는 음식, 혹은 단백질이 들어 있는 먹이를 한동안 먹고서야 나머지 한 가지 먹이로 넘어갔다.

우리는 로렌츠의 주장을 조금 세련되게 다듬어서 '불쾌감 가설(malaise hypothesis)'이라는 새로운 이론을 내놓았다. 골자는 이렇다. 즉 곤충은 자신에게 필요 영양소가 부족하거나 결핍된 먹잇감을 먹으면 결국 신진대사에 탈이 난다. 그 결과 거기에 '불쾌감'을 느껴 먹기를 중단하고, 결핍된 영양소를 함유했거나 그 농도가 더 짙은 다른 먹잇감을 찾아 나서기 시작한다는 것이다. 물론 '불쾌감 가설'은 우리가 실험한, 두 먹이 사이를 왔다 갔다 하는 큰담배밤나방 애벌레의 행동 역시 설명할 수 있다. 다른 이들이 수행한 연구도 이 가설을 지지해준다. 그중 가장 최근의 것으로는 로버트 새커(Robert Thacker)[13]가 뭍집게(land hermit crab)를 가지고 수행한 연구를 들 수 있다.

'불쾌감 가설'은 수많은 임산부가 겪는, 요상한 음식을 먹고 싶어 하는 현상도 설명해줄 수 있을 듯하다. 어떤 임산부는 이를테면 절인 오크라(okra)나 여지(lychee, 荔枝)처럼 다른 상황에서라면 거의 혹은 전혀 먹지 않을 음식을 애타게 찾는다. 또 어떤 임산부, 특히 사하라 사막 이남에 사는 임산부들은 진흙, 심지어 벽에 바르는 회반죽을 먹기도 한다. 임산부는 자라는 태아의 요구에 따라 몸에서 모종의 필요 영양소가 고갈된 결과 불쾌감을 느끼는 듯하다. 자신이 현재 먹고 있는 음식으로는 공급받지 못하는 뭔가를 먹고 싶지만, 그게 뭔지는 꼭 집어 알 길이 없다. 따라서 현재 자신이 먹지 않는 음식을 '탐색'해보는 것이다. 마치 우리가 실험한 큰담배밤나방 애벌레가 당분 혹은 단백질을 물리도록 먹은 뒤, 결핍된 다른 한 가지 영양소가 필요하다는 걸 깨닫고 탐색을 시작하는 것과 같은 이치다.

그렇다면 어떤 종류의 신진대사 이상이 동물에게 불쾌감을 일으킬까? 이 질문에는 분명 수많은 답이 있을 것이다. 우리 역시 연구를 통해 이에 관한 답을 얻었다. 만약 큰담배밤나방 애벌레가 오직 차고 넘칠 만큼 많은 당분을 함유한 인공 먹이만 먹는다면, 자신이 먹은 것 가운데 상당량을 소화하고 흡수할 것이다. 그러나 흡수한 먹이 가운데 신체 성장에 쓰이는 먹이의 비율은 크게 줄어든다. 이에 대한 가장 합당한 설명은 큰담배밤나방 애벌레는 설탕 초과분의 흡수를 막을 수 없다는 것이다. 결국 흡수한 설탕 초과분은 창자벽을 통해 혈액 속으로 흘러 들어가므로 똥과 함께 배출될 수 없다. 큰담배밤나방 애벌레는 사용 가능량을 초과하는 설탕을 먹으면 대사 작용을 통해 그것을 분해해서 물이나 이산화탄소 형태로 몸 밖으로 내보내야 하므로 정상적인 신진대사에 방해를 받는다.

밀가루벌레와 큰담배밤나방 이외의 곤충도 한 식물의 다른 부분 혹은 서로 다른 몇몇 식물종을 선택적으로 섭취하는 방법으로 식사의 영양적 가치를 높일 수 있을까? 필시 곤충들은 모두 그렇게 할 수 있고, 실제로 그렇게 할 것이다. 그러나 이런 사실이 과학적으로 규명된 곤충은 아직껏 일부 종에 지나지 않는다. 몇몇 연구자들이 메뚜기가 일상적으로 한 식물종 이상을 먹고 산다는 사실을 발견했지만, 더 많은 식물종을 먹는 게 과연 더 이득인지 여부는 아직껏 명확하게 밝혀내지 못하고 있다. 다만 토코 카우프만[14]은 멋진 실험을 통해, 우리에서 키운 약충 단계의 메뚜기는 3종의 풀을 먹으면 1종이나 2종의 풀을 먹는 경우보다 몸무게가 더 늘고 생존율도 5배가량 높아진다고 밝혔다. 적어도 몇몇 포식 동물 역시 자기 선택 능력이 있겠지만, 거기에 대해서는 거의 알려진 바가 없다. 다만 거미 전문가 수전 라이커트(Susan Reichert)와 조엘 하프(Joel Harp)[15]가 발표한 바에 따르면, 대부분의 거미, 즉 다리가 8개 달린 그 사촌들은 분명 살아남기 위해 한 종 이상의 먹이를 취한다고 한다. (거미는 흔히 곤충이라고 생각하기 쉽지만 거미강의 절지동물이다. 곤충과 달리 다리가 8개 달려 있다. 아울러 곤충은 머리·가슴·배로 이루어져 있는 반면, 거미는 머리·배로만 이루어져 있다—옮긴이.)

큰담배밤나방은 북미의 밭작물에 극심한 피해를 안겨주는 골치 아픈 해충이지만, 그렇더라도 여전히 수많은 해충 가운데 하나에 불과하다. 밭작물, 채소 작물, 인간에게 그늘을 드리우는 나무, 정원의 화초에 크고 작은 피해를 안겨주는 곤충은 미국과 캐나다에서만 250종을 훌쩍 웃돈다. 이들의 상당수는 의도치 않게 해외에서 북미로 흘러 들어왔다. 1889~1986년에 걸친 약 1세기 동안 적잖게 파괴적인 해충이 17종이나 유입되었다. 그중에는 지극히 유해한 매미나방(gypsy moth)도 있다. 유럽에서 들어온 이 매미나방이 다음 장의 주인공이다.

12

외래 침입자

매미나방(Gypsy Moth)

1950년대의 어느 해 5월, 나는 매사추세츠 주의 숲속으로 들어갔다. 그곳에는 악명 높은 매미나방(*Lymantria dispar*) 애벌레들이 바글바글 들끓고 있었다. 당시 그 애벌레들은 대부분 절반밖에 자라지 않은 상태였고, 그때까지도 결국에 가서는 해치울 분량의 극히 일부만 먹고 있었다. 그런데도 하늘을 배경으로 모습을 드러낸 키 큰 나무의 이파리들은 너덜너덜 누더기가 되었고, 진즉부터 극심한 피해를 입은 터였다. 수백만까지는 아니더라도 족히 수십만은 되어 보이는 털북숭이 유충들이 게걸스레 나무를 갉아먹고 있다는 사실을 어떻게 해도 숨길 수 없었다. 분립(fecal pellet, 糞粒)이 마치 여름 소나기처럼 쏟아져 내렸다. 애벌레들이 턱으로 갉아먹으면서 바스락대는 소리가 숲을 가득 메웠다. 애벌레들은 낙하산병처럼 명주실에 매달린 채 수백 마리씩 나무에서 떨어졌다. 그중 상당수가 내 위에 떨어졌다. 몇 마리는 목 뒤를 스멀스멀 기어 다녔다. 한 달 뒤 그 숲을 다시 찾았을 때 애벌레는 모조리 사라지고 없었다. 다들 번데기 단계로 탈피한 것이다. 하지만 애벌레들은 나무를 그야말로 거의 완전하게 발가벗겼다. 나뭇잎을 오직 작은 초록색 돌출 부분—주로 잎축(stem)과 더러는 주맥(midrib)의 일부—만 남겨놓았다. 잎새의 초록색 돌출 부분만 밝게 빛나는 헐벗은 잿빛 나무들은 마치 작은 새순이 막 돋아나기 시작하는 초봄의 숲 같은 착각을 불러일으켰다.

매미나방은 유입된 극소수 해충 중 하나인데, 우리는 그들이 북미에 '언제, 어떤 항구를 통해' 흘러 들어왔는지 정확히 알고 있다. 1916년 미 농무부 산하 곤충·식물검역국의 버지스(A. F. Burgess)는 이렇게 적었다.

> 몇 년 전 매사추세츠 주 메드퍼드에서 한 가지 사건이 일어났다. 그 주와 이웃 주들에 엄청난 피해를 안기고 막대한 금전적 손실을 입힌 사건이었다. 1869년 당시 메드퍼드 주민이던(주소는 오늘날의 머틀 스트리트 27번지) 프랑스 박물학자 레오폴 트루벨로(Leopold Trouvelot) 교수가 양잠에 관한 실험을 해볼 요량으로 매미나방 알집을 몇 개 들여왔다. 그런데 실험 도중 애벌레 몇 마리가 빠져나갔다. 그 곤충이 유럽에서 심각한 해충이라는 사실을 알고 있던 그는 잡아 죽일 작정으로 주변의 숲과 나무를 이 잡듯 뒤졌다. 그러는 한편, 워싱턴에 있는 미 국무부에도 그 사실을 알렸다. 빠져나간 애벌레는 한 마리도 도로 잡아들이지 못했다. 그러나 이후 몇 년간 아무런 피해도 드러나지 않았으므로, 그 일은 대수롭지 않게 잊혔다.
>
> 그로부터 20년 뒤, 엄청난 애벌레 떼가 그 동네를 강타했다. 대다수 주민은 처음에는 이례적으로 수가 불어난 토착종이겠거니 생각했다. 그런데 요모조모 따져본 결과, 나무 이파리를 말라 죽게 만드는 곤충은 다름 아니라 악명 높은 유럽산 매미나방이었다. 그리고 매미나방이 애초 트루벨로 교수의 실험

실에서 빠져나간 지역과 그 인근에 이미 단단히 터를 잡고 있었다는 사실이 드러났다.[1]

최초의 유럽산 매미나방 근절 시도를 주도한 에드워드 퍼부시(Edward Forbush)와 애머스트에 있는 매사추세츠 농업대학(지금의 매사추세츠 대학)의 곤충학자 찰스 퍼널드(Charles Fernald)는 북미에서 매미나방이 처음으로 큰 피해를 안겨준 사건, 즉 1889년 메드퍼드에서 일어난 사건을 설명하며 지역민들과의 인터뷰를 인용했다. 매미나방이 그 지역을 습격한 데 따른 공포가 생생하게 담긴 내용이었다. 윌리엄 벨처(William Belcher) 여사가 말했다.

> 어느 날 언니가 비명을 질렀어요. "애벌레들이 거리를 행진하고 있어." 저는 앞문으로 다가갔어요. 클리퍼드 여사가 사는 이웃집 앞의 거리를 까맣게 뒤덮은 애벌레들이 우리 집 쪽으로, 곧바로 우리 집 마당을 향해 건너오고 있었어요. 놈들은 진즉에 클리퍼드 여사네 집 나무들을 있는 대로 발가벗겨놓았지만, 우리 집 나무는 일부만 피해를 입은 상태였거든요.

퍼부시와 퍼널드는 이렇게 정리했다.

> 1889년 6월 후반과 7월의 대부분 시기 동안, 그 마을의 특정 지역을 덮친 애벌레 수는 거의 믿기지 않을 정도로 많았다. 시민들의 증언에 따르면, '벌레' 들이 어찌나 많은지 인도에서 놈들의 으깨진 사체 위를 미끄럼 타듯 지나다녀야 할 판이었다. 서로를 나무에서 밀쳐내 땅바닥에, 울타리와 가옥에 떨어진 애벌레들이 떼로 뒹굴며 집 창문 안으로 기어 들어오고, 가정에서 가꾸는

화단을 엉망진창으로 망가뜨리고, 심지어 밤이면 방에까지 침입하기도 했다. 북슬북슬한 커다란 성충들이 나무 아래 인도를 걸어가는 사람들 위로 쉴 새 없이 떨어졌다. 그보다 크기가 작은 유충들은 눈에 보이지 않는 실에 매달린 채 갑자기 불쑥 눈앞에 나타나거나, 행인들의 얼굴과 목을 스치기도 했다. 사람들 발밑에 으스러진 수많은 애벌레 사체 탓에 거리는 말도 못하게 지저분했다. 거리를 지나다니는 여성들은 옷을 더럽히지 않을 재간이 없었고, 치마에 들러붙은 애벌레를 떼어내느라 바빴다. 빨랫줄에 널려 있는 빨랫감도 나무나 건물에서 떨어지거나 날아든 유충 때문에 더러워졌다. 뜨거운 여름밤이면 숲과 과수원에 서식하는 애벌레와 번데기 무리에게서 역겨운 냄새가 솔솔 풍겨왔고, 나무에서는 놈들의 배설물이 마치 소나기처럼 끊임없이 쏟아져 내렸다. 매미나방 유충 떼는 너무나 성가시고 역병처럼 진절머리 나는 존재로 떠올랐다.[2]

매미나방은 북미에 처음 등장한 이래 여러 지역으로 퍼져나갔다. 이제는 캐나다의 온타리오·퀘벡 주, 그리고 미국 본토의 상당 지역, 즉 멀리 북쪽의 메인 주에서부터 남쪽의 메릴랜드·버지니아·노스캐롤라이나 주까지 확산되었으며, 서쪽의 미네소타·텍사스 주에서도 발견되고 있다. 그뿐만 아니라 캘리포니아·오리건·워싱턴 주에서도 드문드문 매미나방에 의한 피해가 드러나고 있다. 다른 주들에서 나타난 국지적 피해는 근절되는 듯싶지만 그것은 승산 없는 싸움이다. 매미나방은 결국에 가서 미국과 캐나다 남부 어디서나 볼 수 있는, 도시의 정자나무 등 알맞다 싶은 숲을 죄다 덮칠 것이다. 매미나방은 과실수·정자나무·관상수에 막대한 피해를 입히는 해충으로 떠올랐다. 배리 라이언스(D. Barry Lyons)와 앤드루 립홀드(Andrew Liebhold)[3]에 따르면, "매미나방은 북미에서 견목(堅木) 숲에 가장 큰 피해를 주는 해충"이다. 매미나방 애벌레는 견목과 소나무를 비롯해 500종 넘는 관목과 나무를 먹고 사는 것으로 알려져 있다. 뉴헤이븐 소재 코네티컷 농업실험국의 브리튼(W. E. Britton)[4]이 지적한 대로, 그들은 이런 식물이 전부 다 똑같이 맛있다고는 생각하지 않는다. 유독 몇몇 식물을 좋아하는 것으로 보이는데, 거기에는 과실수·장미·참나무·느릅나무·버드나무·포플러·사시나무·자작나무 따위가 포함된다. 매미나방 애벌레는 새끼일 때 일부 나무에서는 살아남을 수 없지만, 점차 자라면서 그것을 기꺼이 먹기도 하고 또 그 속에서 별 탈 없이 잘 지낸다. 브리튼은 이렇게 설명했다. "예를 들어 매미나방 애벌레는 유충기의 마지막 단계에 접어들면 소나무를 먹고, 또 매사추세츠 주의 견목뿐 아니라 소나무 지역의 상당 부분을 파괴하기도 한다. 그러나 제1, 제2 유충 단계에서는 낙엽수 이파리를 먹이로 삼는 게 분명해 보인다."

마이클 제러디(Michael Gerardi)와 제임스 그림(James Grimm)[5]에 의하면, 매미나방이 안겨주는 피해의 정도는 해마다 또 지역마다 크게 다르다. 어느 지역은 두어 해 동안 그저 약간의 습격만 당하고 가벼운 피해를 입는 데 그치지만, 이듬해에는 크게 들끓어 나뭇잎이 말라 죽는 사태가 벌어질 수도 있다. 고엽(枯葉) 숲의 총 면적은 해마다 변화무쌍하다. 이를테면 뉴잉글랜드 지역에서는 연이은 3년 동안 피해 면적이 각각 150만 에이커, 49만 1000에이커, 5만 2000에이커로 큰 차이를 보였다.

고엽은 나무를 죽일 수도 있다. 낙엽송(larch)은 고엽이 10년 넘게 되풀이되어도 견딜 수 있는 예외적인 나무다. 하지만 소나무는 단 한 차례의 고엽만으로도 그예 죽고 만다. 낙엽수는 건강하게 잘 자라는 나무라면 몇 년 동안 연달아 고엽 피해를 입어도 너끈히 살아남을 수 있으나,

어떤 종의 경우는 고엽이 2~3년만 이어져도 죽음에 이른다. 부분적인 고엽은 나무를 죽이지는 않지만 허약하게 만든다. 따라서 나무의 성장이 방해받고 숲의 상업적 생산성은 떨어진다.

삼림수의 고엽은 생태계에 지대한 영향을 끼치기도 한다. 숲의 삼림수는 햇빛의 열기를 막아줄 그늘을 만들지 못하므로 여기에 둥지를 트는 새들이 무수히 죽어나간다. 또한 매미나방의 공격으로 식충 새 개체수가 줄어들면, 나무들은 곤충 적이 해치지 않도록 막아주는 보호막을 얼마간 잃어버린다. 그늘이 사라져 토양 온도가 올라가면 땅속이나 땅 위에서 살아가는 생명체뿐 아니라 묘목나무·관목·초본 식물의 하층이 영향을, 경우에 따라 이로울 수도 해로울 수도 있는 영향을 받는다. 지표면이 따뜻해지면 뱀은 더 낮은 곳이나 그늘진 장소로 이동한다. 야생 칠면조·다람쥐·너구리·주머니쥐·곰 같은 동물은 참나무의 고엽으로 도토리 생산이 줄어들어 먹이 부족에 시달린다.

매미나방은 1년에 단 한 세대만 거친다. 매미나방은 8월부터 이듬해 5월까지 전 생애 가운데 아홉 달을 알 단계로 지낸다. 약 400개(더러 1000개일 때도 있다)의 휴면 알로 이루어진 2.5센티미터 길이의 타원형 덩어리가 나무 기둥, 울타리, 건물, 탈것, 혹은 지지대가 될 만한 것에 붙어 있다. 알 덩어리는 어미 몸체 밑면의 연노랑색 털로 뒤덮여 있다. 뉴잉글랜드 남쪽에서는 애벌레가 4월 말에 부화하기 시작한다. 길이가 2.5밀리미터에 불과한 애벌레는 며칠 동안 알 덩어리 위에 머물다가 이파리를 찾아 게걸스럽게 뜯어 먹기 시작한다. 길이가 무려 8센티미터 가까이 완전하게 자란 애벌레는 대개 나무 기둥 위를 기어 다니면서 몸 숨길 장소를 찾는다. 그리고 거기에 몸도 제대로 다 가리지 못하는 엉성하고 연약한 고치를 짓고 비활동적인 번데기 단계로 탈피한다. 번데기는 10~14일 뒤 피부를 벗고 성충으로 변신한다. 브리튼은 이렇게 기술했다. "매미나방 수컷은 대체로 갈색이고 심지어 낮에도 날아다닌다. 암컷은 거의 흰색 바탕에 갈색과 검은색 가로줄이 흐릿하게 그어져 있으며 수컷보다 몸집이 크다. 몸이 무겁고 날지 못하는 암컷은 나무 기둥이나 가지, 건물 측면이나 벽에 붙어살며, 그러한 장소에 알을 낳는다. ……성충은 먹이를 먹지 않고 아주 짧은 기간 동안만 생존한다."[6]

암컷은 화학적 신호, 즉 대기에 실려 퍼지는 휘발성의 페로몬을 방출함으로써 수컷을 꼬드긴다. 그 물질이 몸에서 더 빨리 발산되도록 날개를 파닥거리기도 한다. 수컷은 깁톨(gyptol)이라고 알려진 이 페로몬을 미세한 농도까지 감지한다. 그들은 피어오르는 깁톨 냄새 쪽으로 바람을 안고 날아가며, 상당히 먼 거리에서도, 즉 제러디와 그림[7]에 따르면 10킬로미터 이상 떨어진 곳에서도 암컷의 위치를 알아낼 수 있다. 그런데 수컷이 암컷한테 다가가는 10킬로미터 넘는 기록적인 경로의 상당 부분은 페로몬 냄새를 줄곧 따라가는 식이라기보다 정처 없는 방황 쪽에 더 가까운 듯하다. 깁톨은 1969년 화학적 성분이 밝혀지고 마침내 합성되기에 이르렀다.[8] 앞으로 살펴보겠지만, '디스팔루어(disparlure)'라고 부르는 합성 깁톨은 매미나방 방제 사업에 중요한 도구로 쓰인다.

화학적 신호인 페로몬은 곤충뿐 아니라 개, 심지어 인간 같은 포유류도 사용한다. 이들은 또 다른 동종 개체의 행동이나 생리를 보고 그 페로몬을 인지하며, 페로몬은 다시 그 행동이나 생리에 영향을 끼친다. 페로몬의 기능은 다양하다. 진딧물은 포식자한테 쫓기면 제 주위의 형제자매들에게 경각심을 일깨우는 경고 페로몬(warning pheromone)을 방출한다. 꿀벌이나 개미 같은 사회적 곤충의 군집에서는 여왕벌과 여왕개

암컷 매미나방과 최근 참나무 껍질에 낳아놓은 알 덩어리.

미가 일벌·일개미의 성적 발달을 막음으로써 그들의 생식을 저지하는 페로몬을 생산한다. 좋은 먹잇감을 발견한 일개미는 '길잡이 페로몬(trail pheromone)'을 길에 바르는 식으로 둥지에 이르는 경로를 표시한다. 다른 일개미들은 그 길을 따라가 먹잇감에 다다른다. 그들은 먹잇감이 남아 있으면 둥지로 돌아오는 길을 길잡이 페로몬으로 덧칠한다. 이 때문에 우리는 (이따금 주방에서도) 개미 떼가 벽 틈에 있을 그들의 둥지에서부터 설탕 부스러기 따위의 먹잇감에 이르는 길을 정확하게 줄지어 가는 광경을 볼 수 있다. 만약 당신이 길잡이 물질 일부를 알코올 묻힌 천으로 닦아내면 개미들은 일순 우왕좌왕하며 공황 상태에 빠질 것이다.

날지 못하는 매미나방 암컷은 자신이 부화한 곳에서 약 1미터밖에 떨어지지 않은 곳에 알을 낳는다. 그런데도 어떻게 매미나방은 지금처럼 그토록 광대한 지역으로 뻗어나갈 수 있었을까? 모든 생명체는 최소한의 짧은 거리라 하더라도 저마다 확산하는 방법을 얼마간 갖게 마련이다. 단단히 뿌리내린 우엉 식물은 가시 달린 꼬투리가 동물 털에 들러붙어 몇 킬로미터씩 이동하는 식으로 후손을 퍼뜨린다. 고착 동물의 전형이랄 수 있는 따개비(게와 유연관계에 있는 특이한 절지동물)는 바위에 꼼짝없이 붙어살지만, 처음에는 자유롭게 유영하며 돌아다니는 유충으로서 생을 시작한다. 도롱이벌레나 매미나방처럼 날지 못하는 어미를 둔 일부 곤충은 작은 유충일 때 확산한다. 그들의 유충은 긴 명주실에 대롱대롱 매달려서 마치 연처럼 산들바람을 타고 떠다닌다. 매미나방 애벌레는 부화한 직후 가느다란 명주실에 매달려 땅바닥으로 내려오고 바람에 실려 퍼져나간다. 그들은 대체로 그리 멀리까지 이동하지는 않지만, 애초 여행을 시작한 곳에서 30킬로미터나 떨어진 장소에 자리 잡는 개체도 더러 있다.

우리 인간은 저도 모르게 매미나방 알을 수백 킬로미터, 심지어 수천 킬로미터나 실어 나르기도 한다. 오래전인 1916년 버지스는 암컷이 편리한 표면 아무 데나 슬어놓은 알 덩어리가 탈것에 실려 이리저리 옮겨졌다고 주장했다. "매미나방 방제 사업이 처음 시작된 이래, 빠른 운송수단이 유례없을 정도로 발달했다. 처음 몇 년 동안은 사실상 자동차의 존재가 알려지지 않았지만, 최근 몇 년 사이 그러한 운송 수단이 엄청나게 늘어났다."[9] 1909년 헨리 포드는 최초로 합리적인 가격을 매긴 자동차, 즉 저 유명한 모델 T를 선보였다. 모델 T는 이후 19년 동안 무려 1500만 대나 팔렸다. 당시에는 포장도로가 거의 없고, 자동차로 장거리 여행을 하는 일도 그리 흔치 않았다. 그러나 머잖아 포장도로가 수천 킬로미터 깔리자 자동차 대수가 급증했다. 사람들은 자동차로 수백, 수천 킬로미터를 누비고 다니기 시작했다. 오늘날에는 상업적 여행이나 레저 여행을 통해 매미나방 알 덩어리가 거의 북미 전역으로 퍼져나갔다. 다음과 같은 시나리오를 생각해보자. 1992년 7월 매미나방 한 마리가 로드아일랜드 주에 주차해 있는 캠핑카의 범퍼 아랫부분에 알을 낳는다. 이듬해 봄, 휴가철을 맞은 가족이 그 캠핑카를 몰고 위스콘신 주의 호숫가로 찾아가 일주일 동안 머물면서 고기잡이며 수영을 즐긴다. 그들은 알 턱이 없지만, 매미나방의 알 가운데 약 400개가 부화하고 애벌레들이 주위의 나무로 기어간다. 그중 딱 12마리만 살아남아 산란하는 성충 암컷이 된다. 그럼에도 그들은 5000개 넘는 알을 낳을 테고, 그 알들은 이듬해에 부화할 것이다.

매미나방이 덮친 메드퍼드와 인근 마을의 주민들은 더는 참을 수 없는 지경이 되었음을 깨달았다. 매미나방은 단순히 소름끼칠 만큼 파괴적이고 약 오를 정도로 성가신 존재에 그치는 게 아니었다. 버지스의 말마따나 "어떤 곳에서는 매미나방 애벌레가 심하게 들끓어 집을 세놓기 곤란

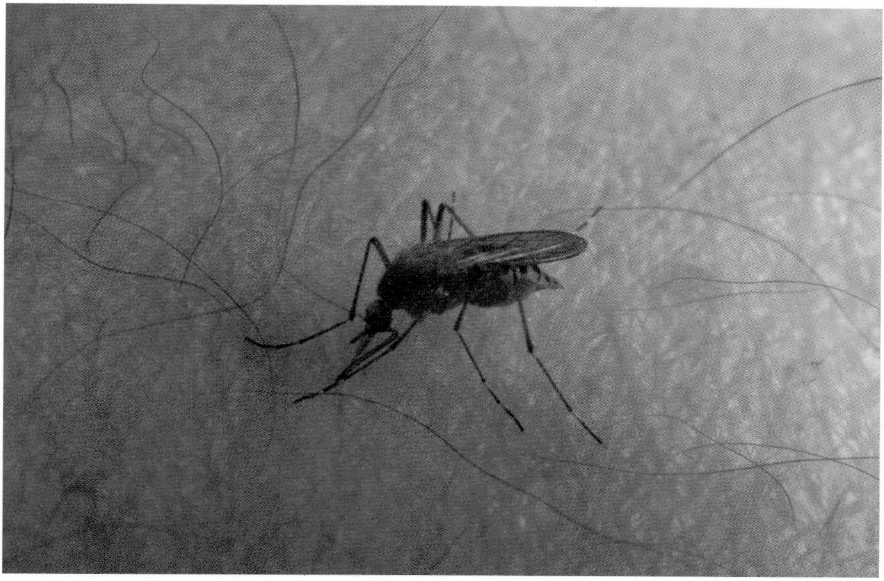

사진작가의 팔에서 빨아 먹은 피로 배가 빵빵해진 암컷 모기(Photograph by James Sternburg).

헛간 벽에 붙어 있는 집파리(Photograph by Philip Nixon).

엉겅퀴꽃에서 꿀을 먹고 있는 성충 북부옥수수근충(Photograph by James Sternburg).

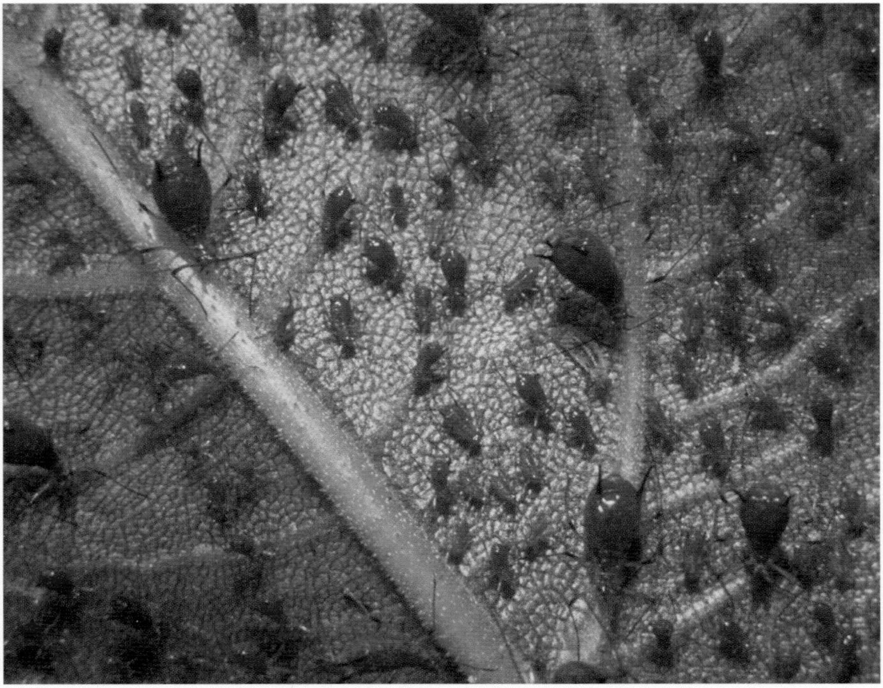

진딧물 군체: 중앙에서 포식자가 어린 진딧물을 잡아먹고 있다(Photograph by James Sternburg).

향나무 가지에 매달린 도롱이벌레의 도롱이들.
사진 중앙의 도롱이에서는 수컷 번데기 껍질이 튀어나와 있다(Photograph by Philip Nixon).

마치 새똥처럼 보이는 작은 검은제비꼬리나비 유충(Photograph by James Sternburg).

제주왕나비 애벌레를 모델로 의태하고 있는 커다란 검은제비꼬리나비 유충(Photograph by James Sternburg).

위장하고 있는 검은제비꼬리나비의 번데기
(Photograph by James Sternburg).

고사리 식물에 내려앉아 쉬고 있는 검은제비꼬리나비 암컷(Photograph by James Sternburg).

암컷 범호랑나비의 비(非)의태형(Photograph by James Sternburg).

암컷 범호랑나비의 쥐방울덩굴호랑나비 의태형(Photograph by James Sternburg).

과꽃의 꿀을 빨아
먹고 있는 배추흰나비
(Photograph by
James Sternburg).

사탕옥수수자루에서 옥수수 알갱이를 우적우적 파먹고 있는 큰담배밤나방 애벌레(Photograph by Philip Nixon).

꽃 속에 찔러 넣는 혀를 가진 큰담배밤나방(Photograph by James Sternburg).

털이 북슬북슬한 매미나방 애벌레가 먹잇감인 나뭇잎과 함께 유리판 위에 놓여 있다(Photograph by Philip Nixon).

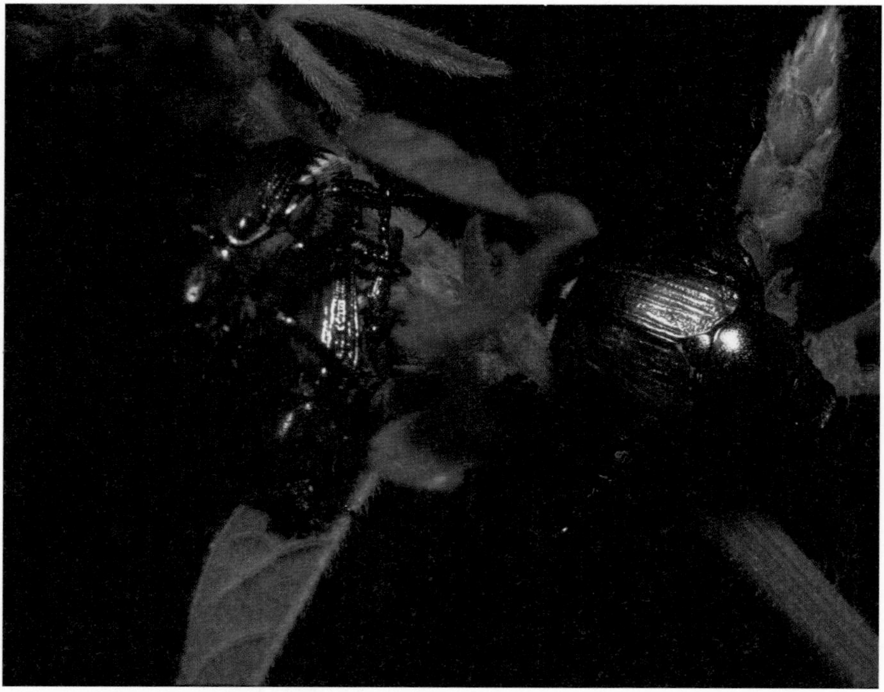

교미 중인 알풍뎅이 암수 옆에 경쟁에서 밀려나 낙심한 수컷의 모습이 보인다(Photograph by Philip Nixon).

하고 부동산 가격이 곤두박질치기까지 했다".[10] 사람들은 뭔가 조치를 취해달라고 요구했다. 메드퍼드는 최초로 매미나방 방제 기금을 할당한 도시였다. 또 1890년 매사추세츠 주 입법부는 매미나방 퇴치를 위해 별도의 자금을 책정하기도 했다.

19세기에는 '기적의' 살충제가 없었던지라 매미나방을 퇴치하려면 다른 방법을 써야 했다. 바로 노동 집약적이긴 하지만 여전히 효과적인 방법이다. 알 덩어리는 분명 곤충의 생애 주기에서 가장 취약한 단계다. 게다가 매미나방은 무려 9개월 동안 알의 형태로 지내므로 그사이에 언제든 접근할 수 있다. 더욱이 흰색에 가까운 큰 덩어리라 눈에 확 띌뿐더러 나무 기둥이나 담장 등 지지대가 될 만한 것 위에 잘 보이게끔 놓여 있어 대체로 어렵잖게 찾을 수 있다. 매미나방 집단은 알 덩어리만 파괴해버리면 방제는 물론 근절도 가능하다.

사람들은 처음에 매미나방의 알 덩어리를 칼로 긁어서 뗐다. 그러나 이 방법은 그리 만족스럽지 못했다. 알 덩어리에서 알이 몇 개 빠져나가 땅바닥에 떨어진 뒤 살아남아 이듬해 봄에 부화할 소지가 있었기 때문이다. 시도해본 여러 가지 방법 가운데 가장 간단하고 효과적인 것은 크레오소트(creosote: 콜타르로 만든 진한 갈색 액체이며 목재 보존재로 쓰임—옮긴이)를 알 덩어리에 바르는 것이었다. 크레오소트는 빠르게 알 덩어리를 뚫고 들어가 알을 죽였다. 그런데 이것도 늘 쉽지만은 않았다. 어떤 알 덩어리는 너무 높이 있어 손에 닿지 않았고, 또 어떤 알 덩어리는 쓰러진 나무나 현관 아래쪽에 몸을 숨기고 있어 아예 눈에 띄지 않았다.

어떤 알 덩어리는 겹겹이 쌓인 암석 벽 틈새에 끼여 있어 여간해선 손이 닿지 않았다. 그러나 뉴잉글랜드 지역에서 흔히 벌어진 이 문제는 사이클론 버너(cyclone burner)의 발명과 더불어 해결되었다. 사이클론 버너는 제2차 세계대전 동안 전투에서 사용한, 잔인하지만 효과적인 화염 방사기의 초기 버전이었다. 사이클론 버너는 닫혀 있는 커다란 기름통과 기다란 호스로 이뤄져 있는데, 수동 펌프를 조작해 기름통의 압력을 조절한다. 호스 끝에는 금속 튜브가, 튜브 끝에는 '사이클론 분사구'가 달려 있다. 분사구에서 발사한 기름에 불을 붙이면 시뻘건 화염이 암석 틈새를 때린다. 그러면 그 틈새 안에 있는 알 덩어리들이 완전히 타서 재가 되어버린다.

애벌레는 두 가지 방법으로 퇴치했다. 첫째는 애벌레가 나무 위로 기어 올라가지 못하도록 막는 것이고, 둘째는 비산납(lead arsenate) 같은 살충제를 살포해 독살하는 것이었다. 나무 위로 올라가는 애벌레는 띠처럼 나무 기둥을 감고 있는 끈적끈적한 물질에 들러붙는다. 둥글게 바른 타르의 띠는 매우 효과적이지만, 훨씬 더 효과적이고 손쉬운 것은 바로 라우펜라임(Raupenleim)이라는 찐득찐득한 물질을 나무껍질에 직접 대고 쏘아 만든 띠다. 라우펜라임은 독일어로 '애벌레 끈끈이'라는 뜻이다. 가지에 내려앉는 작은 새를 잡기 위해 잔가지에 칠하는, 끈적끈적한 '새잡이용 끈끈이(birdlime)'와 다를 바 없다. 오늘날 수많은 다른 종류의 곤충을 대상으로 하는 연구 및 방제 사업에는 이와 비슷한 물질인 탱글풋을 사용한다. 당시 사용했던 몇 안 되는 살충제(대부분 비산염 화합물) 가운데 비산납은 가장 불쾌감이 덜하고 효과적인 매미나방 애벌레 퇴치제로 판명 났다. 다른 비소 화합물(arsenical)은 애벌레를 죽이기에 충분한 농도로 물에 섞어 뿌리면 나뭇잎이 타 죽는다. 그러나 비산납은 어떤 강도로 사용해도 나뭇잎이 심각한 해를 입지 않는다.

매미나방 퇴치 운동은 효과 만점이었다. 버지스는 이렇게 적었다. "그 운동을 통해 창궐하던 매미나방 수가 크게 줄어들자, 그로 인해 극도의 짜증을 맛보았거나 심각한 손해를 입었던 이들은 마음을 놓았다. 매미나방이 거의 보이지 않으니 더는 방제할 필요가 없다고, 이쯤에서 그만 둬도 더는 피해를 입지 않을 거라고 결론 내린 것이다."[11] 하지만 이는 우리 눈에 띄지 않으니 애벌레는 없다는 판단에 근거한 어리석은 결론이었다. 1899년 가을, "매미나방 방제용 주 예산 책정을 중단하라는 정치적 압박이 거셌다". 결국 조직적인 방제 사업은 1900년에 종료되었다. 당시 매미나방 피해 지역은 보스턴 인근의 930제곱킬로미터에 불과했다. 거기서 조금만 더 비용을 들였더라면 매미나방을 영영 이처럼 꽤나 좁은 지역에 국한시킬 수 있었을 것이다. 아울러 조금만 더 집요했더라면, 조금만 더 운이 좋았더라면 심지어 매미나방을 완전히 근절해 북미 전역을 유해한 침략자가 사라진 청정 지역으로 만들 수 있었을 것이다. 하지만 결과적으로 방제 사업 중단은 혹독한 대가를 치른 패착이었다. 1905년 매미나방은 널리 퍼져나갔고, 다시금 골칫거리로 떠올랐다. 매사추세츠 주 입법부는 매미나방 퇴치 운동을 재개하기 위해 기금을 새로 책정해야 했다. 하지만 그때는 이미 매미나방 피해지가 5200제곱킬로미터 남짓으로 크게 불어나버린 상태였다. 봉쇄는 극도로 어려워졌고, 근절은 아예 꿈도 꿀 수 없었다. 매미나방 방제에는 적잖은 비용이 든다. 1906~1934년까지 연방 정부는 이 사업에 4000만 달러(오늘날의 통화 가치로 계산하면 약 4억 달러) 이상을 쏟아 부었으며, 1925~1936년까지 뉴잉글랜드 지역의 약 400만 에이커에서 삼림수가 심각하게, 혹은 철저하게 훼손되었다.

얼마 지나지 않아 뉴잉글랜드 지역의 몇몇 주에서도 매미나방이 창궐하기 시작했다. 1913년 연방 정부는 부랴부랴 감염 지역에서 비감염 지역으로 자재를 수송할 수 없도록 격리 조치를 취했다. 1923년 매미나방이 뉴잉글랜드 지역 주들에서 서쪽으로 퍼지지 못하도록 막아주는 장벽 지대를 허드슨 강 동편에 마련했다. 캐나다 국경에서 뉴욕의 롱아일랜드 해협에 이르는 장벽 지대는 길이 400킬로미터, 너비 40~48킬로미터에 면적은 2만 제곱킬로미터가 넘었다. 이 장벽 지대에서 피해 흔적이 드러나면 매미나방을 근절하기 위한 노력이 다각도로 이루어졌다. 저 멀리 서쪽으로 오하이오 주에서 소규모 피해 사례가 나타나기는 했지만(이내 근절되었다), 1952년까지만 해도 매미나방은 뉴잉글랜드 지역에 국한되어 있었다. 그런데 1952년부터 장벽 지대 서쪽에 있는 뉴욕의 일부 지역에서 매미나방이 들끓기 시작했다. 1973년에는 뉴저지 주와 뉴욕·펜실베이니아 주 대부분 지역 그리고 미시건 주 일부 지역도 매미나방의 습격을 받았다. 그때 이후 이미 지적한 대로 매미나방은 미국의 다른 주들과 캐나다 지방에까지 번졌고, 그러한 추세는 지금까지 이어지고 있다. 이 유해 곤충과의 싸움은 오늘날에도 계속되고 있다. 이 싸움에는 첫째, 카르바릴(carbaryl)이라는 합성 살충제가 쓰인다. 카르바릴은 나뭇잎을 말라 죽게 하지 않으며, 비산납에 비해 척추동물에 미치는 유해성이 한결 덜하다. 매미나방 퇴치에는 박테리아 포자에 들어 있는 천연 살충제 Bt(*Bacillus thuringiensis*)를 사용하기도 한다. Bt 역시 나뭇잎을 말려 죽이지 않으며, 온혈 동물에게 전혀 해를 끼치지 않는다. Bt는 오직 나방과 나비의 유충에게만 유독하므로, 말벌이나 파리(이들 중 일부는 매미나방을 해친다) 같은 포식자나 기생 곤충에게는 해를 주지 않는다. 합성 성페로몬 디스팔루어는 매미나방 퇴치전에서 중요하게 쓰이는 무기로 드러났다. 사람들은 넓은 지역에 디스팔루어를 퍼뜨려 교미 상대를 찾는 매미나방 수컷을 헷갈리게 만들었다. 디스팔루어를 미끼로 덫을 놓아 수컷을 잡아들이는 방식으로 매미나방 개체 수를 줄인 것이다.

그러나 뭐니 뭐니 해도 가장 유용한 것은 새롭게 매미나방의 습격을 받은 지역을 파악하고 방제 사업의 효과를 점검하기 위해 덫을 놓을 때 디스팔루어를 미끼로 쓰는 경우다.

1905년부터 지금까지 매미나방의 기생 곤충·포식자·병원균 등을 그 고향인 유라시아에서 들여오려는 노력이 이어졌다. 그들이 북미의 '귀화 시민'이 된다면, 매미나방 개체 수를 줄여줄 것이라는 기대감 때문이었다. 이른바 '생물학적 방제'라고 알려진 전략이다. 매미나방과의 전쟁에 나선 곤충학자들은 불과 15년 전 한 생물학적 방제의 성공 사례에 한껏 고무된 상태였다. 그것은 바로 캘리포니아 주의 감귤류 과수원이 외래 곤충인 캘리포니아감귤깍지벌레(cottony cushion scale)의 피해에서 벗어난 사례였다. 이는 19장에서 소개하겠지만 최초이자 아마도 가장 성공적인 생물학적 곤충 방제 사례일 것이다.

매미나방의 알·유충·번데기를 먹거나 거기에 기생하는 외래 곤충 군단은 지금까지 미국과 캐나다에 성공적으로 정착했다. 그러나 1935년 브리튼이 관찰한 바에 따르면 "토종이건 도입종이건 기생 곤충과 천적들을 통한 노력만으로는 광대한 지역에 걸쳐 나무를 말라 죽게 만드는 매미나방을 방제하기에 역부족이었다".[12] 그리고 비교적 최근인 1994년 플로리다 대학의 곤충학자 마저리 호이(Marjorie Hoy)[13]는 생물학적 방제는 매미나방의 개체 수를 줄이는 데서 오직 부분적인 성공만 거두었다고 평가했다. 제러디와 그림[14]이 관찰한 대로, 유라시아에서는 알려진 기생 곤충과 포식자 약 100종이 매미나방을 공격하고 있지만, 북미에서는 토종·도입종을 막론하고 매미나방의 천적이 그보다 훨씬 적다. 그런데도 매미나방은 북미에서보다 유라시아에서 되레 더 극성이다. 이는 유라시아에 있는 매미나방의 천적 100종을 몽땅 북미에 들여와 잘 자리 잡게 만든다 해도 매미나방을 부분적으로 방제하는 것 이상의 효과는 거두기 어렵다는 것을 시사한다. 1972~1974년 생물학적 방제법과 여러 살충제를 두루 사용했음에도 매미나방은 뉴잉글랜드 지역, 뉴욕·뉴저지·펜실베이니아 주의 숲 약 400만 에이커에서 삼림수를 말라 죽게 만들었다.

1906~1986년 관계 당국은 매미나방을 방제하기 위해 기생파리과(Tachinidae)에 속한 유라시아산 회색기생파리(*Compsilura concinnata*)를 북미에 지속적으로 풀어놓았다. 회색기생파리는 유충, 즉 구더기 단계일 때 매미나방의 애벌레나 번데기 체내에 살아가면서 그들을 죽인다. 그러나 안타깝게도 이들은 오로지 매미나방만 공격하는 특수종이 아니다. 기생파리 전문가 커티스 사브로스키(Curtis Sabrosky)와 폴 아노드 2세(Paul Arnaud Jr.)[15]는 회색기생파리가 200여 종의 애벌레(그중 오직 일부만 해충이다)에 기생하는 일반종이라고 밝혔다. 연중 3세대를 거치는 회색기생파리는 봄 세대만이 매미나방과 시기가 겹치므로, 봄 이외의 계절에는 매미나방이 아닌 다른 숙주를 필요로 한다. 게다가 회색기생파리는 심지어 매미나방과 시기가 겹칠 때조차 다른 애벌레를 숙주로 삼는다.

회색기생파리는 토종 나방의 유충에 기생하지만, 소수의 예외를 제외면 그 유충들한테 어떤 영향을 미치는지, 또한 그들을 둘러싼 생태계에 어떤 결과를 초래하는지 거의 알려진 게 없다. 다만 그들이 중대한 파급효과를 불러온다는 사실만큼은 기억하자. 예를 들어, 만약 회색기생파리가 기주 식물 집단이 불어나지 못하게 막는 애벌레 개체 수를 크게 줄여준다면, 이 식물은 그다음부터 다른 식물과의 경쟁에서 한결 유리한 고지를 점할 수 있다. 그렇게 되면 생태계의 식물 공동체 구성이 대거 달라질 수 있고, 이는 거꾸로 이들 식물에 직간접적으로 의존하는 수많은 생명체에게도 영향을 미칠 것이다.

회색기생파리 탓에 적어도 우리의 토종 누에나방 가운데 2종 — 날개 길이가 최대 15센티미터로 북미에서 가장 큰 나방인 아름다운 멧누에나방, 그리고 이보다는 다소 작지만 역시나 그 못지않게 아름다운 프로메테우스누에나방 — 의 개체 수가 급격하게 줄어들고 있다. 두 나방은 그리 멀지 않은 과거에만 해도 북동부 전역에서 막대한 피해를 입힐 만큼 수가 많지는 않았지만 어쨌거나 흔히 볼 수 있었고, 겨울이면 그 고치를 한 소쿠리 수집하는 일도 가능했다. 내가 제임스 스턴버그와 함께 두 나방에 관한 연구를 진행하던 1960년대와 1970년대에는 그들이 수두룩했다. 우리는 일리노이 주의 어배너샴페인에서 멧누에나방과 프로메테우스누에나방의 고치를 1967년 겨울에는 721개, 1968년 겨울에는 1073개 수집했다. 그런데 1980년대에 접어들면서 점차 희소해지더니 오늘날에는 단 1개도 발견하기 어렵다. 프로메테우스누에나방은 훨씬 더 많았다. 우리는 단 하루 만에 인디애나 주 미더리빌 근처에서 그 나방의 고치를 1000개 넘게 수집했지만, 이듬해의 개체 수에는 거의 아무런 영향도 미치지 못했다. 그런데 바로 지난해에 미더리빌을 다시 찾았을 때는 그 나방의 고치를 불과 8개밖에 발견하지 못했다. 게다가 그 안에는 기생 곤충에 의해 희생당한 게 분명한 죽은 유충이 들어 있었다.

두 나방의 개체 수가 급속도로 줄어든 현상을 설명하는 가설이 여러 가지 제기되었다. 그러나 조지 보트너(George Boettner)와 공저자들[16]이 2000년 현장 실험을 통해 얻은 결과에 따르면, 그 주범은 다름 아니라 회색기생파리였다. 저자들이 매사추세츠 주의 어느 숲속 삼림수에 놓아둔 멧누에나방 유충 500마리 가운데 살아남아 번데기 단계로 탈피한 것은 단 한 마리도 없었으며, 81퍼센트 이상이 회색기생파리에게 희생당했다. 프로메테우스나방의 결과도 엇비슷했다. 6일 만에 유충 657마리의 약 83퍼센트에서 회색기생파리가 기생했다. 우리는 아직껏 멧누에나방과 프로메테우스누에나방의 개체 수 급감이 그들이 살아가는 생태계에 어떤 파급 효과를 낳는지 알지 못한다. 그렇기는 하지만 두 아름다운 나방이 사실상 눈앞에서 사라졌다는 사실이 우리 인간에게만큼은 적잖은 영향을 끼쳤다. 사람들은 그들의 크기와 아름다움을 찬미했고, 수많은 신예 박물학자들은 들판에서 수집한 고치에서 나방이 빠져나오는 광경을 지켜보는 데서 커다란 기쁨과 깨우침을 얻었기 때문이다.

매미나방은 외국에서 미국으로 도입된 해충 가운데 최초의 것도 최후의 것도 아니다. 2000년 코넬 대학의 곤충학자 데이비드 피멘텔(David Pimentel)과 공저자들[17]은 약 4500종에 달하는 절지동물(곤충 그리고 진드기나 거미 같은 그 친척들)이 미국에 도입되었는데, 그중 약 95퍼센트는 의도치 않은 결과였다고 밝혔다. 현재 이들 외래종 가운데 2500여 종이 하와이 제도에서, 2000여 종이 미국 본토에서 살아가고 있다. 미국 본토에 서식하는 2000여 종 가운데 상당수는 작물을 해치는 진드기나 곤충이다. (진드기도 거미처럼 절지동물에 속하지만 곤충이 아니어서 따로 분류한다—옮긴이.) 해충은 우리 경제에 말할 수 없는 타격을 입힌다. 그들은 해마다 미국의 잠재적 작물 생산량의 13퍼센트가량을 파괴한다. 이는 약 350억 달러에 해당하는데, 그중 140억 달러가 외래종 곤충들로 인한 손실이다. 앞으로 미국에 입국하면서 세관을 통과할 일이 있거든 과일이나 그 밖의 식물 관련 물질을 소지하고 있느냐는 질문을 받더라도 거기엔 다 그럴 만한 까닭이 있음을 기억하라. 플로리다 주의 한 학교 교사는 학생들에게 보여주고 싶어서 몇 알 챙겨온 남미산 커피나무 열매를 세관에서 압수당했다. 그런 것들은 아예 들여오지 않는 게 상책이다. 검사 결과, 지중해광대파리 유충이 득시글거리는 물질을 들여왔다는 사실이 밝혀지기도 하니 말이다. 또다시 플로리다 주에 지중해광대파리가 유입된다면 그곳의 과실 농가에는 크나큰 재앙이 아닐 수 없다.

외국에서 슬그머니 '밀입국한' 곤충 가운데 지중해광대파리보다 더 악명 높은 것은 바로 밀에 막대한 피해를 입히는 유럽산 해충 밀혹파리다. 밀혹파리를 미국에서 처음 발견한 것은 1779년 롱아일랜드에서였다. 나뭇잎을 먹고 사는 파괴적인 알풍뎅이(Japanese beetle)를 최초로 목격한 것은 1916년 뉴저지 주의 어느 묘목장에서였다. 일본에서 들여온 묘목의 뿌리 속에 은근슬쩍 묻어 침투한 것이다. Bt를 합성하는 박테리아 유전자를 함유한 유전자 조작 옥수수가 겨냥하는 곤충은 바로 유럽조명나방인데, 이들은 1917년 이탈리아와 헝가리에서 수입한 수수 속에 살며시 섞여 들어왔다. 여러 가지 질병 유발 바이러스를 전파하는 흰줄숲모기(외줄모기, Asian tiger mosquito)는 중국·일본·한국에서 수입한 중고 타이어의 고인 물에서 유충 형태로 미국에 들어왔다. 이들의 존재가 처음 드러난 것은 1985년 텍사스 주 휴스턴 인근에서였다. 목재에 구멍을 뚫는 유리알락하늘소(하늘딱정벌레, Asian long-horned beetle)는 도시와 숲의 견목에 심각한 위협을 준다. 이들은 중국에서 선적한 상품 궤짝의 생재목(生材木)에 섞여 미국으로 들어왔으며, 1996년 뉴욕의 브루클린 자치구에서 처음 발견되었다.

무해한 곤충뿐 아니라 해충도 대서양 양쪽을 왔다 갔다 한다. 곤충은 대서양을 횡단하는 식물, 씨앗, 곡물, 목재, 혹은 기타 상품을 오염시킬 수 도 있다. 그리고 비행기로 대서양을 건너는 데 단 몇 시간밖에 걸리지 않으므로, 곤충(아마도 수태한 암컷)은 승객의 짐에 실려 오기도 한다. 심지어 객실에서도, 혹은 승객의 겉옷 속에 숨어서도 그 여행이 끝난 뒤까지 살아남을 수 있다. 매미나방을 비롯한 수많은 곤충이 유럽을 비롯한 여러 대륙에서 북미로 들어왔다. 한편 콜로라도감자잎벌레, 서부옥수수근충, 그리고 다음 장의 주인공 포도나무뿌리진디(grape phylloxera) 같은 곤충은 거꾸로 북미에서 유럽으로 전파되었다. 포도나무뿌리진디는 1860년대에 유럽의 포도나무 과수원을 작살내기 시작했다. 당시는 현대적인 '기적의 살충제'들이 쏟아지기 전이었다. 나는 그게 도리어 잘된 일이라고 생각한다. 포도나무뿌리진디의 자연사를 특히 미국의 포도나무종 및 유럽의 포도나무종과 연관 지어 연구함으로써 오염을 일으키지 않는, 즉 해마다 살충제를 거듭 살포하지 않아도 되는 대안적인 방제법을 찾아낼 수 있었기 때문이다.

13

어느 미국인이 프랑스 포도주 산업을 구하다

포도나무뿌리진디(Grape Phylloxera)

유럽과 근동, 특히 지중해성 기후 덕에 양조용 포도가 잘 자라는 지역의 주민들은 까마득한 옛날부터 포도주를 생산해왔다. 고대 그리스와 로마에서는 바쿠스(Bacchus)를 술의 신으로 섬겼다. 창세기 9장 20절은 "노아가 농사를 짓기 시작해 포도나무를 심었더니 포도주를 마시고 취하여……"라고 되어 있다. 그로부터 수백 년이 흐른 뒤 예수는 물을 포도주로 만들었다. 19세기에 프랑스인들은 포도주를 능숙하게 제조했다. 놀라울 정도로 다양한 포도 품종을 재배해 적포도주·백포도주를 수도 없이 생산해냈다. 조지 오디시(George Ordish)가 재미있게 읽히고 권위도 있는 책《극심한 포도나무 병충해(The Great Wine Blight)》에서 밝혔듯 유럽에서 재배하는 포도나무는 모두 포도주를 만드는 데 적합한 유럽종 포도나무, 곧 비티스 비니페라(*Vitis vinifera*) 단 한 종에서 파생된 품종이다.[1] 그러나 1860년대에 한 미국 곤충이 프랑스의 포도나무들을 금방이라도 망쳐놓을 것 같은 위기감이 번지면서 프랑스 포도주 산업은 벼랑 끝으로 내몰렸다.

진딧물처럼 생긴 곤충인 포도나무뿌리진디(*Daktulosphaira vitifoliae*, 과거에는 '*Phylloxera votifoliae*'라고 알려져 있었다)는 1863년 프랑스에서 처음 발견되었으며, 이내 포도주 산업을 괴롭히는 골칫덩어리로 떠올랐다. 이 곤충은 다른 유럽 국가들, 결국에 가서는 전 세계 포도주 생산국들로 빠르게 번져나갔다. 포도나무뿌리진디는 미국에서는 포도나무종의 이파리에 벌레혹(종양처럼 생긴 부푼 융기부)을 만들어냈지만, 유럽에서는 이파리에 벌레혹을 만드는 일이 좀처럼 생기지 않았다. 유럽에서 피해를 끼친 포도나무뿌리진디는 이파리가 아니라 뿌리에 벌레혹을 만들었다. 그 때문에 뿌리가 이내 썩고, 그로 인해 포도나무 이파리들이 누렇게 변하고, 포도나무는 생기를 잃은 채 곧바로 죽어갔다. 코넬 대학의 곤충학과 명예교수 에드워드 스미스(Edward H. Smith)[2]는 뜻하지 않은 포도나무뿌리진디 유입—아마도 미국에서 꺾꽂이 대목(臺木)과 함께 들어왔을 것이다—은 프랑스의 포도 재배에 끔찍한 재앙이었다고 적었다. 포도나무뿌리진디는 출현한 지 25년 만에 프랑스 포도밭의 거의 3분의 1, 즉 250만 에이커 남짓을 엉망진창으로 만들어놓았다. 파괴가 멈출 기미조차 보이지 않는다는 게 더욱 암담했다. 프랑스 포도주 산업은 운이 다한 것처럼 보였다. 고급 포도주를 곁들이지 않은 프랑스 문화는 생각하기조차 어려웠다. 더군다나 포도주 산업의 몰락은 국가 경제에도 막대한 피해를 안겨줄 판이었다. 포도주 산업에 기대어 생계를 이어가는 인구가 전 국민의 6분의 1에 달하고, 포도주 산업은 전체 농가 소득의 4분의 1을 차지했기 때문이다.[3]

1871년 도무지 포도나무뿌리진디의 피해를 막을 수 없던 프랑스 당국은 미국의 위대한 곤충학자이자 누구보다 그 곤충에 정통한 찰스 밸런타인 라일리(Charles Valentine Riley)를 프랑스로 초청했다. 유해한 포도나무뿌리진디의 방제법을 찾아내는 데 도움을 얻기 위해서였다. 포도나무뿌리진디가 점점 더 나쁜 해악을 끼치고 있는 상황을 목격한 라일리는 프랑스 곤충학자, 포도주 산업 지도자들과 함께 양국이 협력해 문제를 해결할 수 있는 방안을 모색했다. 스미스는 이렇게 적었다.

> 라일리는 프랑스에서 많은 아이디어를 얻은 뒤 미국으로 돌아갔다. 그는 그때부터 미국의 동료 곤충학자들과는 거의 교류하지 않은 채 홀로 작업했다. 유능한 동료들이 없지는 않았지만, 도움을 청하는 포도 재배농 조직도 없고 프랑스인을 도와줘야 할 유인도 딱히 없던 터라 포도나무뿌리진디가 우선순위에서 한참이나 밀려날 수밖에 없었던 것이다.[4]

흔히 들을 수 있는 "네 적을 알라"는 경구는 우리 자신과 우리가 가치 있게 여기는 것을 유해 곤충들로부터 보호하고자 하는 과학인 경제곤충학의 토대를 이룬다. 우리가 어떤 곤충을 방제하기 위해 합리적 조치를 취하려면 무엇보다 그 곤충의 정체를 알고, 그 곤충 자체와 그들의 생존 양식을 이해해야 한다. 이런 점을 잘 알고 있던 라일리는 포도나무뿌리진디에 대해 거의 알려진 게 없다는 사실에 크게 낙담했다. 포도나무뿌리진디와 관련해서는 심지어 그 학명(*Daktulosphaira vitifoliae*)에 대한 시비 논란이 분분했고, 그 곤충이 과연 진딧물인지 깍지벌레인지에 대해서조차 의견이 엇갈렸다. 그러나 무엇보다 심각한 문제는 그 곤충의 행동이나 생애 주기에 관해 알려진 게 하나도 없었다는 점이다. 라일리는 프랑스 곤충학자들과 손잡고 포도나무뿌리진디의 독특한 생애 주기를 직접 알아냈다.

포도과 식물의 이파리나 뿌리만 먹고 사는 포도나무뿌리진디는 생애 주기가 말도 못하게 복잡하다. 포도나무뿌리진디를 비롯한 모든 진딧물 종은 하나같이 생애 주기가 복잡하지만, 포도나무뿌리진디가 그중 단연 최고일 것이다. 그들의 생애 주기는 어떤 포도종과 관련이 있느냐에 따라 달라져 규명하기가 한층 더 까다로웠다. 18개에 달하는 미국 포도나무종의 경우, 포도나무뿌리진디는 생애 주기가 지하 단계와 지상 단계로 나뉘며, 유성 생식과 처녀 생식을 통해 재생산이 이루어진다. 반면 양조용 유럽 포도나무종의 경우, 포도나무뿌리진디는 오직 처녀 생식만 하며 생애 주기는 거의 전적으로 지하 단계로서 뿌리에서만 이루어진다.

라일리는 미국 포도나무종에서 살아가는 포도나무뿌리진디의 생애 주기를 규명했으며, 그 내용을 미국의 위대한 곤충학자 가운데 선두를 달리던 코넬 대학의 존 헨리 콤스톡(John Henry Comstock) 교수[5]가 간명하게 정리해놓았다. 그들의 전 생애 주기는 2년에 걸쳐 있고, 거기에는 네 가지 상이한 성충형이 포함된다. 첫 번째 해의 봄이 되면, 전년도 가을 어미가 목질의 포도나무 줄기에 슬어놓은 수정란이 부화한다. 어린 약충들은 이파리로 기어 올라와 벌레혹을 만든다. 이들 모두는 그 안에서 성충, 즉 날개 없고 처녀 생식하는 '간모'라는 암컷이 되기까지 성장한다. 간모는 벌레혹에 알을 가득 낳은 뒤 숨진다. 자녀들 역시 어미처럼 모두 날개가 없고 처녀 생식하는 암컷으로, 어미와 비슷하게 이파리에서 벌레혹을 만드는 세대를 네댓 차례 거친다. 가을이 되면 이파리에 벌레혹을 만든 자녀들이 포도나무 줄기를 타고 뿌리로 내려가 그곳에서 휴면한다. 이들은 두 번째 해의 봄이 되면 수염뿌리에 벌레혹을 만들고, 그 안에서 성장해 날개 없고 처녀 생식하는 암컷이 된다. 이들이 바로 두 번째 성충형이자 뿌리를 해치는 서로 엇비슷한 네댓 세대의 조상이다. 세 번째 성충형은 가을에 등장한다. 뿌리 거주 암컷들 가운데 일부가 날개 있고 처녀 생식하는 암컷을 만들어낸 것이다. 땅을 떠난 이들은 다른 포도나무로 날아가 목질의 포도나무 줄기에 두 가지 크기의 알을 낳는다. 이 알들이 부화해 네 번째이자 마지막 성충형이 된다. 큰 알에서는 날개 없고 유성 생식하는 암컷이, 작은 알에서는 이들의 전 생애 주기에서 유일한 수컷 성충이 등장한다. 암컷은 교미와 수정을 거치고 나서 단 하나의 수정란을 낳고, 그것을 목질의 포도나무 줄기에 놓아둔다. 수정란은 휴면 상태로 겨울을 나고, 봄이 되면 딱 한 마리의 간모가 탄생한다. 2년에 걸친 그들의 생애 주기는 이렇게 완성된다.

라일리는 설령 포도나무뿌리진디가 미국 포도나무종에서 흔히 발견된다 하더라도 프랑스의 양조용 포도나무종에서와 달리 나무를 죽이지 않는다는 사실을 알고 있었다. 미국 포도나무는 포도나무뿌리진디에 내성을 키운 데 반해 유럽 포도나무는 그렇지 못했던 것이다. 라일리는 이것을 다윈의 자연선택이 작동하고 있음을 보여주는 또 하나의 사례라고 보았다. 그의 동료 가운데 상당수는 이 생각을 받아들이지 않았지만 (당시는 생물학자들이 진화론에 대해 여전히 갑론을박 중이었다), 종국에는 그가 옳은 것으로 드러났다. 수천 년 동안 공존한 포도나무뿌리진디와 미국 포도나무종이 공진화해왔으며, 지금도 계속 그러고 있다는 것은 어김없는 사실이다. 다시 말해 포도나무는 화학적 (그리고 기타) 방어 기제를 개발하고, 포도나무뿌리진디는 그것을 피해가는 방법을 개발하는 식으로 양자가 오래도록 상호 호혜적인 관계를 유지해온 것이다. 그 결과 미국 포도나무종은 정도 차이는 있을지언정 어쨌거나 저마다 포도나무뿌리진디에 내성을 갖추었다. 작은 포도나무뿌리진디가 포도나무에서 살아남기는 해도 심각한 해를 끼칠 정도로 수가 불어나지는 않는 것이다. 반면 유럽의 양조용 포도나무종은 포도나무뿌리진디와 공진화하지 않았으므로 거기에 내성을 키우지 못했고, 따라서 그들의 공격에 무방비일 수밖에 없었다.

1873년 라일리의 초대를 받아 미국을 방문한 프랑스 곤충학자 쥘 플랑숑(Jules Planchon)은 미국 동부 해안가의 포도원을 둘러보았다. 라일리를 만난 그는 프랑스의 포도나무뿌리진디를 방제하기 위해 미국에서는 어떻게 포도나무뿌리진디가 포도나무종에 내성을 기르게 되었는지 함께 연구해보기로 했다.

미국 포도나무종을 프랑스에서 키우고, 그것으로 포도주를 만드는 것은 프랑스인들로서는 도통 달갑잖은 선택이었다. 유럽인은 미국의 포도로 만든 포도주를 '신맛'이 난다 해서 탐탁찮아했고, 식탁에 올려놓기에는 부적절하다고 여겼다. 그러나 또 다른 해결책이 있었다. 취약한 프랑스 품종을 내성 있는 미국 포도나무의 꺾꽂이 대목에 접붙이는 것이었다.

접붙인 포도나무는 뿌리가 포도나무뿌리진디에 굴복당하지 않았지만 처음에는 프랑스에서 잘 자라지 못했다. 미국의 산성 토양에 알맞은 꺾꽂이 대목이 백악질에 알칼리성인 프랑스 토양에 잘 적응하지 못했던 것이다. 이러한 난점은 순종 미국 꺾꽂이 대목 대신 내성을 지닌 미국 포도나무종과 양조용 프랑스 포도나무종 간의 잡종 꺾꽂이 대목을 사용함으로써 해결했다. 원예학적으로 우월한 잡종 꺾꽂이 대목으로 문제를 푼 다음, 프랑스 포도원의 기존 포도나무를 접붙인 포도나무로 교체하는 작업이 대대적으로 이루어졌다.

실로 방대한 작업이었다. 1880년 이 사업을 시작한 이래 프랑스에서는 11조 개를 웃도는 포도 덩굴을 새로 심었다. 스미스의 말에 따르면 "이 작업을 추진하는 데는, 즉 미국의 꺾꽂이용 가지를 확보하고, 거기서 뿌리가 나도록 유도하고, 그것을 운반해 접붙이고, 마침내 포도원에 심기까지 어마어마한 사회 기반 시설이 새로이 필요했다".[6] 그러고 난 다음 미국 포도나무를 유럽 포도나무와 교배시켜야 했다. "프랑스 포도 재배농들은 이 절체절명의 위기를 불굴의 의지로 빠르게 극복했다."

1890년대 초 포도나무 이식은 거의 마무리 단계에 접어들었고, 포도나무뿌리진디에 맞서 승리를 거두리라는 게 거의 확실했다. 포도 재배농과 프랑스 국민은 환호했다. 플랑숑이 사망하고 6년이 지난 1894년, 몽펠리에 시 중앙에 그를 기리는 기념비가 들어섰다. 기념비에는 탐스러운 포도송이를 플랑숑에게 바치는 어느 포도 재배농의 이미지와 함께 다음과 같은 비문을 새겨놓았다. "미국 포도나무는 프랑스 포도나무를 다시 살려냈으며, 우리는 포도나무뿌리진디를 상대로 승리를 거두었다."

1873년 프랑스 정부는 라일리에게 그랜드 금메달과 프랑스 최고의 명예훈장인 '레지옹 도뇌르(Legion d'Honneur)'를 수여했다. 1892년 프랑스의 포도 재배농들은 라일리에게 고마움을 표하기 위해 앙리 루소(Henry Rousseau: 1844~1910, 프랑스의 화가—옮긴이)가 제작한 작은 조상(彫像)을 바쳤다. 잘 영근 포도송이가 가득 담긴 바구니를 든 남녀의 모습을 통해 추수의 풍요로움을 담아낸 이 조상은 현재 메릴랜드 주 랜드햄의 미국곤충학회 본부 현관에 놓여 있다.

프랑스인들은 포도나무뿌리진디를 마침내 물리친 것에 대해 뿌듯해하며 세계에서 제일 고급스러운 포도주를 다시 생산하기에 이르렀다.

프랑스 포도 재배농들이 찰스 밸런타인 라일리에게 감사의 표시로 바친 조상.

그러나—그들로서야 알 도리가 없었겠지만—저 멀리 지평선에서부터 서서히 먹장구름이 몰려오기 시작했다. 1915년 에스파냐에서 포도나무뿌리진디가 재발했고, 유럽 대륙의 다른 나라들로 빠르게 번져나가기 시작한 것이다. 곤충과 식물의 거세지는 군비 경쟁을 비롯한 진화는 지금도 여전히 계속되는 과정이다. 포도나무뿌리진디는 이 군비 경쟁에서 다음 투쟁 단계에 접어들었다. 몇몇 집파리종이 우연찮게 DDT 해독 효소를 지니게 된 것처럼 일부 포도나무뿌리진디가 프랑스 포도나무를 접붙인 잡종 꺾꽂이 대목에 자리 잡은 것이다. 그들이 어떻게 그 식물의 저항을 이겨낼 수 있었는지에 대해서는 거의 알려져 있지 않다. 내성을 키운 포도나무뿌리진디 개체들은 부모로서 이어지는 자녀 세대를 배출하며, 미국의 꺾꽂이 대목이 제지한 집단을 재빨리 대체해갔다. 포도나무뿌리진디 문제가 다시금 불거졌지만, 이 역시 포도나무뿌리진디가 아직 내성을 갖추지 못한 다른 꺾꽂이 대목에 양조용 포도나무를 접붙임으로써 이내 해결할 수 있었다. 포도나무뿌리진디가 어떻게 한때 자신에 대해 내성을 지녔던 꺾꽂이 대목에서 용케 살아남고 게다가 번성하기까지 할 수 있었는지 이해하려면, 포도나무가 내성을 키우는 물리적·생화학적 기제를 알아야 한다. 그러나 안타깝게도 우리는 포도나무의 꺾꽂이 대목에서 대관절 무슨 일이 일어났는지 거의 아는 바가 없다. 그러나 손꼽히는 포도나무뿌리진디 전문가인 캘리포니아 대학의 제프리 그래닛은 나에게 갓 부화한 포도나무뿌리진디의 약충은 땅에 구멍을 파고 포도나무 뿌리를 찾아갈 수 있지만, 일부 형태의 꺾꽂이 대목에서는 자기가 발견한 뿌리에서조차 자리를 잡지 못한다고 말해주었다. 그들은 먹지도 않고 벌레혹을 만들지도 않은 채 이내 굶어 죽고 만다. 이는 포도나무 뿌리가 포도나무뿌리진디로부터 공격받기 전에 먼저 그들을 퇴치하는 생화학 물질을 함유하고 있음을 시사한다. 그래닛과 공저자들[7]에 따르면, 약충은 내성 있는 뿌리에 터를 잡는 것까지는 성공할 수 있지만 뿌리가 단백질 소화를 방해하는 독성 물질을 함유한 탓에 오래 살아남지 못하기 십상이다. 그러나 그래닛이 덧붙인 대로, 내성 있는 꺾꽂이 대목에서 화학적으로 분리·확인한 독성 화합물이나 그것이 포도나무뿌리진디를 죽인다는 것을 입증한 결과 같은 직접적 증거는 아직까지 없다. 그 나무의 뿌리는 또한 포도나무뿌리진디 약충의 취식지 주위에—벌레혹을 만들지 못하게 하고 따라서 그들이 살아남지 못하도록 막는—코르크층을 키운다고 알려져 있다. 포도나무 꺾꽂이 대목에서 이런 과정이 이뤄진다는 가설은 포도나무뿌리진디한테 해로운 화학 물질이 그 식물에 존재한다는 사실과 그 곤충의 운명을 연관 지은 결과다. 그러나 이 가설은 아직 학설로 받아들여지지 않고 있다.

적자생존. 진화적 적응성을 획득하려면 식물·동물·박테리아를 막론하고 어떤 유기체든 필히 다음의 세 가지 생존 명령을 따라야 한다. 첫째, 먹이를 먹고 성장해야 한다. 둘째, 다른 유기체한테 잡아먹히지 말아야 한다. 셋째, 자손을 낳음으로써 자기가 속한 종을 재생산해야 한다. 모든 생명체의 구조·생리·행동의 숱한 측면은 그들이 자손을 낳을 때까지 살아남기 위한 몸부림에 따라 형성되어왔으며, 지금도 여전히 그러하다. 초식 곤충은 한편으론 먹이를 먹어야 하고, 다른 한편으론 다른 동물한테 잡아먹히지 않도록 스스로를 보호해야 한다. 이 두 가지 필요성 때문에 모든 유기체는 끊임없이 순환하는 다음의 고리에 갇힌다. 즉 식물은 곤충에 맞서 스스로를 보호할 수 있는 메커니즘을 발달시키고, 곤충은 식물의 방어벽을 뚫을 수 있는 방법을 고안해야 한다.

우리는 지금껏 라일리가 프랑스 포도주 산업을 포도나무뿌리진디의 피해로부터 벗어나도록 도와주고, 포도나무뿌리진디는 그에 이어 포도나무에 내성을 키우게 된 일련의 과정을 살펴보았다. 이는 우리가 식물·곤충의 군비 경쟁이 진행 중이라는 사실을 역사적·진화론적 관점에서 살펴볼 수 있도록 해주는, 배추흰나비에 비견할 만한 매혹적이면서도 유익한 사례다. 그러나 실상 모든 초록 식물은 곤충의 일용할 양식이며, 따라서 더러 놀랍기도 한 각양각색의 수많은 방어 기제를 발달시켜왔다. 그러면 이번에는 곤충이 그에 맞먹을 만큼 멋진 대응 조치로 응수한다.

어떤 식물은 가시·털 등을 비롯한 물리적 방어 기제를 지니고 있지만, 대부분의 식물은 주로 생화학적 방어 기제에 의존한다. 즉 그들은 독성을 띠거나 맛이 역겨운 화학 물질을 갖추고 있다. 역겨운 맛을 내는 화학 물질은 아마도 독성이 있다는 것을 경고하는 의미이리라. 그렇다면 방어적 화학 물질이란 과연 어떤 것일까? 대략적으로 말하자면, 앞서 우리가 살펴본 것처럼 식물은 일차적 물질과 이차적 물질을 갖고 있다. 모든 동식물이 성장하는 데 반드시 필요한 영양소(단백질·탄수화물·비타민) 같은 일차적 물질은 당연히 곤충을 내치지 않는다. 이차적 물질에는 서로 다른 수만 가지 화학 물질이 포함되어 있으며, 하나의 식물에는 이들 가운데 오직 몇 개만 들어 있다. 이들이 식물의 성장이나 신진대사에서 맡은 역할이라고 알려진 것은 없다. 그럼에도 이차적 물질은 식물한테 없어서는 안 되는 것이다. 향을 내는 일부 물질은 식물에게도 곤충에게도 이득을 준다. 그 상당수는 사람의 코를 즐겁게 해주기도 하는데, 어쨌거나 꿀이 있는 꽃으로 수분해줄 곤충을 끌어들인다. 그러나 무엇보다 이차적 물질은 대부분 곤충을 겨냥한 '화학전'에 쓰이는 물질이다. 놀라울 것도 없지만, 사람들은 이 가운데 몇 가지를 살충제로 써먹기도 한다. 특히 담뱃잎에서 얻은 니코틴(nicotine), 몇몇 국화꽃에서 얻은 제충국(pyrethrum), 남미에 서식하는 관목의 뿌리에서 얻은 로테논(rotenone) 따위가 대표적이다. 식물의 독은 동물의 생리 작용에 영향을 미치므로, 그 상당수가 약리적 특성을 띤다는 사실은 놀라울 게 없다. 버드나무 껍데기에서 얻은 아스피린(aspirin), 기나나무 껍질에서 얻은 키니네(quinine), 관상용 디기탈리스에서 얻은 디기탈리스 등이 그러한 예다. 주목나무에서 얻은 택솔(taxol), 페리윙클(periwinkle: 협죽도과 식물—옮긴이)에서 얻은 빈크리스틴(vincristine)과 빈블라스틴(vinblastine) 등 몇 가지는 항암 치료제로 쓰인다. 이차적 물질의 상당수는 우리에게 친숙하다. 곤충에게는 유독할지 모르나 셀러리·양배추·체리 같은 채소나 과일 그리고 바닐라·후추·칠리·타임 등속의 향신료처럼 독특한 맛과 향을 제공해주기 때문이다. 아몬드 특유의 맛은 낮은 시아나이드(cyanide, 청산가리) 농도에 기인한다.

초식 곤충은 식물의 방어적 화학 물질을 피하는 방법을 다채롭게 개발해왔다. 예를 들어, 그들은 역겨운 화학 물질을 해독하는 효소를 만들어내거나 그것을 자신에게 해를 끼치지 않는 몸 안의 일정 장소에 저장하는 방법을 찾아내기도 한다. 방어벽이 뚫린 식물은 다른 방어 기제를 개발하거나, 아니면 속절없이 멸종에 이를 도리밖에 없다. 다시 바통을 넘겨받은 곤충은 살아남기 위해 먹이 식물의 새로운 방어 기제를 넘어서거나 또 다른 먹이 식물에 적응해야만 한다. 따라서 곤충과 식물 간의 군비 경쟁은 날로 심화하면서 계속 이어지고, 덩달아 식물이 합성하는 방어용 화학 물질의 수도 꾸준히 불어난다.

식물·곤충 간에 이루어지는 화학적 상호 작용 유형은 수십만까지는 몰라도 최소 수만 가지는 될 것이다. 두말할 필요 없이 그러한 상호 작용의 절대 다수는 아직껏 과학적으로 규명되지 못한 상태다. 그러나 식물·곤충 간의 상호 작용을 다룬 제럴드 로즌솔(Gerald Rosenthal)과 메이베렌바움의 책[8]에 따르면 식물이 곤충에 맞서 스스로를 보호하고, 곤충이 식물의 방어 기제를 피해가는 다양한 전략은 수많은 연구 프로젝트를 통해 소상하게 밝혀진 상태다.

그에 딱 맞는 사례는 신대륙 열대 지방에 서식하는 씨바구미(seed weevil, *Caryedes brasiliensis*)로, 콩과에 속한 디오클레아종(*Dioclea megacarpa*)의 씨앗 속에 살면서 그것을 먹는 곤충이다. 그 씨앗은 단백질 구성 요소인 아미노산이 단백질로 합성되는 과정을 방해함으로써 대다수 곤충한테 극히 유해하다고 알려진 L-카나바닌(L-Canavanine)을 다량 함유하고 있다. L-카나바닌의 구조는 단백질의 구성 성분인 아미노산 L-아르기닌(L-arginine)과 매우 흡사해서 대다수 씨앗 식자 곤충들의 단백질 합성 메커니즘은 이 둘을 제대로 분간할 수 없으며, 따라서 헷갈린 나머지 본래 필요로 하는 L-아르기닌이 아닌 L-카나바닌과 결합함으로써 제대로 기능하지 못하는 단백질을 만들어낸다. 이것은 대개 치명적 결과를 낳는다.

그러나 씨바구미는 L-카나바닌으로 인해 피해를 입지 않는다. 진화를 통해 아미노산을 단백질로 합성하는 메커니즘을 변화시킴으로써 L-카나바닌과 L-아르기닌을 분간할 수 있게 된 결과다. 그 메커니즘은 L-카나바닌을 거부함으로써 씨바구미의 생명을 구해준다. 더욱이 제럴드 로즌솔과 동료들[9]은 씨바구미가 실제로 L-카나바닌을 영양 물질로 이용하고, 물질대사를 통해 그것을 모든 아미노산과 단백질의 필수 구성 요소인 질소의 공급원으로 달라지게 만듦으로써 오히려 그 식물을 역이용한다는 사실을 밝혀냈다. 이것은 씨바구미한테 더없이 유리한 조건이다. 디오클레아종의 씨앗에 들어 있는 총 질소의 55퍼센트가 씨앗 속의 L-카나바닌에 들어 있기 때문이다.

파슬리과(Apiaceae)에 속한 수많은 식물종은 초식 동물을 물리침으로써 스스로를 보호하는 대단히 흥미롭고 색다른 방어적 화학 물질을 갖는다. 바로 소랄렌(psoralen)이라는 물질이다. 소랄렌은 어둠 속에서는 독성이 없지만 태양에 노출되면 강한 독성을 띠는 광활성(光活性) 물질로 알려져 있다. 〔테트라사이클린이나 성요한초(St. John's wort) 같은 일부 약물도 광활성이라서 태양 민감성을 높이고 극심한 일광 화상을 일으킨다.〕 파슬리과에 속한 수많은 식물종의 이파리, 그리고(혹은) 씨앗에 존재하는 소랄렌인 잔토톡신(xanthotoxin)은 태양, 특히 에너지가 풍부한 자외선으로부터 에너지를 흡수하며, 그로 인해 강한 독성을 띤다. 잔토톡신은 정상적 발달을 가능케 하는 유전 정보를 지닌 DNA에 회복 불가능한 피해를 입힘으로써 취약한 곤충을 죽음으로 내몬다.

몇몇 곤충, 특히 파슬리과의 채소 작물에 피해를 주는 두 가지 해충, 곧 파슬리벌레와 파스닙벌레(parsnip webworm)는 잔토톡신을 비롯한 여러 가지 소랄렌에 맞서 생리학적 방어 기제를 발달시켜온 특수종이다. 이 두 곤충은 기실 애벌레다. 파슬리벌레는 검은제비꼬리나비의 유충 단계이며, 파스닙벌레는 파스닙나방의 유충 단계다. 웨인 아이비(G. Wayne Ivie)와 공동 연구자들[10]은 파슬리벌레가 잔토톡신을 재빠르게 창자벽으로 흡수한 다음, 창자에서 잔토톡신 분자를 무독한 두 가지 합성물로 분해한다는 사실을 밝혀냈다.

파슬리과에 속한 식물들은 잔토톡신 등의 광활성 독소를 함유하고 있을 수도 있고 그렇지 않을 수도 있다. 독미나리(poison hemlock)나 어수리(cow parsnip)처럼 잔토톡신을 함유한 파슬리과 식물은 그것을 활성화하는 양지바른 트인 지역에서 자란다. 그러나 언제나 그렇듯 자연은 지독한 짠돌이다. 메이 베렌바움[11]이 발견한 대로, 그늘에서 자라는 식물은 소랄렌을 만들어내느라 에너지를 허비하지 않는다. 그늘을 좋아하는 식물에는 골든알렉산더(golden Alexander)나 스위트시슬리(sweet cicely) 따위가 있다. 수많은 상이한 식물종을 먹고 사는 대다수 일반종 곤충은 소랄렌에 대처할 수 없다. 먹잇감의 범위가 넓은 담배거세미나방 유충(fall armyworm)은 옥수수·콩·감자·양배추·담배를 비롯해 여러 다른 과에 속한 수많은 식물을 먹는다. 이들은 소랄렌 해독 능력이 조금 있기는 한데, 죽음으로부터 스스로를 방어할 정도까지는 못 된다. 검은제비꼬리나비 애벌레는 담배거세미나방 애벌레보다 50배나 빠르게 잔토톡신을 해독한다.

라일리가 프랑스의 포도나무가 망가지지 않도록 구제해주었을 당시는 곤충이 접촉하면 죽는 DDT 같은 현대적 합성 살충제가 나오기 한참 전이었다. 라일리가 예견했듯 이 '기적의 살충제'는 축복이자 저주였다. 그중 일부는 익충이나 이로운 새 같은 비표적 유기체에까지 악영향을 미친다. 그뿐만 아니라 살충제 대부분은(전부는 아니라 해도) 피해 소지가 있는 곤충 집단을 억제해주는 기생 동물과 포식자마저 죽인 결과, 되레 새로운 해충을 '창출'하기도 한다. 합성 살충제는 시간이 흐르면서 여러 작물에 한때 무해하던 곤충을 해충으로 뒤바꿔놓았다. 코들링나방을 방제하기 위해 DDT 등의 살충제를 사용했을 때 바로 그 같은 일이 벌어졌다. 다음 장에서는 애벌레 단계일 때 사과나무에 해를 끼치는 것으로 악명 높은 코들링나방에 대해 살펴보고자 한다.

14

살충제가 새로운 해충을 '창출'한다

코들링나방(Codling Moth)

전날 밤 고치에서 나온 작은 나방이 일조 시간 내내 사과나무 줄기에 붙어 있었다. 회색과 갈색이 감도는 앞날개를 뒤로 편편하게 접어서 뒷날개를 가린 암컷 나방은 나무껍질과 한 몸이 되어 눈에 잘 띄지 않는다. 그 나방을 최고의 양식으로 여기는 생명체, 특히 새들을 보기 좋게 따돌리는 멋진 위장술이다. 해가 저문 뒤 날이 따뜻하면 암컷 나방은 휘발성의 유인 물질, 곧 성페로몬을 방출한다. 산들바람에 실려간 페로몬은 그 암컷과 교미하길 원하는 수컷을 불러들인다. 수컷에게서 받은 정액은 암컷이 2~3주에 걸친 생애 내내 낳을 알 40~50개를 수정시킬 것이다. 암컷은 사과가 주렁주렁 매달린 곳 인근의 이파리나 나뭇가지 윗부분에 알을 조심스럽게 한 번에 하나씩 슬어놓는다. 사과는 봄이면 한창 자라는 풋과실이고, 가을이면 훨씬 더 커지고 무르익을 것이다.

알의 부화 기간은 주변 온도에 따라 달라진다. 보통 약 6일만 지나면

야행성 코들링나방 성충이 낮 동안 사과나무 껍질에서 휴식을 취하고 있다.

부화하지만, 날씨가 추우면 20일이 걸리기도 한다. 알에서 부화한 작은 애벌레는 사과로 기어 올라가 그 안에 굴을 판다. 사과 옆으로 뚫고 들어갈 때도 더러 있지만, 꽃 끝이나 그 반대쪽 꼭지의 움푹 파인 부분을 뚫는 경우가 더 일반적이다. 그들은 사과 열매의 중심부까지 굴을 파고 들어가 거기에 있는 씨앗이나 다른 조직을 먹는다. 사과 씨에는 다량의 시아나이드가 들어 있으므로(사과 씨를 깨물면 시아나이드의 맛, 즉 쓴 아몬드 맛을 느낄 수 있다), 대부분의 곤충은 사과 씨를 먹으면 중독된다. 하지만 사과에 들끓는 이 애벌레들은 시아나이드를 해독하는 효소를 소화계에서 만들어내므로 사과 씨를 먹어도 아무 탈이 없다.

이 애벌레들은 불과 3주 만에 다 자라서 사과로부터 빠져나와 고치를 짓는다. 고치를 짓는 장소는 대체로 사과나무 줄기의 느슨한 껍질 조각 밑이지만, 더러 땅바닥의 부스러기 속일 때도 있다. 캐나다의 노바스코샤를 비롯해 거의 대다수의 북부 사과 재배 지역에서는 1년에 1세대 남짓을 거친다. 중부 일리노이 주에서는 2세대, 때로 2와 3분의 1세대를 거치지만 무척 따뜻한 지역에서는 3세대 혹은 그 이상이 되기도 한다. 봄에 하는 이 곤충의 활동은 계절에 따른 사과나무의 발달과 시기가 잘 맞아떨어진다. 즉 긴 겨울을 보내고 고치에서 나온 성충은 사과나무의 꽃이 활짝 필 때 알을 낳는다. 알이 부화할 때쯤 사과나무에는 애벌레한테 필요한, 성장 중인 작은 열매가 달려 있다. 일리노이 주 중부에서, 이 첫 번째 세대의 유충은 아무런 방해도 받지 않고 알에서 성충으로 성장한다. 그러나 두 번째 세대의 유충은 대부분 성장을 멈추고 고치에서 겨울 휴면에 들어간다. 이들은 이듬해 봄이 되어서야 번데기화하고 성충 단계로 탈피한다.

사과나무를 해치는 것으로 유명한 이 곤충은 다름 아닌 코들링나방(*Cydia pomonella*)이다. 마크 윈스턴[1]이 현대적 해충 방제 관행의 이익과 위험을 다룬, 술술 잘 읽히는 통찰력 있는 책《자연 전쟁》에서 밝힌 바에 따르면 영국에서 그들을 코들링나방이라는 일반명으로 부르는 까닭은 흔히 끝으로 갈수록 뾰족해지는 길쭉한 요리용 사과 품종 '코들링'에 피해를 입히기 때문이었다.

코들링나방은 아마도 서아시아에서 진화했을 텐데, 과일 무역이 성행하면서 사과를 재배하는 세계의 대다수 온대 지역으로 퍼져나갔다. 코들링나방종은 사과뿐 아니라 다른 네댓 가지 과일에도 피해를 끼친다. 배, 마르멜로(quince: 모과 비슷한 열매로 잼 만드는 데 사용한다—옮긴이), 돌능금(crab apple) 그리고 서양호두(English walnut)를 감싸고 있는 육질의 겉껍질 따위가 그것이다. 로버트 L. 멧커프와 로버트 A. 멧커프[2]는 이렇게 주장했다. "코들링나방은 사과나무에 피해를 안겨주는 해충 가운데 가장 집요하고 파괴적이고 방제하기 힘든 종이다." 코들링나방은 방제하지 않고 가만 놔두면 과수원에서 자라는 사과나무의 20～95퍼센트에 피해를 입히고, 사과를 시장에 내다팔기 힘든 지경으로 망가뜨린다.

코들링나방은 적이 많다. 여러 종의 말벌 유충은 코들링나방 애벌레의 몸 안에서 기생한다. 심지어 알좀벌과(Trichogrammatidae)의 일원인 작은 말벌종은 코들링나방의 알에서 살아가기도 한다. 박쥐는 밤에 코들링나방을 잡아먹기 위해 돌아다니며, 수많은 식충 새들은 낮에 그들을 보는 족족 잡아먹는다. 고치에 들어앉은 유충이라고 해서 안전하다는 보장은 없다. 나는 어느 겨울날, 보송보송한 딱따구리 한 마리가 사과나무의 껍질 조각에 구멍을 뚫는 모습을 지켜보았다. 딱따구리가 떠난 뒤 살펴보니 그 껍질 조각에 작은 구멍이 나 있었다. 나는 그 구멍이 코들링나방 고치의 정중앙까지 이어져 있는 것을 확인했다. 딱따구리는 필시 안에 들어 있는 애벌레를 잡아먹었을 것이다. 고치는 텅 비어 있었다. 안에는 번데기 허물이 없었는데, 이는 그 곤충이 다른 가능한 방법으로, 즉 전해 여름에 성충이 되어 나가는 식으로 고치에서 사라진 게 아니라는 걸 말해준다. 그 사과나무와 인근의 다른 사과나무에 있는 수많은 고치도 비슷한 공격을 받았다. 그런데 내가 확인한 바에 따르면,

딱따구리는 고치가 들어 있지 않은 사과나무 껍질에는 구멍을 내지 않았다. 그들이 어떻게 사과나무 껍질 안에 고치가 들어 있는지 여부를 분간해낼 수 있는지는 여전히 수수께끼다. 다만 나는 딱따구리가 무작위로 껍질 조각을 두드린 다음, 그에 동요하는 애벌레의 움직임을 감지할 때만 구멍을 뚫는 것 아닌가 추측해볼 따름이다.

그러나 이들 기생 곤충과 포식자의 활약상이 코들링나방 개체 수를 확실하게 줄여줘서 피해 입는 사과나무의 수를 경제적 문턱 아래로 유지해줄 정도는 아니다. 여기서 경제적 문턱이란 화학적 방제 비용이 그 곤충으로 인한 금전적 손실과 맞먹는 지점을 뜻한다. 상업적 과수 농가들은 농사에 따른 이윤율이 극히 낮으므로 사과나무 피해가 전체의 0.5~1퍼센트만 되어도 살충제를 뿌리는 편이 이득이라고 판단한다. 그 결과 사과나무는 코들링나방과 다른 곤충을 방제한다는 구실로 걸핏하면 살충제를 흠뻑 뒤집어쓴다. 일부 지역에서는 살충제 살포 횟수가 너무 잦아 비용이 터무니없이 불어난 결과 사과 농사를 접어야 하는 경우마저 생겼다.

살충제가 코들링나방을 비롯해 여러 곤충을 대단히 효과적으로 죽인다는 것은 틀림없는 사실이다. 그러나 살충제는 그로 인해 얻는 이점을 반감시키거나 심지어 상쇄하는 부작용도 지니고 있다. 바꿔 말하면 효율적인 살충제가 언제나 곤충이 일으키는 상해와 손실을 훌륭하게 막아주는 방편인 것만은 아니라는 뜻이다.

살충제의 주된 약점은 수많은 곤충이 거기에 내성을 키운다는 것이다. 살충제를 과하게 사용하면 이러한 약점은 한층 더 심화한다. 그와 같은 예로는 한때 DDT에 극도로 취약하던 집파리가 이내 내성을 키워 종내는 다량의 DDT를 뿌려도 끄떡없게 된 경우를 들 수 있다. 살충제 남용은 시간이 가면서 줄어들었지만, 그런 일은 아직껏 너무도 빈번하게 일어나고 있다. 거기에 딱 맞아떨어지는 사례를 한 가지 들어보자. 모두는 아니지만 일부 옥수수 재배농은 화학 회사의 설득에 넘어가 살충제를 마치 옥수수근충을 막아주는 일종의 '보험'인 양 사용한다. 옥수수근충의 위협이 실제로 있든 없든 정기적으로 살충제를 뿌리는 것이다. 이것은 마치 세균에 감염될 경우에 대비해 매일매일 항생제를 복용하는 것과 다름없는 짓이다. 옥수수근충의 위협이 있는지 없는지는 이듬해에 옥수수를 심을 예정인 밭을 미리 살펴보면 얼마든지 확인할 수 있다.

오늘날에는 코들링나방부터 말라리아를 전파하는 모기에 이르기까지 500종 넘는 가공할 해충이 하나 혹은 그 이상의 살충제에 내성을 지니고 있다. 해충이 기존 살충제에 내성을 키우면 다른 살충제, 곧 대개 더 비싸고 더러는 더 위험하기도 한 살충제로 대체해야 한다. 윈스턴[3]이 지적한 대로, 코들링나방이 비근한 사례다. 코들링나방은 살충제에 차례차례 내성을 키우면서 여러 살충제에 두루 노출되기에 이르렀다. DDT를 사용하기 전에는 비산납이 코들링나방 방제에 쓰인 사실상 유일한 살충제였다. 1940년대 중반, 비산납을 대체한 DDT는 그러나 오직 몇 년간만 효과를 거두었다. 내성 탓에 합성 유기 살충제가 계속해서 새로운 것으로 대체되었고, 오늘날 사과 재배농들은 구티온(Guthion)으로 코들링나방을 방제하고 있다. 구티온은 악명 높은 신경가스와 관련 있는 대단히 위험한 화학 물질로, 그 일부는 화학전에 사용하는 물질이기도 하다. 윈스턴의 말에 따르면, 사과 재배농들은 구티온을 살포할 때 가스 마스크를 쓰고 보호복을 착용하더라도 이따금 속이 몹시 울렁거려 트랙터에서 내려와 토악질을 해댈 정도라고 한다. 게다가 요즈음에는 코들링나방이 구티온에마저 내성을 키우는 듯한 조짐이 일고 있다. 일반 대중들은 살충제 내성에 대해 거의 혹은 전혀 아는 바가 없지만, 약물 복용에 따른 비슷한 문제에 대해서는 점차 익숙해지고 있다. 뉴스 매체들이 질병 유발 세균이 항생제에 내성을 키워가는 사례를, 그리고 악명 높은 항생제를 과다 복용하면서 그런 사정이 더욱 악화하고 있다는 사실을 꾸준히 보도한 결과다.

'유기농'이 급성장하는 현상에서도 보듯 수많은 이들이 모든 합성 살충제가 다소간 인간에게 해롭다는 사실을, 그리고 살충제가 그것을 취급하는 농민뿐 아니라 오랫동안 잔류하는 농약에 오염된 농산물을 섭취하는 소비자에게도 위험하다는 사실을 우려하고 있다. 1985년 미국 대중은 살충제가 자신들의 건강에 심각한 위협을 줄 수 있다는 사실을 똑똑히 깨달았다. 그해에 캘리포니아 주에서 수박 농사를 짓는 상업농들이 농약 제조사의 조언을 무시하고 알디카브(aldicarb)라는 살충제를 자신들이 재배하는 수박에 살포했다. 그 수박을 소비한 수천 명의 서부 사람들이 심하게 앓기 시작했다. 그러나 이는 19세기 말과 20세기 초에 코들링나방을 방제하기 위해 비산납을 사용했을 때 일어난 일에 비하면 상대적으로 사소한 사건에 지나지 않는다. DDT는 인간의 체지방에 축적되고 암 발병 등 장기적이고 만성적인 영향을 끼치지만, 급성 중독을 일으키지는 않는다. 요컨대 누구도 DDT에 오염된 사과를 하나 먹었다는 이유로 그 자리에서 바로 쓰러져 숨지는 법은 없다는 얘기다. 반면 비산납은 만성적으로도, 급성적으로도 유독하다. 따라서 비산납에 오염된 식품을 먹으면 그 즉시 앓아눕거나 심지어 사망할 수도 있다.

토머스 던랩[4]에 따르면, 1925년 10월 영국의 한 분석화학자가 미국에서 수입한 사과를 소비한 데 따른 비소 중독 사례를 두 가지 추적했다. 이 일은 대중의 공분을 샀고, 한동안 미국 과일의 영국 수출이 어려워졌다. 그러나 사과에 비소가 전혀 남아 있지 않는 게 불가능하다는 걸 깨달은 영국인은 자기들이 안전하다고 여긴 비소 기준치를 넘기지 않는 조건 아래 미국 사과를 계속 수입하기로 합의했다. 이때 그들은 비소의 '허용 기준치'를 1.4ppm으로 정했다. 말하자면 비소가 100만 분 1.4 비율 이하로만 들어 있으면 봐줄 의향이 있다는 얘기였다.

미국의 일부 과수 재배농은 실추된 명예를 회복하고 수출 시장을 살리기 위해 사과를 기계적으로 씻어서 잔류 비소의 상당 부분을 제거하는 식으로 영국 기준을 충족했다. 한편 미국에서 판매하는 사과 역시 최대 허용치를 시급히 정해야 마땅함에도 이 일은 짐짓 무시되었다. 미국인을 보호해줄 모종의 규정도 없이 수출 선적물만 규제하는 것은 참기 힘든 노릇이었다. 국내 소비용 사과에는 비소 잔류량이 거의 16ppm으로 위험 수치를 웃돌았기 때문이다. 기니피그조차 16ppm 농도의 사과 껍질을 먹으면 앓을 정도였다. 서부의 과수 재배농들은 사과 세척 비용을 투자하는 데 반대하면서 국내에서까지 영국의 기준에 맞출 수는 없다고 맞섰다. 결국 농민 및 그들과 결탁한 국회의원들의 압력으로 현 식품의약국의 전신인 미 농무부 산하 화학국(Bureau of Chemistry)은 국내 소비용 사과에 대한 비소 허용 기준치를 턱없이 높은 수준인 3.6ppm으로 정했다. 제아무리 극소량이라 하더라도 비산에 의한 오염을 허용한 것은 그것이 체내에 축적되고 결국 생명을 위협하는 만성적 영향을 끼칠 수 있다는 사실을 고려하지 않은 처사였다.

1935년 식품의약국장 월터 캠벨(Walter G. Campbell)은 비소를 살충제로 사용하는 데 따른 위험을 의회에서 증언했다. 던랩[5]에 따르면, 캠벨은 여러 중독 사례와 두 어린이의 사망 사례를 언급하고 의사의 소견과

부검 결과 같은 입증 자료를 제시했다. 그는 "중요한 위험은 급성 중독이 아니라 소량의 비소와 납을 꾸준히 소비함으로써 그것이 서서히 체내에 축적되어 간·신장 등의 기관을 손상하는 것"이라고 강조했다.

1932년 국내 소비용 과일의 비소 허용치는 영국 수준인 1.4ppm으로 낮아졌지만, 1940년 사과 재배농들의 입김에 의해 도로 3.6ppm으로 상향 조정되었다. 던랩은 이렇게 소견을 밝혔다. "허용치의 상향 조정이 국민 건강을 증진시킨다고 보는 사람은 없었지만, 의사 결정권자들은 국민이 그것을 감내할 수 있다고 여겼다. 사과 재배농은 이 조치로 조심성 없이 살충제를 사용하고 작물 세척 비용을 절감하는 등의 이득을 보았다."[6]

살충제는 또 한 가지 뜻하지 않은 영향을 끼친다. 요컨대 표적 종이 아닌 곤충들까지 죽임으로써 달갑잖은 뜻밖의 생태적 효과를 낳기도 한다. 가장 널리 알려진 것이 바로 코들링나방 방제에 사용한 DDT와 기타 합성 살충제가 사과 과수원 생태계를 대거 재편한 사례다. 있을 법하지 않아 보이지만 이들 살충제는 새로운 곤충 문제를 '창출'했다. 즉 이차적 해충을 만들어냈다. 원래는 수가 너무 적어 심각한 손실을 입히기 어려웠던 곤충들이 점차 크게 불어나 파괴적일 정도까지는 아니지만 어쨌거나 심각한 위협을 초래하는 지경에 이른 것이다.

1946년 DDT를 사과 과수원에 처음 사용했다. 코들링나방이 DDT에 내성을 키우기 전까지만 해도 사과나무에 DDT를 2주일에 한 번씩만 뿌려도 코들링나방은 문제없이 억제되었다. 그런데 이로부터 불과 6년 뒤인 1952년 뉴욕 주 농업실험국의 글래스(E. H. Glass)와 채프먼(P. J. Chapman)은 붉은줄무늬잎충(red-banded leaf roller: 사과나무의 이파리와 열매를 먹고 사는 토종 애벌레)에 관해 이렇게 언급하기에 이른다. “1946년 이전에는 붉은줄무늬잎충이 미국 북동부의 사과 과수원에 가끔가다 얼마간 피해를 입히긴 했지만, 대체로 별반 중요하지 않은 해충으로 여겨졌다. 그런데 6년 전(DDT를 처음 사용한 해인 1946년) 그 곤충의 경제적 위상이 꽤나 급작스럽게 달라졌다. 그때 이후 붉은줄무늬잎충은 중요한 해충으로 떠올랐으며, 이제 미국 동부의 주요 사과나무 재배지에서 무서운 적으로 자리 잡았다.”[7] 글래스와 채프먼은 붉은줄무늬잎충 집단이 급증한 것은 DDT를 사용한 데 따른 결과라고 주장했다. 이 곤충이 새로운 위협으로 떠오르자 살포 계획에 두 가지 살충제가 더해졌다. DDT의 유사체인 DDD 그리고 신경가스와 같은 화학 물질군에 속하는 또 하나의 합성물 파라티온(parathion)이다.

1년 뒤인 1953년, 오하이오 농업실험국의 커트라이트(C. R. Cutright)는 곤충이 아니라 진드기, 거미 등 다리 8개 달린 집단의 일원인 사과나뭇잎진드기(European red mite)가 1946년 심각한 사과나무 해충 목록에 추가되었다고 발표했다. 역시나 DDT를 최초로 사용한 것과 같은 해였다. “비산납을 주된 살충제로 사용하던 1944년과 1945년에는 과수원 15곳 가운데 오직 한 군데에서만 사과나뭇잎진드기가 심각할 정도로 들끓었다.”[8] 그러나 1946년이 되자 DDT를 뿌린 과수원 10곳 가운데 무려 8곳이 사과나뭇잎진드기 때문에 상업적 치명상을 입었다. 사과나뭇잎진드기는 이파리의 수액을 빨아 먹음으로써 사과나무를 못 쓰게 만들었다. 그 결과 사과나무에는 질도 색깔도 형편없고 크기도 평균치에 못 미치는 사과가 달렸다. 로버트 L. 멧커프와 로버트 A. 멧커프가 말한 대로 사과나뭇잎진드기, 점박이응애(two-spotted spider mite), 그 밖에 세 종류의 진드기는 모두 “살충제가 만들어낸 이차적 해충”[9]이다. 진드기 집단이 급증하자 살포 계획에 '진드기 살충제(acaricide)'라는 또 하나의 화학 물질을 곁들여야 했다. (acar는 그리스어로 '진드기', cide는 라틴어로 '죽이다'라는 뜻이다.) 이 진드기를 방제하는 데에만 무려 7개나 되는 살충제를 추가로 사용했다. 어느 과수원에서는 진드기, 붉은줄무늬잎충 그리고 코들링나방 같은 흔한 해충을 겨냥한 살충제를 포함해 한철에 자그마치 스무 차례나 살충제를 뿌리기도 했다.

그렇다면 DDT와 오늘날의 여러 합성 살충제는 과연 어떻게 사과나무를 비롯한 작물에 피해를 입히는 해충을 새로 '창출'할까? 예를 들어 DDT는 코들링나방이 내성을 키우기 전까지만 해도 그 해충을 방제하는 훌륭한 도구였지만, 붉은줄무늬잎충이나 사과나무에 들끓는 진드기에게는 효과적 방제 물질이 못됐다. 그들에게는 독성이 한결 덜했기 때문이다. 1952년 글래스와 채프먼은 "DDT를 사용한 결과 붉은줄무늬잎충의 천적이 사실상 완전히 근절됨으로써 붉은줄무늬잎충에게는 살아가는 데 더없이 유리한 국면이 펼쳐졌다"[10]고 판단했다. DDT의 독성이 붉은줄무늬잎충과 진드기 집단을 천연적으로 억제해주는 기생 곤충이나 포식자에게까지 해를 입힌 결과, 작은 문제가 큰 문제로 번졌다. 과수원 생태계의 균형이 깨져 한때 하찮은 존재에 불과하던 벌레들의 수가 걷잡을 수 없이 불어난 것이다.

비산납은 그들을 비롯한 모든 동물한테 유해하지만, 포식 곤충이나 기생 곤충은 그것에 영향을 받지 않았다. 비소 화합물은 식독제(stomach poison, 食毒劑)다. 먹지 않는 한 해가 없다는 뜻이다. 붉은줄무늬잎충의 애벌레를 비롯한 저작형 곤충은 과실나무의 이파리나 겉껍질을 먹을 때 비산납도 함께 삼킨다. 그렇지만 과실이나 이파리를 먹이로 삼지 않는 기생 곤충이나 포식 곤충은 비산납을 먹지 않으며, 그 위를 걸어 다닌다고 해서 해를 입지도 않는다. 반면 그들은 DDT를 비롯한 대부분의 현대적 살충제에 노출되면 목숨을 잃는다. 이런 살충제는 코들링나방에서처럼 발이나 기타 신체 부위의 피부를 통해 흡수되는 접촉독이기 때문이다.

1974년 로널드 메이어(Ronald Meyer)[11]는 사과나무 과수원에서 살충제 사용을 최소화할 수 있는 기발한 방안에 대해 서술했다. 사과나뭇잎진드기나 점박이응애 등 초식 진드기를 잡아먹는 포식성의 팔라시스진드기(fallacis mite) 집단을 극대화하는 식으로 과수원을 관리하는 것이었다. 이것은 오늘날의 '해충 관리', 즉 살충제 사용을 완전히 근절할 것까지는 없지만 가능한 한 최소화하고자 하는 개념을 잘 보여주는 극적이고도 유익한 사례다. 이 방안은 윤작, 유리한 식목일 선택, 기생 곤충이나 포식자 장려, 분별 있는 살충제 사용 등 가능한 모든 방제법을 총망라해 경제적 피해를 막고 환경 오염 같은 부작용을 최소화하자는 것이다.

사과나뭇잎진드기는 높이 자리한 사과나무 가지 아래쪽의 거친 껍질 틈새에서 휴면 알 형태로 겨울을 난다. 알은 사과나무가 꽃을 피우기 직전에 부화한다. 작은 약충들은 주위의 이파리로 기어가 수액을 빨아 먹으며 성장 및 번식한다. 그들은 알에서 생식 가능한 성충으로 발달하기까지 불과 나흘밖에 걸리지 않을 만큼 생애 주기가 짧기 때문에 방제하지 않고 가만 놔두면 삽시간에 수가 불어나 피해가 커진다. 그런데 만약 포식성의 팔라시스진드기 수가 크게 늘어날 수 있게끔 과수원을 관리한다면, 대체로 그 계절 초반에 살충제를 한 번만 뿌려도 얼마든지 사과나뭇잎진드기를 억제할 수 있다.

팔라시스진드기와 점박이응애는 오직 성숙한 암컷으로서만 겨울을 난다. 사과나무 줄기의 기저부에, 헐거운 나무껍질 아래에, 사과나무의 새순이나 수풀에, 다른 작은 식물들 속에, 혹은 땅바닥의 부스러기 속에 몸을 숨긴 채로. 사과나뭇잎진드기가 사과나무에서 부화하는 것과 거의 동시에 월동을 마친 팔라시스진드기와 점박이응애 암컷들이 기지개를 켜고 사과나무 기저부에 알을 슬기 시작한다. 점박이응애는 땅바닥을 뒤덮고 있는 식물의 수액을 빨아 먹음으로써, 팔라시스진드기는 그 점박이응애를 잡아먹음으로써 살아남는다. 두 종은 번식하고, 포식성의 팔라시스진드기는 위쪽으로 진출해 나무 전체로 퍼져나가 그 계절의 나머지 기간 동안 사과나뭇잎진드기를 비롯한 모든 초식 진드기를 초토화한다.

이러한 시스템은 팔라시스진드기와 그들의 먹이(점박이응애)가 먹고 살 수 있는 식물(잡초) 집단이 사과나무 기저부에서 무성하게 자라고 있을 때에만 제대로 굴러간다. 윌리엄 루크만은 사과나무 기저부에 잡초가 자라지 못하게끔 말끔하게 손질한 과수원이야말로 "안타까운 광경"이라고 내게 귀띔해주었다. 다행히 팔라시스진드기는 그 계절 초반에 사과나뭇잎진드기를 방제하기 위해 사용하는 진드기 살충제, 그리고 코들링나방 등의 사과나무 해충을 방제하기 위해 흔히 사용하는 네댓 종의 살충제에 내성을 길러왔다. 곤충이나 진드기의 내성은 흔히 문제시되지만, 이 경우에는 내성을 키운 팔라시스진드기가 거꾸로 문제에 대한 해결책이었다.

사과나무 과수원에서 무분별하게 사용한 살충제는 생태계에 반격을 가한다. 이는 DDT, 파라티온, 카르밤산염 살충제(carbamate), 그 밖에 폭넓은 효능을 지닌 살충제로 해충을 방제하는 수많은 자멸적 시도의 결과 가운데 하나다. 그 살충제들이 표적 종인 식물 식자들뿐 아니라 수많은 여러 종류의 곤충, 기생 곤충과 포식자까지 닥치는 대로 없애버리기 때문이다. 몇 가지 사례는 이 점을 여실히 보여준다. 캘리포니아 주의 감귤류 과수원에서 살아가는 끔찍하리만치 파괴적인 캘리포니아감귤깍지벌레를 그 식충 천적인 베달리아무당벌레(vedalia beetle: 19장에서 더 자세히 다룰 예정이다)로 해결하려던 생물학적 방제 시도는 일단 완전히 실패했다. 감귤류에서 살아가는 또 다른 해충을 제어하고자 사용한 살충제가 엉뚱하게도 베달리아무당벌레를 없애버렸기 때문이다. 하지만 그 살충제의 사용을 멈추자 생물학적 방제는 다시금 효과를 거두었다.

네덜란드느릅나무병(Dutch elm disease)을 매개하는 느릅나무좀(elm bark beetle)을 방제하기 위해 느릅나무에 DDT를 살포하자, 그 전에는 흔치 않을뿐더러 중요하지도 않던 깍지벌레와 진딧물이 참혹할 정도로 수가 불어나 느릅나무가 엉망진창이 되었다. DDT는 정작 느릅나무좀에 전혀 독성이 없었고, 대신 느릅나무좀의 기생 곤충과 포식자를 해친 것이다. 다른 곳에서는 느릅나무좀으로 인해 죽거나 병든 나뭇가지 혹은 그것이 새끼를 슬어놓은 나무를 잘라내거나 불태우는 식으로 네덜란드느릅나무병을 제어했다.

1970년경 멕시코 북동쪽 리오그란데 강 하곡에서는 면화 생산이 중단되었다. 면화에 가장 큰 피해를 입히는 목화바구미(boll weevil) 해충을 방제하는 데 사용한 살충제가 그 천적마저 죽임으로써 그것으로는 통하지 않는 엄청난 파괴력을 지닌 이차적 해충을 창출했기 때문이다. 아울러 그들을 방제하고자 뿌린 살충제가 또 다른 이차적 해충을 창출했고, 그에 따라 한층 더 새로운 살충제를 동원하기에 이르렀다. 이러한 악순환은 믿기 힘들겠지만 농부들이 밭에 한철 동안 무려 18차례나 살충제를 살포할 때까지 이어졌다. 그랬는데도 수확량은 터무니없이 줄어들었다. 1970년경 살충제 처치 비용이 감당할 수 없게 불어나고 면화 작물의 손실도 걷잡을 수 없게 되자 그 지역 농민들은 면화 재배를 포기했다.

다음 장의 주인공 유럽조명나방(European corn borer: bore는 '구멍을 뚫는다'는 뜻—옮긴이)은 영어 일반명이 말해주듯 유럽에서 전해졌으며, 옥수수 나무의 줄기와 자루에 '구멍을 뚫는다'. 생애 주기에서 가장 취약한 단계가 그 곤충을 방제하는 데 가장 적기인데, 이들의 경우는 바로 옥수수 식물에 뚫어놓은 구멍 속에서 겨울을 나는 애벌레가 바로 그 단계다. 봄이 오면 유럽조명나방 애벌레는 성충 나방이 되어 유충 때 미리 옥수수 식물에 뚫어놓은 탈출 구멍을 통해 밖으로 나온다. 이상적으로는 봄이 되기 전에 옥수수 줄기를 쟁기로 갈아엎으면 유럽조명나방을 억제할 수 있다. 탈출 구멍이 흙으로 막혀 빠져나오려는 성충 나방의 계획이 불발될 것이기 때문이다. 그러나 현실에서는 양립 불가능한 일련의 농사 관행 탓에 그런 일이 결코 일어나지 않는다. 따라서 농부들은 살충제에 의존해왔다. 하지만 최근 일부 농부들은 유전자 조작 옥수수 식물을 이용해 유럽조명나방을 억제했다. 천연 살충제인 Bt를 합성하는 박테리아 유전자를 옥수수 식물에 삽입한 것이다. Bt는 비록 사람에게는 해가 없지만, 모든 유전자 조작 유기체에 사용하는 이러한 관행에 대해서는 지금까지도 시비 논란이 분분하다.

15

저기술 방제에서 고기술 방제로

유럽조명나방(European Corn Borer)

"1917년 매사추세츠 농업실험국 소속 한 연구자가 보스턴 인근의 시판용 채소밭을 둘러보던 중 사탕옥수수에서 분홍색이 감도는 갈색 벌레를 몇 마리 발견했다. 몇몇 전문가들이 그 유충을 조사한 결과, 그들이 유럽에서 옥수수를 해치는 해충종이라는 사실을 알아냈다. 어떻게 된 일인지 파고 들어가 보니, 그것들이 몇 년 전 매사추세츠 주 메드퍼드의 빗자루 공장에서 빗자루를 만들기 위해 이탈리아와 헝가리로부터 수입한 비수수(broomcorn: 수수의 일종으로, 그 이삭을 이용해 빗자루를 만듦—옮긴이)와 함께 미국에 들어왔다는 사실이 드러났다." 작물해충연구실험실 대표 윌리엄 브래들리(William Bradley)[1]는 대서양 이쪽 편(북·남미—옮긴이)에서 유럽조명나방(*Ostrinia nubilalis*)이라고 알려진 나방에 관해 이렇게 썼다.

유럽조명나방은 대단히 파괴적인 해충 가운데 하나로, 매미나방처럼 무심결에 해외에서 북미로 유입된 뒤 터를 잘 잡은 곤충이다. 식물에 구멍을 뚫는 유럽조명나방의 침입은 북미 농업에 크나큰 재앙이었다. 밭과 거기서 자라는 사탕옥수수를 망쳐놓는 유럽조명나방은 최초의 거점이던 뉴잉글랜드에서 미국과 캐나다 남부의 주요 옥수수 재배지까지 빠르게 퍼져나갔고, 그 지역 모두에 큰 피해를 안겨주었다. 유럽조명나방은 1938년에는 북동부 대부분 지역을, 1948년에는 중서부 대부분 지역을 점령했다. 오늘날에는 분포 지역이 캐나다에서 멕시코 만 연안 5개 주(플로리다, 앨라배마, 미시시피, 루이지애나, 텍사스 주—옮긴이)까지, 서쪽으로는 로키 산맥까지 확대되었다.

유럽조명나방은 일반명에 옥수수(corn)가 적시되어 있기는 하나 종류가 다른 수많은 식물을 먹고 산다. 캐프리(D. J. Caffrey)와 워슬리(L. H. Worthley)[2]는 1927년 일찌감치 유럽조명나방이 북미에서 먹고 사는 200여 종의 식물 목록을 정리한 바 있다. 거기에는 수많은 야생 식물, 감자·파프리카(bell pepper)·셀러리·글라디올러스(gladiolus) 같은 몇몇 재배 식물이 포함되어 있다. 하지만 그들은 가장 흔하게는 옥수수에 피해를 주는 것으로 알려져 있다.

유럽조명나방은 옥수수자루와 옥수수 줄기에 뚫어놓은 굴이나 구멍에 몸을 숨긴 채 다 자란 애벌레 상태로 휴면하면서 겨울을 난다. 그들은 겨울잠을 자러 가기 전에 미리 탈출 구멍을 뚫어놓고, 그 구멍을 대개 자기 똥 덩어리로 헐겁게 막아둔다. 맥로드(D. G. R. McLeod)와 스탠리 벡(Stanley Beck)[3]이 발견한 바에 따르면, 그들은 봄날이 한참 지나고 난 뒤 휴면을 종료한다. 그런데 다른 여러 곤충과 달리 일정 시기의 추위를 반드시 거쳐야만 휴면을 그치는 것은 아니다. 다시 기지개를 켠 애벌레는 자기가 뚫어놓은 구멍 속에서 엉성한 고치를 지은 뒤 번데기 단계로 탈바꿈한다. 그러고 나서 약 2주일 뒤에 번데기 허물을 벗고 성충 나방이 된다. '이빨도 없고' 하악골도 없는지라 옥수수줄기를 씹어서 길을 내지 못하는 성충 나방은 진즉에 뚫어놓은 탈출 구멍을 통해 바깥세상으로 나간다.

수많은 암수 성충이 울타리 부근이나 도랑둑처럼 초목이 빽빽하게 우거진 지역에 우르르 몰려든다. 이런 장소는 습하다는 점만 빼면 그들에게 꼭 알맞은 미기후를 선사하는 쉼터다. 암컷은 오후 10시부터 이튿날 새벽 1시 사이, 성페로몬을 대기 중에 내보냄으로써 수컷을 꼬드긴다. 교미를 마친 암컷은 일몰부터 자정까지 온화한 저녁 시간대에 마치 물고기 비늘처럼 생긴 하얗고 편편한 알로 이뤄진 작은 덩어리를 옥수숫잎 아래쪽에 슬어놓는다. 그런 다음 쉼터로 돌아가 식물에서 모은 이슬방울을 먹으며 몸을 추스른다. 그들은 10일 동안이나 연달아 알을 낳는 것으로 보인다. 암컷 한 마리가 일평생 낳을 수 있는 알의 총량은 평균 500개 남짓이다.

알은 약 일주일 뒤 부화한다. 어린 유충은 옥수수 식물의 잎을 먹고 살지만, 절반쯤 자라면 비로소 천공(穿孔) 곤충이 되어 잎자루, 줄기, 옥수수자루의 두꺼운 부분, 혹은 옥수수자루 자체를 먹으면서 굴을 판다. 그들의 섭식 습성은 그 자체만으로도 옥수수의 수확량을 확 떨어뜨리지만, 피해는 거기에서 그치지 않는다. 옥수숫대 끝의 수꽃이삭 줄기를 부러뜨리고, 옥수수자루를 떨어뜨리고, 약해진 옥수수 식물 전체를 넘어뜨려 큰 손해를 안겨주기도 한다. 유럽조명나방은 일리노이 주 중부를 포함해 중서부 대부분 지역에서 연간 2세대를 거친다. 그중 봄 세대는 휴면으로 중단되지 않은 채 변태를 끝마치지만, 여름 세대의 유충은 늦여름과 초가을에 날이 서서히 짧아지고 기온도 비교적 낮아지면 거기에

유럽조명나방 암컷이 옥수수 이파리에 막 알을 슬어놓았다.

반응해 휴면에 들어간다.

미국의 농업곤충학자들은 이내 확실한 쟁기질로 유럽조명나방을 방제할 수 있다는 걸 깨달았다. 쟁기로 땅을 갈아엎어 겨울잠에 빠진 유충을 교란시키고, 그들이 기거하는 옥수수줄기를 비롯한 식물 잔해를 모조리 땅에 묻는 것이다. 이는 이론적으로 근사한 제안이지만, 실제로는 그렇지 못했다. 유럽조명나방이 처음 등장했을 때, 중서부 농민들은 많은 귀리를 재배하고 있었다. 귀리는 대개 수확 후 옥수수 그루터기가 그대로 남아 있는 밭을 갈아엎지 않은 채 그냥 써레로 고르기만 하고 심는다. 수많은 유럽조명나방이 이런 밭에서 살아남아 장차 큰 피해의 원천이 되었다. 이 문제는 대두가 귀리를, 그리고 옥수수를 뺀 대부분의 작물을 거의 완전하게 대체하면서 거지반 사라졌다. 당시 대두는 땅을 쟁기로 갈아엎은 뒤 심었기 때문이다. 그러나 모든 농부가 봄에 유럽조명나방 성충이 나타나기 전 옥수수 잔해를 꼼꼼하게 갈아엎는다 해도 확실한 쟁기질만으로는 문제를 해결하지 못했다. 미네소타 대학의 치앙[4]이 알아낸 바에 따르면, 그 이유는 수많은 유럽조명나방이 겨우내 '곳간'에 보관해둔 옥수수자루의 속대에서 겨울을 이기고 살아남기 때문이다. 나방은 봄에 그 옥수수 속대에서 쉽게 빠져나올 수 있다. 오늘날 사용하는 새로운 수확기 피커셸러(picker-sheller)는 옥수수자루에서 알갱이만 따고 속대를 비롯한 잔해는 몽땅 밭에 내버리는데, 그 밭을 이내 갈아엎으면 이 문제를 해결할 수도 있다. 다만 많은 농부가 여전히 침식을 막기 위해 옥수수자루 따위의 잔해를 땅바닥에 그대로 놔둔 채 밭갈이를 최소한도로만 하려 한다는 게 걸림돌이라면 걸림돌이다. 이래저래 유럽조명나방을 방제하려면 다른 방법을 모색해야 한다.

만약 유럽조명나방이 옥수수밭을 크게 위협한다면, 적시에 적절하게 살충제를 사용해야 심각한 경제적 손실을 막을 수 있다. 그러나 살충제 사용을 정당화하는 위협이란 정확히 어떤 것일까? 그리고 살충제를 뿌릴 적기가 언제인지는 어떻게 판단할까? 이 질문에 대한 답은 옥수수의 발달 단계에 따라 달라진다. 어린 옥수수 식물은 화학적 독성 물질을 함유하고 있어 유럽조명나방 애벌레를 잘 견딘다. 이 독성 물질은 학명이

'2, 4-디하이드록시-7-메톡시-1, 4-벤족사진-3-원(2, 4-dihydroxy-7-methoxy-1, 4-benzoxazin-3-one)'으로 발음하기가 무진장 까다롭다. 이 물질에 관해 이야기를 나눠야 하는 이들에게 천만다행인 것은 사람들이 흔히 머리글자만 따서 그것을 딤보아(DIMBOA)라고 줄여 부른다는 것이다. 딘 배리(Dean Barry)와 공저자들[5]에 따르면, 다량의 딤보아가 들어 있는 어린 옥수수 식물은 갓 부화한 유럽조명나방 애벌레에 저항력이 있다. 유럽조명나방 애벌레는 옥수수 식물이 어릴 때에는 그 잎을 먹느니 차라리 굶어 죽음으로써 심각한 피해를 겪지 않도록 해준다. 그렇지만 옥수수 식물이 점차 성장하면서 사정은 달라진다.

옥수수 식물은 생리적으로 성장하면서 딤보아 농도가 점차 옅어진다. 그러다 마침내 유럽조명나방 애벌레를 더 이상 견디지 못하는 단계에 접어든다. 그렇다면 한 식물의 생리적 나이(당연히 딤보아의 양을 말해주는)를 어떻게 판단할 수 있는가? 식물이 자체의 천연 살충제에 의해 보호받고 있을 때 인공 살충제를 뿌리는 것은 시간과 돈을 낭비하는 것이자 쓸데없이 환경 오염을 부추기는 짓이다. (그러나 안타깝게도 아래에서 설명하는 지식을 써먹는 농부는 거의 없다.) 식물의 연대기적 나이는 생리적 성숙도를 가늠하는 믿을 만한 지표가 못된다. 옥수수 식물의 성장 속도는 환경적 조건이나 그들이 어떤 품종이냐에 따라 저마다 다르기 때문이다. 한때 성숙도의 지표로 사용하던 식물의 키에 대해서도 같은 말을 할 수 있다. 키는 어떤 품종은 크고 어떤 품종은 작으며, 환경적 조건에 따라서도 달라질 수 있다.

일리노이 주 샴페인에 자리한 일리노이 주 자연사조사국의 두 곤충학자, 윌리엄 루크만과 조지 데커(George Decker)[6]는 '수꽃이삭 비율(tassel ratio)'이라는 지표를 고안했다. 이것은 옥수수 식물의 생리적 성숙도와 밀접한 연관이 있고, 따라서 유럽조명나방에 대한 옥수수 식물의 내성이 줄어들었거나 완전히 사라졌는지 여부를 정확하게 측정하는 데 쓰인다. 루크만과 데커는 스탠리 벡의 연구팀[7]이 어린 옥수수 식물을 유럽조명나방으로부터 보호하는 것이 다름 아니라 딤보아라는 사실을 발견하기 10년도 더 전에 이 일을 해냈다. 비록 루크만과 데커는 옥수수 식물이 내성을 지니는 까닭을 이해하지 못했지만, 그럼에도 불구하고 그들의 '수꽃이삭 비율'은 옥수수 식물의 딤보아 양을 가늠케 하는 지표이다.

꽃핀 옥수수 식물의 수꽃이삭은 수컷의 구조(structure)로 다량의 꽃가루를 만들어낸다. 꽃가루는 바람에 날려가다 운이 좋으면 옥수수수염에 내려앉거나 거기에 들러붙어 그 식물의 암술을 수분한다. 성적으로 성숙한 경우에는 술처럼 생긴 이 수꽃이삭이 옥수수 식물의 줄기 끝에 솟아 있다. 수꽃이삭은 겉으로 보이기 전에는 옥수숫대 속에 숨어 있고, 계속 자라서 옥수수 식물의 맨 위쪽에 있는 윤생(whorl, 輪生: 한 마디에 잎 또는 가지가 3개 이상 수레바퀴 모양으로 돌려 나는 상태–옮긴이) 이파리 속에서 모습을 드러낸다. 자라는 수꽃이삭은 옥수숫대의 중간을 세로로 가르면 드러난다. 수꽃이삭은 싹이 나고 처음 약 30일 동안 보이지 않는다. 하지만 38일째 되는 날 옥수숫대를 갈라본 루크만과 데커는 막 자라기 시작한 5센티미터 미만의 작은 수꽃이삭을 볼 수 있었다.

'수꽃이삭 비율'을 알아내려면, 먼저 가장 기다란 잎을 똑바로 편 다음 땅바닥의 옥수숫대 기저부부터 옥수수 식물의 맨 윗부분에 이르는 거리를 잰다. 이것이 제대로 측정한 옥수수 식물의 키다. 그런 다음 지면 높이에서 그 옥수수 식물을 자르고 옥수숫대를 갈라 수꽃이삭의 길이를 잰다. 수꽃이삭의 길이를 옥수수 식물의 키로 나눈 수치에 100을 곱하면 그것이 바로 '수꽃이삭 비율'이다.

루크만과 데커[8]는 연대기적 나이는 성숙도를 보여주는 믿을 만한 지표가 아니라는 사실을 밝혀냈다. 그들에 따르면, 식물의 연대기적 나이는 그들의 성숙 수준과 아무 상관관계가 없었다. 성숙 수준은 같은 밭의 여러 식물 가운데 무작위로 추출한 표본의 평균 '수꽃이삭 비율'로 측정했다. 예를 들어, 특정 품종의 식물은 '수꽃이삭 비율'이 1949년에는 46일째 되었을 때 평균 48이었지만, 1950년에는 똑같은 46일째 되었을 때 평균 24에 그쳤다. 그뿐 아니라 식물의 키와 '수꽃이삭 비율'도 아무런 상관관계를 보이지 않았다. 이어진 3년 동안, 키 122센티미터인 옥수수 식물의 '수꽃이삭 비율'은 각각 12, 14, 23으로 들쭉날쭉했다.

그렇다면 '수꽃이삭 비율'은 살충제를 뿌려야 할지 말아야 할지, 뿌린다면 언제 뿌려야 하는지와 관련해 우리에게 무엇을 말해줄까? 옥수수 식물은 수꽃이삭이 아직 성장하기 전인 처음 30일 동안, 유럽조명나방의 공격을 받지 않는다. 싹이 트고 6주 남짓 지났을 무렵, '수꽃이삭 비율'이 20이 되면 비로소 몇몇 어린 천공 곤충들이 식물에 용케 터를 잡는다. 하지만 이들의 존재는 아직 그리 심각한 위협이 아니다. 윌리엄 루크만은 나에게 '수꽃이삭 비율'이 20이 되기 전에는 갓 부화한 유럽조명나방 애벌레가 시험 삼아 이파리를 몇 번 깨물어본 다음 별수 없이 그 자리를 떠나 땅바닥으로 내려가며 이후 새, 개미, 혹은 다른 포식자들에게 잡아먹힌다고 말해주었다.

그렇다면 다시 한 번 묻거니와 살충제는 언제 써야 할까? 유럽조명나방의 위협이 어느 정도여야 살충제가 필요한가? 윌리엄 루크만과 하워드 페티(Howard Petty)[9]에 따르면, '수꽃이삭 비율'이 30이 될 때까지는 살충제를 뿌릴 필요가 없다. 수많은 현장 실험을 토대로 얻은 규칙은 평균 '수꽃이삭 비율'이 30~50인 밭에서는 살충제가 도움을 준다는 것이다. 하지만 이 규칙은 옥수수 식물의 75퍼센트 이상에서 이파리가 신선할 때에만 유효하다. 그러나 수꽃이삭이 처음 옥수숫대 위로 모습을 드러내기 시작할 때, 즉 '수꽃이삭 비율'이 60이 될 때는 살충제를 써봤자 아무런 소용이 없다. 그때쯤이면 유럽조명나방 애벌레들이 식물에 굴을 뚫고 들어앉아 살충제의 위협으로부터 벗어날 수 있기 때문이다.

유럽조명나방 방제 역사의 다음 국면은 유전자 조작 기술을 사용함으로써 옥수수 식물의 천연 방어 기제에 새로운 무기를 얹어주는 것이었다. 이 방식은 지금도 여전히 쓰이고 있다. 그 무기는 딤보아처럼 옥수수 식물로 하여금 유럽조명나방의 공격을 견디게 해주지만, 딤보아와 달리 옥수수 식물의 모든 성장 단계에서 효능을 발휘한다. 옥수수 식물은 땅속에서 살아가는 Bt균으로부터 얻은 두 독소 생산 유전자를 그 식물의 DNA 속에 삽입하는 현대적 생명공학 기술에 힘입어 유럽조명나방을 종전보다 더 잘 견딜 수 있다. 옥수수 식물에 삽입된 유전자들은 오직 나방이나 나비의 애벌레한테만 유해한 단백질 Bt를 만들어낸다. Bt의 변종은 다른 곤충을 죽인다. 가령 비티아이균(Bti, *Bacillus thuringiensis israelensis*)은 모기를 죽인다. 유럽조명나방은 Bt 옥수수 식물을 먹으면 그 독소도 함께 삼킨다. 그러면 내장의 세포가 파열되고 장내벽에 구멍이 뚫린다. 유럽조명나방은 결국 불구가 되거나 먹이 섭취를 못해 굶어 죽기도 한다. 불구가 되지 않으면 흔히 그들의 내장에서만 살아가는 세균이 걷잡을 수 없이 불어나 목숨을 잃는다.

옥수수는 여러 유전자 조작 유기체 가운데 하나에 불과하다. 대두에는 라운드업(Roundup)을 잘 견디게끔 해주는 유전자를 삽입하곤 한다. 라운드업은 유전자 조작 대두에는 심각한 피해 없이 잡초를 제거하는

데 쓰인 강력 제초제다. Bt 유전자를 함유한 면화는 큰담배밤나방 애벌레를 잘 견딘다. 혈우병 환자는 알맞은 인간 유전자를 삽입한 돼지나 염소의 우유에서 만들어지는 혈액 응고 물질의 도움을 받는다. 혈액 응고 물질은 한때 인간의 혈액에서 추출했지만, 그럴 경우 훨씬 효과가 적고 에이즈바이러스(HIV)나 C형 간염 바이러스 따위에 오염되었을 가능성 때문에 위험성도 한층 컸다. 당뇨병 환자들에게 필요한 인슐린은 그 인슐린을 생산하는 인간 유전자를 삽입한 박테리아를 배양해 다량으로 얻어낸다.

유전자 조작 유기체는 분명 축복일 수 있다. 그러나 최소한 그중 일부는 축복이면서 동시에 저주이기도 하다는 사실이 차츰 분명해지고 있다. 나 역시 그렇다고 생각하지만, 많은 이들이 주장하는 대로 유전자 조작 유기체는 아직껏 충분한 실험을 통해 환경이나 소비자에 대한 안전성이 확인되지 않은 상태다. 따라서 많은 유럽인은 유전자 조작 유기체로 만든 식품을 먹지 않는다. 이는 미국 농부들에게 큰 타격이 아닐 수 없다. 그들이 재배한 옥수수 상당량이 수출용이기 때문이다. 일리노이 주에서만 옥수수 작물의 40퍼센트를 유럽으로 수출하고 있다. 유전자 조작 유기체를 지지하는 일부 사람들은 작물 재배농이 200년 넘는 세월 동안 선택 교배(selective breeding)나 이종 교배(hybridization)를 통해 한 종류의 식물에서 다른 종류의 식물로 유전자를 전이해온 만큼 우려할 필요가 전혀 없다고 호언한다. 나는 그들의 말만으로는 당최 안심을 할 수 없다. 전통적 교배에서는 세균과 옥수수 식물, 혹은 인간과 돼지처럼 서로 너무나 판이한 유기체 간에 유전자를 전이하는 경우가 없었기 때문이다. 유전자 조작 유기체가 인간이나 동물의 건강에 어떤 해악을 끼치는가 하는 문제는 아직껏 확실한 답이 나오지 않은 상태다. 그 문제는 지금도 여전히 논쟁 중이다.

그러나 적어도 한 가지 유형의 유전자 조작 옥수수가 비표적 곤충(옥수수밭에서 살아가는 제주왕나비와 검은제비꼬리나비의 애벌레)까지 없앰으로써 환경에 부정적 영향을 끼친다는 증거는 이미 나와 있다. 이 이야기는 1999년에 시작되었다. 그해에 코넬 대학 곤충학과의 존 로지(John Losey)와 공동 연구자들[10]이 실험을 통해 제주왕나비 애벌레 집단의 50퍼센트 남짓이 나흘간 Bt 유전자 보유 옥수수 식물의 꽃가루로 범벅된 유즙초 이파리를 먹고 숨진 사실을 밝혀낸 것이다. 각종 매체는 이 사실을 대서특필했고, 보도를 접한 대중은 각성했다. 유전자 조작 유기체가 환경에 미칠지도 모를 해악을 예의 주시하게 된 것이다. 유전자 조작 유기체 지지자들은 코넬 대학의 실험을 비판하는 다양한 목소리를 내면서 서둘러 수습에 나섰다. 그나마 개중 가장 사리에 닿는 비판은 실험실에서 일어난 일이 현장에도 그대로 적용되리라는 보장은 없다는 것이었다.

하지만 2001년 일리노이 대학 곤충학과의 아서 쟁걸, 메이 베렌바움 등[11]은 꼭 필요한 현장 실험을 실시했고, 실험실 실험을 통해 이를 뒷받침했다. 그들이 실험실에서 얻은 결과는 적어도 한 가지 유형의 Bt 옥수수(Max 454) 꽃가루가 검은제비꼬리나비의 애벌레를 죽인다는 것을 확실하게 보여주었다. 연구자들은 갓 부화한 애벌레에게 맥스 454 옥수수 식물의 꽃가루 입자를 '곁에 바른' 야생 설탕당근 이파리를 먹였다. 꽃가루 입자는 밀도가 1제곱인치당 6만 4500개인 높은 것에서부터 1제곱인치당 64개인 낮은 것에 이르기까지 모두 네 종류였다. 현장에서는 있을 법하지 않지만, 어쨌거나 1제곱인치당 6만 4500개로 가장 밀도가 높은 경우에는 나흘째 되는 날 애벌레의 85퍼센트가 숨졌다. 현장에서 볼 수 있는 가장 높은 밀도(1제곱인치당 1100개)보다 훨씬 낮은 645개인 경우에는 애벌레의 약 30퍼센트가 나흘째 되는 날 죽었다.

쟁결과 동료들은 현장 실험에서, 화분에 심은 유즙초와 야생 설탕당근을 맥스 454 옥수수밭 가장자리로부터 1~7미터 떨어진 곳에 일정한 간격을 두고 배치했다. 신중한 표집을 통해 관찰한 결과에 따르면, 기대한 대로 잎에 내려앉은 꽃가루 입자의 평균 개수는 옥수수밭에서 멀리 떨어진 식물일수록 낮았다. 유즙초 이파리의 경우, 1미터 떨어진 곳에서는 꽃가루 입자가 1제곱인치당 710개나 되었지만, 7미터 떨어진 곳에서는 64개에 그쳤다. 쟁결 등이 발견한 바에 따르면, 야생 설탕당근 이파리에서는 꽃가루 입자가 그보다 더 적어 1미터 떨어진 곳에서는 1제곱인치당 161개, 4미터와 7미터 떨어진 곳에서는 64개였다.

쟁결이 이끄는 연구팀[12]은 현장에서 맥스 454 옥수수 식물이 꽃가루를 방출하기 시작하고 나흘이 지난 뒤, 갓 부화한 제주왕나비와 검은제비꼬리나비의 애벌레를 화분에 심은 유즙초와 야생 설탕당근에 올려놓았다. 그리고 약 일주일 동안 매일 살아남은 애벌레의 수를 헤아렸다. 그 결과 수많은 애벌레가 사라졌다는 것을 확인했다. 아마도 죽었을 것이다. 하지만 그 식물에는 식충 곤충, 특히 무당벌레(multicolored Asian lady beetle)가 많았으므로 관찰된 사망 사례 가운데 얼마 정도가 포식자에 의한 것인지, 혹은 Bt 꽃가루에 의한 것인지 분간하기 어려웠다.

제주왕나비 애벌레들이 거의 살아남지 않아 더는 분석하기도 힘들었다. 하지만 옥수수 식물에 가까울수록 그들의 몸무게가 점차 줄어드는 것으로 보아 Bt 꽃가루가 살아남은 검은제비꼬리나비 애벌레의 성장률에 영향을 미쳤으리라는 것을 확신할 수 있었다. 실험이 끝나갈 무렵, Bt 옥수수 식물에서 가장 멀리, 즉 7미터쯤 떨어져 있어 상대적으로 꽃가루가 적은 이파리에 놓인 애벌레는 45센티미터쯤 떨어져 있어 꽃가루 양이 가장 많은 이파리에 놓인 애벌레에 비해 몸무게가 3배나 더 나갔다. 메이 베렌바움은 자신이 펴낸《Bt 옥수수 식물의 꽃가루와 제주왕나비(Bt Corn Pollen and Monarch Butterflies)》라는 논문집에서 다른 연구자들이 최근 실시한 관련 현장 연구를 다루었다.[13] 그에 따르면, 제주왕나비 애벌레도 검은제비꼬리나비 애벌레와 마찬가지였다. 즉 맥스 454 옥수수밭에 놓여 있어 그 꽃가루를 뒤집어쓴 유즙초 이파리를 먹은 집단은 그 옥수수밭 바깥에 있는 유즙초 이파리를 먹은 집단보다 몸무게가 훨씬 덜 나갔고, 살아남을 가능성도 한층 적었다.

어떤 이들은 Bt 꽃가루가 제주왕나비 애벌레에게 위협을 주지 못한다고 주장하기도 한다. 유즙초가 옥수수밭과 그렇게 가까운 곳에서 자라지 않는다는 이유에서다. 하지만 그들의 주장과 달리 유즙초는 실제로 옥수수밭 '안에서', 그것도 옥수수 식물과 매우 가까이 자란다. 메이 베렌바움은 나에게 야생 설탕당근 역시 옥수수밭 근처에서 자란다고 말해주었다. 다행히 한 해 가운데 제주왕나비 애벌레들이 유즙초 이파리를 먹는 시기와 옥수수 식물이 꽃가루를 날리는 시기가 모든 장소에서 겹치는 것은 아니다. 그러나 남쪽이 북쪽보다 꽃가루가 좀더 일찍 날리므로, 제주왕나비의 여름 번식지 북쪽에서는 그 시기가 더 많이 겹친다. 비가 내리면 제주왕나비 애벌레는 Bt 꽃가루의 피해에서 다소간 벗어날 수 있다. 베렌바움이 펴낸 논문집에 실린 어느 논문은 비가 단 한 차례만 내려도 유즙초 이파리에 내려앉은 옥수수 식물 꽃가루의 54~86퍼센트가 씻겨나간다고 밝혔다. 레너드 와세나(Leonard Wassenaar)와 키스 홉슨(Keith Hobson)[14]이 확인한 바에 따르면 제주왕나비는 유독 취약한데, 그 이유는 북미에 서식하는 그들의 절반가량이 옥수수 곡창 지대가 포함된 상대적으로 좁은 지역에서 집중적으로 성장하기 때문이다. 내가 사는 일리노이 주 샴페인 카운티도 그렇지만, 대부분의 옥수수 곡창 지대에서는 옥수수와 대두가 거의 모든 경작지를 뒤덮고 있으므로, 옥수수밭 안이나 그 인근을 빼고는 유즙초가 자랄 만한 장소가 따로 없다.

맥스 454는 서서히 시장에서 퇴출되고 있으며, 꽃가루에 Bt 독소가 거의 들어 있지 않아 밭에서의 꽃가루 밀도로는 제주왕나비 애벌레가 죽지 않는 Bt 옥수수 품종이 이를 대체하고 있다. 맥스 454 꽃가루의 독성은 더 이상 문제 되지 않는다. 그럼에도 우리는 그것이 환경에 뜻하지 않은 영향을 끼친 선례를 접함으로써 교훈을 얻을 수 있다. 맥스 454 옥수수는 비록 잠깐이나마 시장에 나온 적이 있고, 그 꽃가루는 실제로 비표적 애벌레를 죽이기까지 했다. 우리는 그런 일이 두 번 다시 일어나지 않기를 바란다.

지금은 사용을 금지하고 있지만, 인류는 그간 DDT와 디엘드린(dieldrin) 같은 합성 살충제를 잘못 사용함으로써 환경에 말도 못하게 끔찍한, 실로 재앙에 가까운 피해를 입혔다. 레이첼 카슨(Rachel Carson)이 1962년 출간한《침묵의 봄(Silent Spring)》에서 흥미롭고 설득력 있게 묘사한 대로,[15] 다음 장에서 다룰 알풍뎅이는 조류와 포유류에 지극히 유독한 살충제를 대놓고 오용함으로써 맞이한 환경적 재앙의 주역이다. 그 살충제는 일리노이 주 이로코이(Iroquois) 카운티 대부분 지역에서 지면·공중 살포를 통해 밭, 목초지, 숲, 농가에 마구 뿌려졌다. 알풍뎅이가 일리노이 주의 나머지 지역으로 번져나가지 못하도록 막기 위한 목적에서였다. 하지만 그 조치는 잘못된 판단에 근거한 것이었고, 그러니만큼 성공적이지도 못했다. 베스트셀러인 카슨의 책은 미국뿐 아니라 전 세계 다수 국가들에서 DDT와 디엘드린 등 염소화탄화수소(chlorinated hydrocarbon) 살충제를 사용하지 못하도록 하는 운동을 촉발시켰다.

16

DDT의 종언

알풍뎅이(Japanese Beetle)

알풍뎅이가 북·남미 대륙에서 처음 발견된 것은 1916년으로, 뉴저지 주 캠던(Camden) 부근의 한 묘목장에서였다. 이는 일본으로부터 묘목 뿌리를 둥글게 감싼 흙과 함께 들어온 게 틀림없어 보인다. 15년 뒤, 드와이트 샌더슨(E. Dwight Sanderson)은 이렇게 적었다. "그 침략자(*Popillia japonica*)가 지금까지는 이 지역 인근에만 한정되었으나, 이제 이웃한 주들에서 국지적 피해를 초래하고 있으며, 아마도 앞으로는 훨씬 더 넓은 지역으로 서서히 기반을 넓혀갈 것이다."[1] 그의 말이 맞았다. 1927년 여름, 그 곤충은 내 고향 코네티컷 주 브리지포트(Bridgeport)에 당도했고, 20세기 말엽에는 내 제2의 고향인 일리노이 주 샴페인까지 나를 따라왔다.

내가 열 살 때이던 1938년 내 고향 브리지포트 인근의 원예 애호가들은 자기네 정원의 나무나 꽃을 있는 대로 먹어치우는 알풍뎅이 떼를 제거하는 조건으로 아이들에게 돈을 주곤 했다. 등유를 약간 섞은 물이 담긴 피클병 속에 알풍뎅이를 한가득 잡아오면 당시 시세로 10센트씩 건네준 것이다. 현재의 가치로 치면 10센트가 큰돈이 아닌 것처럼 들리지만, 당시에는 그 돈이면 베이비 루스나 밀키 웨이 같은 초콜릿 바를 2개나 살 수 있었다. 게다가 알풍뎅이는 수집하기 쉬워서 병을 채우는 것은 일도 아니었다. 알풍뎅이는 확실히 함께 어울리는 것을 좋아해 이파리 하나에 수십 마리씩 다닥다닥 몰려 있는 경우도 흔했다. 그러니만큼 손으로 병에 간단히 쓸어 담기만 하면 그만이었다.

알풍뎅이 성충은 중간 크기에 금속성의(metallic) 초록색과 구릿빛을 띠고 있다. 그들은 350종류가 넘는 식물의 이파리·꽃·열매를 먹고 살지만, 내가 살던 동네에서는 장미·접시꽃·포도나무를 유독 좋아했던 것 같다. 알풍뎅이는 성충이든 유충이든 괴로우리만치 파괴적이다. 땅에 살면서 풀이나 기타 식물의 뿌리를 먹는 유충은 골프장이나 가정의 잔디를 쑥대밭으로 만들어버린다. 6월에 땅에서 나오는 성충은 이파리를 그야말로 '뼈만 남겨놓는다'. 이파리의 연조직을 대부분 먹어치우고 가장 작은 잎맥만 남겨둔다. 나는 이 글을 쓰면서 일리노이 대학 어배너 교정의 플라타너스에서 따온 커다란 이파리를 바라보고 있다. 과거의 흔적만 유령처럼 남은 레이스 모양의 이파리는 속이 다 비칠 정도로 투명해서 아래에 놓인 책의 글자들이 훤히 다 보인다. 그 나무의 이파리는 대부분 비슷한 피해를 입었다. 성충들은 얕은 구멍을 군데군데 파서 열매를 망쳐놓기도 한다. 또한 옥수수수염을 게걸스럽게 먹어댄 결과, 옥수수자루에서 수염이 잘려나가게 만들어 수분을 가로막고 알갱이가 영글지 못하도록 훼방 놓는다. 암컷은 초목으로 뒤덮인 땅 아래 5~15센티미터 깊이에 알을 낳는다. 알은 며칠 뒤 부화한다. 유충은

10월까지 뿌리를 먹고 살며, 그 뒤로 땅속에서 휴면 상태에 돌입한다. 그들은 이듬해 6월이 되어서야 번데기화하고 성충 단계로 탈바꿈한다.

1953년 알풍뎅이의 습격은 인디애나 주 서쪽 경계와 일리노이 주 이로코이 카운티에 인접한 작은 지역으로까지 퍼져나갔다. 이듬해에 농업연구청 산하 식물해충방제과(Plant Pest Control Division), 미국 농무부 그리고 일리노이 주 농무부는 DDT 같은 염소화탄화수소계 살충제인 디엘드린을 공중 살포하기 위해 합동 작전을 펼쳤다. 알풍뎅이가 일리노이 주에 쳐들어오지 못하게 막으려는 조처였다. 일리노이 주 자연사조사국의 경제곤충학자 윌리엄 루크만과 조지 데커[2]에 따르면, 1954~1958년 셸던(Sheldon) 인근 이로코이 카운티의 1만 7844에이커가 디엘드린을 흠씬 뒤집어썼다. 살포기가 위험하기 짝이 없는 유독 살충제를 닥치는 대로, 그러니까 경작지, 목초지, 숲, 농가 그리고 셸던 전역에 뿌려댄 것이다. 곧 살펴보겠지만, 이 작전은 알풍뎅이를 근절하지 못했을뿐더러 경제적으로도 생태적으로도 참혹한 실패였다.

초창기에 DDT 등의 새로운 유기 합성 살충제가 불러일으킨 흥분으로 한껏 들뜬 경제곤충학자들은 해충 방제에 안전하다고 알려진 이 새로운 무기를 사용하는 데 열심이었다. 미국 농무부가 익명으로 발표한 글 '공중 살포하는 법(How to Spray the Aircraft Way)'(〈농민회보〉 2062호)은 "농부들에게 살포는 곧 돈을 버는 일"이라고 호언장담했다. 모두는 아니지만 상당수 경제곤충학자는 새로운 살충제에 대해 곤충 문제를 치료해줄 만병통치약이라고, "살충제계의 원자폭탄"이라고 치켜세우는 열렬한 보도에 현혹되었다. 그 여파로 학자들은 곤충을 더 잘 통제하기 위해 그것을 이해하고자 하는 기본에 충실한 연구에서 벗어나 새로운 '기적의 살충제'를 연구하는 쪽으로 관심을 틀었다.

이러한 추이는 〈경제곤충학 저널(Journal of Economic Entomology)〉에 실린 과학 논문의 주제만 대략 훑어봐도 확인할 수 있다. 1940년에는 출간된 2개 호(號)에 실린 총 78개 논문 가운데 50퍼센트에 해당하는 39개만이 살충제에 관심을 기울였다. 그렇더라도 이는 대부분 제충국·니코틴·데리스(derris) 등 식물에서 천연적으로 생성되는 살충 성분의 화합물에 관한 것이었다. 이들은 제충국만 빼면 조류와 포유류에게 꽤나 유독하지만 쉽사리 생분해되는 성질이 있다. 즉 야외에서 더 단순하고 무해한 물질로 재빠르게 분해될 수 있다. 하지만 그로부터 20년 뒤인 1960년에는 같은 저널의 2개 호에 실린 169개 논문 가운데 65퍼센트에 달하는 106개가 새로운 합성 물질에 대해 다루었다. 그 대부분은 조류와 포유류에 유해하며, 특히 염소화탄화수소계 살충제는 생분해성이 극히 더뎌서 수개월, 수년, 심지어 수십 년 동안 환경에 잔류한다. 가령 DDT는 미국에서 사용을 금지하고 거의 30년이 지난 오늘날까지도 오대호(Great Lakes)와 일부 과수원의 토양에 소량 잔류해 있다.

합성 살충제 열풍이 불어닥친 이래 응용곤충학이 이룩한 진보는 같은 저널이 2003년에 발행한 2개 호의 내용을 보면 확연해진다. 107개의 논문 가운데 합성 살충제를 다룬 것은 18퍼센트인 20개에 그치며, 합성 물질에 대한 저항성을 다룬 것은 11퍼센트인 12개, 해충 자체에 관한 것은 34퍼센트인 37개로 나타났다. 바람직한 비중이라 할 수 있는 35퍼센트(38개)는 우리가 의존해온 합성 살충제의 대안을 다룬 논문이었다. 이 38개 논문 가운데 17개는 새롭고 합리적인 '해충 관리' 개념을 살피고 있다. 다시 말해 '살충제를 쓰지 않는 방제법'(이에 관해서는 곧 다룰 예정이다)도 더불어 고민함으로써 살충제 사용을 최소화하자는 것이다.

이로코이 카운티의 방제 작업은 좋게 말하면 뜻하지 않은 결과였지만, 엄밀하게 말하면 생태적 악몽이었다. 디엘드린은 그 사촌격인 DDT보다 독성이 자그마치 50배가 넘는 물질로, 조류와 포유류에 무척이나 유독하다는 것은 의심할 나위가 없다. 만약 몸무게 8온스(약 227그램-옮긴이)의 쥐들이 디엘드린을 먹는다면, 극소량인 0.0003온스(약 0.0085그램-옮긴이)만으로도 그들의 절반가량이 목숨을 잃을 것이다. 살충제로 사용하는 DDT의 또 다른 친척 엔드린(endrin)은 그보다 훨씬 더 독해서 한때 과수원의 쥐를 죽이는 살포 물질로 등록(허가)되기도 했다. 1954년 일리노이 주 자연사조사국의 야생생물학자 토머스 스콧(Thomas Scott)[3]과 그의 동료 2명은 디엘드린이 이로코이 카운티에 서식하는 조류와 포유류에 어떤 영향을 끼쳤는지 조사했다. 당시 그들은 수많은 다른 종류의 조류 및 포유류가 디엘드린 때문에 숨졌다는 사실을 확인했다. "울새, 갈색개똥지빠귀, 찌르레기, 들종다리, 큰검은찌르레기, 꿩 …… 땅다람쥐, 사향쥐, 솜꼬리토끼 따위는 약을 살포한 지역에서 사실상 씨가 말랐다." 디엘드린 살포로 오염된 초원에서 살아가던 일부 농가의 소와 양도 시름시름 앓다가 속절없이 죽어갔다.

레이첼 카슨은 이렇게 탄식했다.

> 대체로 비효과적인 이 살포 작업으로 정확히 얼마나 많은 동물이 희생되었는지는 도시 알 길이 없을 것이다. 일리노이 주 생물학자들이 측정한 결과는 낮잡은 수치에 불과하기 때문이다. 만약 정확한 실태를 조사할 수 있는 연구 작업에 충분한 자금을 지원했더라면 파악된 파괴 정도는 한층 더 끔찍했을 것이다. 그러나 살포 작업이 이뤄진 8년 동안 생물학 현장 연구에 쓰인 돈은 약 6000달러에 불과했다. 반면 방제 사업에는 연방 정부가 약 37만 5000달러를 투자했고, 주 정부도 거기에 수천 달러를 보탰다. 결국 연구에 쓰인 돈은

화학 방제 작업에 지출한 액수의 1퍼센트에도 못 미치는 푼돈이었다.[4]

훈련된 해양생물학자 카슨은 이로코이 카운티를 비롯한 몇몇 지역에서 살충제가 일으킨 생태적 재앙을 목격했고, 그에 자극을 받아 결국 《침묵의 봄》을 집필하기에 이른다. 이 책은 1962년 출간되자마자 베스트셀러에 올랐다. 그녀는 이 책을 이른바 "내일을 위한 우화"라는 장으로 시작했다. 그 불길한 사전 경고가 몇몇 곳에서는 내일이 아니라 이미 일어났지만 말이다. 우화는 그녀 말마따나 가상의 마을에 살충제가 어떤 영향을 끼치는지 묘사한 내용이었다. 하지만 그 글은 셸던 같은 진짜 현실 세계에서 일어난 일을 마치 예언처럼 고스란히 보여주고 있다.

> 예전에 미국 한가운데 온갖 생명체들이 환경과 조화를 이루며 살아가는 마을이 하나 있었다. 그 마을은 논밭이 사방으로 바둑판처럼 펼쳐진 번성한 농장들 사이에 들어서 있었다. 논에는 곡식들이 자랐고, 언덕 사면에는 과수원이 자리했다. 봄이면 그 과수원에서 자욱하게 날린 하얀 꽃잎들이 초록색 논 위에 내려앉았다. 가을이 되면 병풍처럼 둘러쳐진 소나무를 배경으로 곱게 물든 참나무와 단풍나무와 자작나무가 형형색색 타올랐다. ……이 일대는 새들이 다양하고 풍부하기로 이름 높은 곳이었다. ……
> 그러던 어느 날 이상한 전염병이 이 지역을 덮치면서 모든 것이 달라지기 시작했다. ……닭들은 원인 모를 병에 걸려 떼죽음을 당했고, 소와 양들도 시름시름 앓다가 죽어갔다. ……낯선 정적이 감돌았다. 새들은 도대체 어디로 가버린 것일까? 놀란 마을 주민들이 자취를 감춘 새들에 대해 수군거렸다. 새들이 모이를 쪼아 먹던 뒷마당은 버려진 듯 쓸쓸했다. 주위에 보이는 몇몇 새들도 다 죽어가는 양 격렬하게 몸을 떨었고 제대로 날지조차 못했다. 쥐죽은 듯

고요한 봄이 찾아온 것이다. 전에는 아침이면 울새·검정지빠귀·산비둘기·어치·굴뚝새 등 온갖 새들의 합창이 울려 퍼지곤 했는데, 이제는 아무 소리도 들리지 않았다. 들판과 숲과 습지에 오직 침묵만이 가득했다.[5]

《침묵의 봄》은 대중들에게 무슨 일이 일어나고 있는지 주의를 환기시켰다. 당시에는 합성 화학 살충제가 환경이나 인간을 비롯한 비표적 생명체와 환경에 어떤 영향을 미치는지 아무도 몰랐다. 카슨의 책은 그 문제와 관련해 열띤 논쟁을 불러일으킴으로써 결국 정부가 진즉 수행했어야 마땅한 조사에 착수하도록 등을 떠밀었다. 한편 일부 과학자, 특히 경제곤충학자와 미 농무부를 위시한 농업계의 이해 집단 그리고 당연히 살충제업계는 DDT와 디엘드린을 비롯한 그 밖의 새로운 염소화탄화수소계 살충제를 끼고돌았다. 다른 한편 수많은 과학자, 특히 생태학자, 의료계의 일부 인사, 놀란 시민 그리고 오늘날이라면 환경론자라 불렸을 이들은 이른바 '안전하다'는 살충제의 위험성을 지적하며 그 오용 상황을 맹렬히 질타했다.

이로코이 카운티에서 알풍뎅이를 근절하려던 시도는 실패했을뿐더러 되레 환경적 재앙으로 떠올랐다. 그런데 안타깝게도 길을 잘못 든 무분별한 화학적 곤충 방제 시도는 비단 거기에서 그치지 않았다. 뉴잉글랜드에서 중서부에 이르는 도시, 마을, 대학 캠퍼스에서는 치명적인 네덜란드느릅나무병의 확산을 막기 위해 DDT 살포를 시도했다. 병든 나무에서 건강한 나무로 세균성 질환을 퍼뜨리는 느릅나무좀을 처치하려는 목적에서였다. 그러나 이런 시도는 처참한 실패로 돌아갔고, 병은 조금도 수그러들지 않은 채 계속 번져나갔다. 그런가 하면 지렁이들은 먹잇감인 유기물 부스러기와 더불어 거기 묻어 있는 DDT를 섭취하고 그 상당량을 체지방에 축적해두는데, 그 지렁이를 잡아먹은 울새 수백 마리가 떼죽음을 당하는 사태까지 벌어졌다. 이는 살충제가 초식 동물에서 육식 동물로 전해지며, 그에 따라 먹이사슬을 타고 올라갈수록 농축될 가능성이 짙음을 최초로 보여준 사건이었다. 그와 거의 동시에 둥지를 짓는 서부농병아리(western grebe), 물고기를 잡아먹는 조류들이 캘리포니아 주 클리어호(Clear Lake)에서 완전하다시피 자취를 감추었다. 골치 아픈 각다귀(gnat)를 방제하려고 호수에 또 다른 염소화탄화수소계 살충제인 DDD를 뿌린 결과였다. DDD는 살포 용량이 매우 적어서 서부농병아리한테 직접적으로 해를 끼칠 정도는 아니었다. 그러나 서부농병아리는 결국 그 소량만으로도 피해를 입었다. 사태의 전말은 이랬다. 즉 극소량의 DDD가 먹이사슬을 통해 단세포 바닷말에서 작은 갑각류와 곤충을 거쳐 피라미로, 그 피라미를 잡아먹는 그보다 덩치 큰 물고기로 거슬러 올라가면서 서서히 농축되어 유독한 수준에 이르렀고, 마침내 그 물고기를 서부농병아리가 잡아먹은 것이다. 결국 서부농병아리는 목숨을 잃거나 생식을 하지 못하게 되었다.

이로코이 카운티의 조류와 포유류, 그 밖에 지역의 울새들은 급성 중독으로 살충제 살포 직후 급사했다. 반면 다른 수많은 조류는 급성 중독보다는 만성 중독에 시달렸다. 상대적으로 대용량을 사용한 디엘드린과 DDT는 신경 자극 전달을 교란하고 심각한 떨림, 마비, 즉각적 사망을 불러온다. 1950년대에 일리노이 대학 캠퍼스에서도 네덜란드느릅나무병을 방제하기 위한 또 한 차례의 헛된 시도로 DDT를 뿌렸다. 나는 그 당시 대학 안뜰에서 죽어가는 울새들을 이따금 본 적이 있다. 새들은 앉아서 몸을 떨었고, 죽음이 임박해지면 등을 대고 누운 채 걷잡을 수 없이 세차게 다리를 떨었다.

그러나 DDT, 아니 그보다 DDT의 분해 산물인 DDE는 대개 조류(거의 언제나 먹이사슬 맨 꼭대기를 차지한다)에 그보다 덜 분명한, 좀더 감지하기 어려운 만성적 영향을 끼친다. 물고기를 잡아먹는 종(서부농병아리·사다새·물수리·흰머리독수리)과 조류 및 포유류를 잡아먹는 동물(황조롱이·송골매 등의 맹금류)은 적잖은 영향을 받았고, 몇몇 종은 거의 자취를 감추다시피 했다. 이러한 만성적 사례에서는 그 영향이 신경계가 아니라 알껍데기의 칼슘 퇴적을 맡고 있는 호르몬계에 미쳤다. 그 결과 새들은 껍데기가 얇디얇아져 어미의 무게를 이기지 못하고 깨져버리는 알을 낳았다.

DDT 옹호자들은 어떻게든 자기 영역을 지키기 위해 알껍데기는 예전에도 늘 그 정도로 얇았다는 별 근거도 없는 주장을 펼쳤다. 그러나 이 같은 터무니없는 주장은 이내 반박을 당했다. DDT가 등장하기 한참 전에 수집해 박물관에 소장하고 있던 알 표본들의 껍데기와 최근에 낳은 알의 껍데기를 비교하는 작업이 이루어진 것이다.

알껍데기가 얇아진 현상과 어미 새 체내의 DDE 존재 사이에는 확연한 상관관계가 있었다. 그러나 DDT 옹호자들은 상관관계가 바로 인과관계는 아니라고, 알껍데기가 얇아진 현상은 DDE가 아닌 다른 미지의 요인에 의한 것일 수도 있다고 지적했다. (말인즉슨 옳다.) 그러나 야생생물학자들은 DDT가 알껍데기를 얇아지게 만드는 현상을 증명하는 세심하게 설계한 실험을 실시했다. 토머스 던랩은 그 실험에 대해 다음과 같이 간단하게 요약했다.

> 그들은 실험에서 아메리카황조롱이(American sparrowhawk, kestrel)라는 새를 사용했다. 송골매와 깊은 유연관계에 있지만 포획 상태로도 키울 수 있는 새다. 그들은 소량의 DDT와 디엘드린(생식 장애를 가져오는 또 하나의 살충제)을 먹

은 새의 알을 무살충제 식단을 먹은 통제 집단의 알과 비교했다. 그 결과 두 가지 화학 물질 모두 알껍데기를 얇아지게 만들고 생식 성공률을 낮춘다는 사실이 밝혀졌다.[6]

《침묵의 봄》 출간과 함께 DDT가 환경과 인간의 건강에 미치는 영향(그때도 이미 DDT가 쥐에게 암을 유발한다는 사실이 널리 알려져 있었다)에 관한 논쟁이 신문 머리기사를 장식했고, 그런 분위기는 수년간 이어졌다. DDT 반대자들은 자신의 사례를 지나치게 과장하고, 사람들의 공포에 호소하는 경향이 있었다. 그러나 이들의 중심적인 주장은 옳았고, 지루한 법정 공방과 논쟁적이던 환경보호국(Environmental Protection Agency) 공청회를 거친 뒤 결국 소송에서도 승리했다. 논쟁은 더러 폭언이 오갈 정도로 험악해지거나 갈피를 못 잡고 엉뚱한 길로 빠져들기도 했다. 이에 대해서는 폴 에를리히와 앤 에를리히(Anne Ehrlich)의 《인구 · 자원 · 환경(Population, Resources, Environment)》에 다음과 같은 구절이 실려 있다.

> 살충제업계의 전술이 어떤 것인지는 잡지 〈농업용 화학 물질(Farm Chemicals)〉 1968년 1월호에 실린 논설에 잘 드러나 있다. 이 글은 현재의 살충제 사용 관행을 비판하는 생물학자들을 싸잡아 '사이비 종교집단'의 광신도이자 '전문 선동꾼'이라고 몰아붙이면서 이렇게 주장했다. "과학자들은 레이첼 카슨을 문자 그대로 내쳤으며, 앞으로 그들 내부에 있는 이러한 불순 세력과 맞서 싸울 것이다. 물론 과학계의 속성은 언제든 달라질 수 있다. 이것은 시대의 일단일지도 모른다. 기회주의의 시대 말이다!" 이 글이 발표된 것은 레이첼 카슨이 사망하고 4년이나 지난 때였다. 이로써 보건대 지극히 세심하고 더없이 유능한 이 해양생물학자가 환경을 위태롭게 오염시키고 있다고 밝힌 제품을

생산하는 자들은 여전히 그녀의 환영에 시달리고 있었던 게 틀림없다.[7]

그럼에도 불구하고 1972년 DDT는 미국에서 사용이 금지되었다. 아울러 그 시기를 전후해 대부분의 선진국도 같은 조치를 취했다. DDT보다 더 해로운 유관 살충제, 즉 디엘드린·알드린(aldrin)·엔드린·클로르데인(chlordane) 역시 사용이 금지되었다. 그러나 일부 제3세계 국가에서는 DDT와 유관 살충제를 아직까지도 사용하고 있다.

어쨌든 오늘날에조차 체지방에 극소량이나마 DDT를 지니지 않은 동물종은 거의 없다시피 한 것으로 보인다. DDT와 DDE는 사실상 모든 것에 존재한다. 이 독성 물질은 작은 먼지 입자꼴로 바람에 실려 세계 각지를 돌아다닌다. DDT를 한창 사용하던 시절에는 해마다 수천 파운드가 그린란드의 만년설 위에 내려앉아 한데 얼어붙음으로써 흔적을 남겼다. 그린란드는 살충제를 사용한 적이 전혀 없는 곳인데도 말이다. DDT는 물에 오직 약간만 녹는데도 전체적으로는 다량의 DDT가 유수에 실려 이동했다. DDT는 동물의 몸을 통해 여기저기 옮겨 다니기도 했다. DDT는 이런 다채로운 방법으로 정말이지 영향을 미치지 않은 데가 없다. 오대호에서 살아가는 연어, 멀리 원양에서 잡히는 참치, 야생 사슴, 심지어 남극 대륙의 로스 빙붕(Ross Ice Shelf)에 서식하는 펭귄의 몸속에서도 발견된다. DDT는 현재 세계 도처의 사람들 체내에, 모유에 잔류해 있다.

DDT 금지 조치 덕분에 체지방과 인간의 젖에 잔류한 DDT의 양은 급속도로 줄어들었다. 조류 개체 수도 점차 회복했다. 미국 동부 주들에서 완전히 종적을 감춘 송골매가 다시 살아나 잘 지내고 있다. 아니, 잘 지내다 못해 뉴욕·시카고·토론토 같은 대도시의 고층 건물에까지 둥지를 틀 정도다. 한때 거의 사라졌던 흰머리독수리는 놀라운 기세로 종전 수준을 회복하고 있다. 겨울이면 흰머리독수리 수십 마리가 미시시피 강이나 일리노이 강 같은 주요 강가에 늘어선 나무에 내려앉는다. 갈색사다새(brown pelican)는 다시금 미국의 남부 해안을 아름답게 수놓고 있다. 나는 1960년대인가 1970년대의 어느 겨울날 참으로 운 좋게도 일리노이 주에서 쥐를 사냥하려고 전선에 내려앉은 아메리카황조롱이를 한 마리 만난 적이 있다. 그러나 오늘날에는 차로 시골길을 달리노라면 그 새가 앉아 있는 광경을 몇 킬로미터마다 한 번씩 볼 수 있다.

토머스 던랩은 DDT 관련 논쟁을 다룬 책에서 이렇게 썼다. "《침묵의 봄》은 살충제가 일으킨 피해 그리고 그것이 향후 인간과 환경에 끼칠 수 있는 재난에 대한 폭로이자 덜 해로운 곤충 방제법을 소개하는 보고서이며, 자연에 관한 태도의 변화를 요청하는 호소문이다."[8] 카슨은《침묵의 봄》에서 이렇게 말했다. "나는 화학 살충제를 절대 사용하면 안 된다고 주장하는 게 아니다. 다만 우리가 생물학적으로 강력하고 유독한 화학 물질에 대한 통제권을 그 잠재적 해악에 관해 대체로, 혹은 전적으로 무지한 사람들 손에 무비판적으로 넘겨주었다고 주장할 따름이다."[9]

카슨의 말은 메리 플린트(Mary Flint)와 로버트 반 덴 보시(Robert van den Bosch)가 규정한, 환경적으로도 경제적으로도 현실적인 다음의 곤충 방제 개념을 떠오르게 한다.

> 해충 종합 관리(Integrated Pest Management, 이하 IPM)는 생태학에 기초한 해충 방제 전략이다. IPM은 천적·기후 같은 자연적 살상 요인에 크게 의존하며, 가능하면 그러한 요인을 최소한도로만 교란하는 방제 전술을 추구한다. IPM은 살충제를 사용하되 오직 해충 집단과 천연적 방제 요인을 체계적으로

검토해본 결과 필요하다는 판단이 설 때에만 그렇게 한다. 이상적으로 볼 때 IPM 프로그램은 '무조치'를 포함해 활용 가능한 모든 해충 방제 조치를 망라하며, 여러 방제 전술, 작물 재배법, 날씨, 다른 해충, 보호받아야 할 작물 간의 잠재적 상호 작용을 두루 따진다. IPM 아래에서는 천적, 작물 재배법, 내성을 지닌 작물이나 가축 품종, 미생물제, 유전자 조작, (성 유인 물질 같은) 화학적 메신저, 그리고 살충제가 서로서로 효과를 키운다. 이는 그런 요소가 저마다 배타적이거나 심지어 적대적으로 작동하기 십상인 살충제 중심 방제법과 극명하게 대비된다.[10]

바꿔 말하면 곤충은 사용 가능한 수많은 전술과 무기 가운데에서 적절한 것을 분별력 있게 선택할 때 가장 잘 통제할 수 있다는 것이다. 오늘날 IPM으로 알려진 해충 종합 관리는 사실 옛 학파에 속한 곤충학자들이 흔히 사용하던 곤충 방제법이다. 그런데 DDT가 등장하자 대다수가 그 방식을 포기했다. 그러나 이는 오래잖아 도로 부활했다. 현대의 살충제들이 인간이나 환경에 끼치는 해악이 서서히 드러났으며, 살충제를 과용할 경우 곤충이 거기에 재빨리 내성을 키우면서 그 유용성마저 한계에 부딪쳤기 때문이다.

1938년 땅에서 살아가는 알풍뎅이 등 '풍뎅이과(white grubs)'가 세균성 질환에 걸리면서 그들이 처음 등장한 미국 동부 연안 지역에서 개체 수가 크게 줄어들기 시작했다. 식물, 인간 및 기타 온혈 동물에게는 무해한 그 원인균의 포자는 땅속에서 수년 동안 잠자코 버틸 수 있다. 그러다가 오직 '풍뎅이과' 곤충에 의해 먹이로 삼켜질 때만 성장하고, 그런 다음 치명적인 질병을 일으킨다. 이 병은 감염된 애벌레의 혈액이 들끓는 세균 탓에 불투명한 유백색으로 변한다고 해서 유화병(milky disease, 乳化病)이라 부른다.

1955년 월터 플레밍(Walter Fleming)은 미 농무부가 발행하는 〈농민회보〉에 실은 글에서 알풍뎅이를 방제하기 위해 유화병을 성공적으로 활용한 사례를 발표했다.

> 유화병은 처음 발견 및 연구되었을 때 뉴저지 주와 그 이웃 주들의 일부 지역에서만 발생했다. 그들 지역에서 유화병은 알풍뎅이 개체 수를 대폭 낮추는 데 지대한 역할을 한 것 같다. ……1939~1953년 미 농무부는 주나 다른 연방 기관과 손잡고 알풍뎅이 개체 수를 줄이는 실제적 방안으로서 유화병 유기체를 활용하는 작업을 실시했다. 1953년 마침내 이 작업을 종료했을 때는 14개 주와 워싱턴 D.C.의 220개 카운티 내 약 13만 7000곳에서 유화병 유기체를 사용한 상태였다.
>
> 유화병균은 조건이 맞으면 급속도로 번식하지만, 때로 알풍뎅이가 확고하게 터를 잡은 지역을 방제하는 데는 수년이 걸리기도 한다. 그럼에도 맨 먼저 이 방법을 쓴 지역에서는 이미 유의미한 효과가 나타나고 있었다.[11]

레이첼 카슨은 의미심장한 질문을 던졌다. 왜 이로코이 카운티에 디엘드린을 퍼붓기 전에 이처럼 성공적이고 환경 친화적인 방법을 시도해 보지 않았을까?

레이첼 카슨이 지적한 대로, 해충을 방제하는 데는 살충제를 뿌리는 것 말고도 여러 가지 효과적인 방법이 존재한다. 예를 들어, 미국 중서부에서는 농부들이 작물을 좀더 수익성 있는 대두로 대체하는 변화를 꾀한 결과 이득을 보았을 뿐 아니라, 옥수수 해충인 긴노린재를 거의 뿌리 뽑기까지 했다. 옥수수 대체 작물로 밀이 아니라 대두를 심는 경작 체제의 변화는 농업 생태계를 바꿈으로써 해충을 제어하는 방법을 단적으로 보여주는 사례다. 이러한 변화를 시도하지 않고 아직껏 현대적 합성 살충제도 도입하지 않았을 때, 옥수수 식물의 심각한 해충인 긴노린재의 공격을 피하는 방법은 오로지 구식인 데다 힘들고 따분한 노릇이긴 하나 쟁기질로 고랑을 만들어 해충을 그 안에 물리적으로 가두는 것뿐이었다.

17

농촌 풍경에서 홀연히 사라지다

긴노린재(Chinch Bug)

따사롭고 화창한 1928년 6월의 어느 날, 한 농부가 말과 함께 밀밭과 인근의 옥수수밭 사이에 물리적 장벽을 쌓느라 비지땀을 흘리고 있었다. 근처 상가몬 강에서 메기나 낚으면 딱 좋았겠지만, 마을이 파괴적인 흡즙성 긴노린재(*Blissus leucopterus*) 떼의 습격을 받은 것이다. 긴노린재가 그의 밀밭에 자라는 무르익고 메마른 밀 식물에서 벗어나 초록색에 육즙이 풍부한, 따라서 허기진 긴노린재에게 더할 나위 없이 매력적인 근처 옥수수밭으로 막 행진하려던 참이었다. 만일 당시 거의 완전하게 성장해 먹성이 최고조에 달한 긴노린재 군단이 들이닥쳤다면, 그의 옥수수밭은 난장판이 되었을 것이다. 메기는 그를 기다려주겠지만 긴노린재는 아니었다. 긴노린재가 옥수수밭에 침입하는 사태를 막으려면 두어 주가 걸릴 터였다. 나는 이번 장에서 대단히 고풍스러운 방식인 긴노린재 장벽 설치에 관해 다뤄보려 한다. 그러려면 먼저 긴노린재의 습성과 생애사를 알아야 한다.

미국 토종인 긴노린재는 수많은 야생초, 밀, 기타 작은 곡물, 옥수수, 수수, 마일로(milo: 기장 비슷한 수수—옮긴이) 등 오직 풀과(grass family) 식물만 먹고 산다. 옥수수 곡창 지대의 긴노린재는 본시 여러 가지 풀이 우점종(dominant species, 優占種: 생물 군집의 성격을 결정하고, 그 군집을 대표하는 종류—옮긴이)인 야생 초원에서 살았다. 심지어 오늘날에조차 농경지를 과도하게 개간해 사실상 초원이 거지반 사라지다시피 한 중서부 지역에서는 긴노린재가 울타리 부근 땅, 혹은 아직 개간하지 않은 땅 여기저기 토종 다발풀(bunch grass: 벼과의 풀—옮긴이) 무더기가 흩어져 있는 곳을 월동지로 택함으로써 토종 초원 풀에 대한 선호를 드러낸다. 일리노이 주를 비롯한 대다수 중서부 주에 사람들이 정착한 것은 19세기의 일인데, 이때 농부들은 부지불식간에 긴노린재도 함께 들여왔다. 이는 주로 그들이 옥수수나 작은 곡식, 특히 밀을 심은 결과였다. 이처럼 두 가지 작물, 곧 옥수수와 밀이 무성하게 자라면서 토종 초원 풀을 밀어낸 농업 생태계는 긴노린재 더할 나위 없는 조건이었으며, 그런 상황은 20세기를 훌쩍 넘어서까지 이어졌다.

검은색과 흰색이 어우러진 자그마한 곤충 긴노린재는 안전한 장소에 몸을 숨긴 성충 상태로 휴면하면서 겨울을 난다. 가능한 상황이라면 다발풀이 우거진 장소의 지표면 부근, 아니면 울타리 근처, 도랑둑, 길가, 숲 가장자리의 땅바닥에 쌓인 식물 잔해 속 따위가 월동 후보지다. 월동하는 긴노린재는 군생(群生)하는 경향을 보인다. 장소만 알맞다면 1제곱피트당 5000마리 넘게 모여 있는 것도 발견할 수 있다. 미국 중부에서는 긴노린재가 9월과 10월 겨울 거처로 날아와 기거하다가 이듬해 봄 다시 기주 식물을 찾아 떠난다.

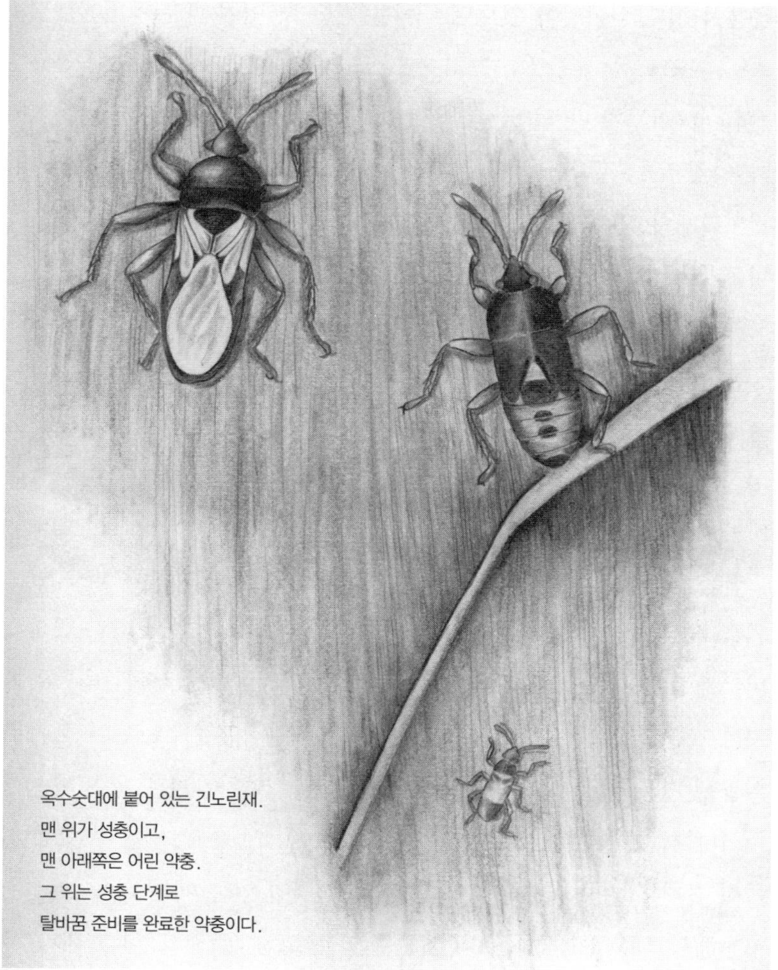

옥수숫대에 붙어 있는 긴노린재.
맨 위가 성충이고,
맨 아래쪽은 어린 약충.
그 위는 성충 단계로
탈바꿈 준비를 완료한 약충이다.

그런데 긴노린재는 옥수수 곡창 지대에서 가을밀(winter wheat: 가을에 파종해 이듬해 여름에 거두는 밀—옮긴이)이 여전히 주요 곡물일 때는 봄에 기주 식물을 찾아 먼 데까지 갈 필요가 없다. 제아무리 일찍 월동지를 떠난다 해도 그 전해 가을에 파종해 싹이 조금 난 파릇파릇한 가을밀이 겨울을 이기고 살아남아 있으므로 이를 먹을 수 있기 때문이다. (가을밀은 보온 역할을 해주는 눈에 덮여 있기만 하면 치명적이리만치 낮은 기온에서도 너끈히 살아남을 수 있다.) 일단 밀밭을 찾아든 긴노린재는 먹이를 먹고 교미를 한다. 암컷은 3~4주 동안 날마다 약 6개씩 총 200개가량의 알을 낳는다. 긴노린재의 산란 장소는 잎집(leaf sheath: 줄기에 붙어 있는 잎의 아랫부분)의 뒤쪽, 혹은 토양이 푸석푸석할 경우 뿌리다. 알에서 갓 부화한 약충은 30~40일 동안 먹이를 먹고 성충으로 성장한다. 대부분의 긴노린재 약충은 6월에 무르익고 메마른 밀 식물을 떠나 여름 기주 식물(여전히 푸르고 달콤한 옥수수 식물, 혹은 더러 그 밖의 다른 풀)로 자리를 옮긴 뒤에야 비로소 성장을 시작한다. 약충은 아직 날개가 완전히 발달한 상태가 아니므로 나는 대신 기어서 다른 기주 식물을 찾아 나선다.

물론 농부의 밀은 약간 피해를 입었지만 그가 이와 관련해 할 수 있는 일은 별로 없었다. 계속해서 성장 중인 긴노린재는 밀밭을 떠난 뒤에야 비로소 식욕이 왕성해지므로 밀밭이 입는 피해는 최소한에 그쳤다. 과거와 같은 밀·옥수수 농업 생태계에서는 대안적인 기주, 즉 여름 기주 식물은 거의 예외 없이 옥수수였다. 오늘날과 마찬가지로 옥수수는 어디서나 지천이므로 긴노린재는 쉽사리 기주 식물을 발견할 수 있었다. 특히 흔히 그렇듯 옥수수밭이 밀밭 바로 옆에 있을 때는 더욱 그랬다. 이동해서 성장을 마친 긴노린재는 알을 낳고, 이로써 또 한 세대가 시작된다. 이 세대는 옥수수를 먹으며 성충 단계로 성장할 것이다. 안전한 장소로 숨어 들어가 휴면하면서 겨울을 나는 것이 바로 이 두 번째 세대의 개체들이다.

긴노린재 장벽을 만들고 유지하는 것은 무진장 번거롭고 시간도 많이

드는 일이다. 이에 대한 간략한 지침이 1914년 미 농무부가 곤충학자 펜턴(F. A. Fenton), 스타일스(C. F. Stiles)와 함께 농민용으로 제작한 소책자에 실렸다.

1. 작은 곡물 밭과 옥수수·수수밭 사이에 쟁기로 고랑을 판 뒤, 거기서 나온 흙을 옥수수·수수밭 쪽에 돋운다. 이렇게 해서 생긴 이랑은 높이가 15~20센티미터는 되어야 하고, 크레오소트를 뿌릴 기부(base)로서 정상 부근에 최소 5센티미터 정도의 평평한 면을 만들어야 한다.
2. 쟁기밥(furrow slice), 즉 이랑 쪽의 흙을 완전히 가루로 만들고 반반하게 펴서 다진다. 이렇게 하려면 반듯한 통나무를 고랑에서 앞뒤로 끌거나 삽의 등으로 고랑 벽을 치면 된다.
3. 고랑의 바닥, 혹은 이랑의 경사면에 구덩이를 판다. 구덩이는 각각 5~20미터씩 띄어서 45~50센티미터 깊이로 파야 한다. 필요한 구덩이는 이동한 긴노린재의 수에 따라 다르다. 즉 긴노린재 수가 많으면 많을수록 구덩이를 더 많이 파야 한다. 구덩이는 곤충을 잡기에 효과적이게끔 위쪽이 나팔 모양으로 벌어지고 지저분한 상태여야 한다.[1]

장벽 정상에서 긴노린재가 진격하는 곳을 마주한 쪽 아래에 타르나 크레오소트 같은 방충제를 조금씩 뿌려놓는다. 방충제는 매일 새것으로 교체한다. 마침내 타르나 크레오소트를 만난 긴노린재는 도랑에 갇히거나, 황망히 도망치다 상당수가 파놓은 구덩이에 빠진다. 긴노린재는 이동하는 데 시간이 오래 걸리므로 피해를 막으려면 두어 주 동안 장벽을 세심하게 관리하고, 방충제를 갈아주며 구덩이에 빠진 녀석들을 밟아 죽여야 한다.

장벽은 잘 만들고 세심하게 관리하기만 하면 더할 나위 없이 효과적이다. 실제로 긴노린재를 많이 잡을 수 있기 때문이다. 패커드(C. M. Packard)와 공저자들은 1937년 〈농민회보〉에 이렇게 적었다. "어느 때는 첫 번째 주에 크레오소트를 친 약 800미터의 장벽에서 긴노린재를 300여 리터나 잡았다. 그다음 주에도 같은 장벽에서 거의 비슷한 양이 걸려들었다. 요컨대 장벽에서 일주일에 약 6000만 마리를 웃도는 긴노린재를 잡았다는 계산이 나온다."[2]

농부들은 지난 50여 년 동안 더는 이 같은 물리적 긴노린재 장벽을 쌓지 않았다. 현대적 합성 살충제가 개발되자 물리적 장벽 대신 몇 미터 넓이의 화학적 장벽을 침으로써 엄청난 양의 시간과 노력을 절감한 것이다. 이는 살충제 사용을 크게 줄여준 방법이었다. 이때 살충제는 긴노린재가 삼키지 않고 접촉만 해도 죽을 수 있는 독이어야 했다. 접촉독은 발이나 기타 신체 부위의 접촉을 통해 흡수되면 치명적인 까닭이다. 미국무부에서 발간한 한 익명의 문건은 밀밭과 옥수수밭 사이에 6미터 넓이의 띠 형태로 디엘드린을 뿌리는 화학적 장벽 설치법에 대해 설명하고 있다.[3] 그런데 접촉독은 밀 식물이 마르면서 긴노린재가 이동을 시작하기 며칠 전에 미리 뿌려야 한다.

디엘드린 장벽은 1~2주 동안 꽤나 효과적이었다. 이는 중간 정도의 침략 수준을 저지하기에 충분한 기간이었다. 그러나 더러 이례적일 정도로 심한 침입에 대처하거나, 비가 내려서 장벽이 망가졌을 경우에는 살포를 여러 번 되풀이해야 했다. 디엘드린과 유관 염소화탄화수소계 살충제는 환경에 해를 끼치는 오염원이라 미국의 경우에는 1972년 DDT를 시작으로 사용을 금지했다. 그러나 이러한 조치는 긴노린재를 제어하는 데 거의 혹은 전혀 영향을 주지 못했다. 그때쯤 옥수수 곡창 지대에서는 새로운 작물이 대거 등장하면서 밀을 밀어냈고, 그에 따라 농업 생태계가 더는 긴노린재에게 우호적이지 않도록 달라졌기 때문이다. 그 결과 긴노린재는 더 이상 심각한 농업 문제를 일으키지 않았다.

1923년 5월, 일리노이 대학 농업실험국의 벌리슨(W. L Burlison)과 플린트(W. P. Flint)는 '곡물로 긴노린재 퇴치하기'라는 제목의 전단지를 발간했다. 그들은 농민에게 작은 곡물 이외의 곡물, 즉 긴노린재가 해치지 않는 비(非)풀과 곡물 — 대두, 동부, 사료용 비트, 메밀, 해바라기, 유채 등 — 을 심으면 긴노린재의 피해를 막을 수 있다고 주장했다. 그 이유는 다음과 같았다.

> 긴노린재는 풀을 먹고 사는 곤충이다. 따라서 알려진 바에 따르면, 비풀과 식물에는 그 어떤 것에도 영향을 끼친 사례가 없다. 작은 곡물뿐 아니라 옥수수도 풀과에 속하고, 따라서 긴노린재의 침입으로 피해를 입을 수 있다. ……그러나 풀과가 아니고 따라서 오늘날 긴노린재가 우글대는 일리노이 주의 일부 지역에서도 끄떡없이 자랄 수 있는 곡물은 수없이 많다. 농부들은 이러한 곡물을 재배함으로써 자체적으로 긴노린재의 피해에서 놓여날 수 있다. 그 곡물들은 긴노린재가 바글거리는 지역에서도 그렇지 않은 지역에서와 마찬가지로 그 곤충한테 피해를 입지 않기 때문이다.[4]

벌리슨과 플린트는 다른 무엇보다 대두를 권했다. 대두는 당시 긴노린재의 영향을 받지 않는 대안적 곡물로서 일리노이 주 농민들 사이에서 인기를 끌고 있었다. 하지만 그들은 모든 농민에게 긴노린재의 밀·옥수수 섭식 주기를 끝장내기 위해 밀을 대두로 대체하라고, 그래서 심각한 해충인 긴노린재를 아예 발본색원하라고 강권하는 데까지 나아가지는 않았다. 그렇게 명령조로 권유했다 하더라도 독립적인 것으로 유명한 농부들이 순순히 따랐을 리는 없겠지만 말이다. 좌우지간 옥수수 곡창 지대에서의 농업은 다행스럽게도 밀을 서서히 대두로 대체해갔다. 수많은 지역에서 대두가 곡물로서 밀보다 우월했기 때문이다. 대두는 옥수수 재배지에서 잘 자라고, 몇 년치를 평균 내보면 1에이커당 수확량에서 밀보다 가치가 더 높다. 더욱이 대두는 콩과 식물로, 밀이나 옥수수 등 대부분의 다른 식물과 달리 뿌리에 독특한 뿌리혹이 있고, 거기에 사는 뿌리혹박테리아가 대기 중의 질소를 포획해 '고정'시킨다. 대두는 모든 곡물 그리고 다른 온갖 생명체에 필요한 이 중요한 영양 물질을 이용해 땅을 비옥하게 만든다.

중서부 농경지의 생태에서 일어난 이 같은 커다란 변화의 가장 뚜렷하고도 중요한 효과는 두말할 나위 없이 긴노린재의 개체 수가 급감한 것이었다. 옥수수는 가장 심각한 피해를 안겨주는 해충의 공격에서 비로소 벗어날 수 있었다. 이러한 농업 생태계의 종 구성에는 필시 그 밖에 다른 수많은 변화가 있었을 것이다. 그중 일부는 그리 뚜렷하지 않은 미묘한 변화였다. 가령 긴노린재에 의존하는 병원성균이나 기생 곤충 같은 생명체의 수가 줄어든 현상 같은 것 말이다. 그런가 하면 또 어떤 것은 뚜렷한 변화였다. 이를테면 밀을 먹지 않지만 대두는 먹는 곤충이 옥수수 곡창 지대의 농업 생태계에 들이닥친 현상이 그렇다. 국립조사위원회(National Research Council) 산하 옥수수·대두 연구팀은 북미 토종이 아니라 아시아에서 유래한 식물인 대두를 해치는 해충은 하나같이 그 새로운 식물을 이용하는 데 적응한 북미 토종 곤충이라고 발표했다. 다름 아닌 대두 해충 삼총사, 곧 풀색노린재(green stink bug), 멕시코콩무당벌레(Mexican bean beetle), 콩잎벌레였다.

풀색노린재. 구린내 나는 역겨운 액체를 분비한다고 해서 이런 이름이 붙은 이 곤충은 여러 상이한 과에 속한 다양한 식물, 이를테면 면화·대두를 비롯한 몇몇 콩과 식물, 여러 종류의 야생·재배 과실 따위를 먹고 사는 다식성이다. 숲속이나 울타리 부근 땅바닥의 식물 잔해에 몸을 숨긴 채 겨울을 나는 풀색노린재는 4월과 5월에 월동지를 떠난다. 그런 다음—로버트 L. 멧커프와 로버트 A. 멧커프[5]에 따르면—층층나무나 딱총나무 같은 다양한 식물의 열매에 구멍을 파고 거기서 나오는 과즙을 빨아 먹으며 살아간다. 그들은 8월이 되면 비로소 대두밭에 들이닥친다. 8월은 막 생겨난 콩깍지 속에서 보드라운 초록 콩이 한창 자라고 있을 때다. 풀색노린재는 대두 이파리에 수많은 알을 슬어놓는다. 그들이 연중 유일하게 거치는 세대다. 풀색노린재의 성충과 약충은 콩깍지에 구멍을 내고 그 안에 들어 있는 씨앗을 먹는다. 그에 따라 대두는 죽거나 기형이 된다. 이러한 피해는 종종 풀색노린재가 아니라 다른 이유 때문인 것으로 오인되곤 한다.

나는 콜롬비아의 카우카(Cauca) 계곡에 위치한 팔미라 근처의 콜롬비아 농업학교 산하 농업연구소에서 안식년 휴가를 보내며 대두를 해치는 해충을 연구했는데, 그때 대두가 풀색노린재에 의해 피해를 입은 듯한 정황을 목격했다. 그런데 그 연구소의 과학자들은—물론 대부분 곤충학자가 아니었다—씨앗의 기형이 식물 자체의 비정상적인 성장 탓이라고 주장했다. 내가 풀색노린재의 소행이라고 밝히자 그들은 나에게 그것을 증명해보라고 요구했다. 간단한 실험을 통해 씨앗의 기형은 실제로 풀색노린재와 유연관계인 2개의 열대종에 의한 것임이 곧바로 드러났다. 곤충이 덤벼들지 못하도록 막는 그물망을 대두 식물 위에 덮은 다음, 풀색노린재를 그중 일부에는 집어넣고 나머지에는 집어넣지 않은 실험이었다. 내가 〈브라질 곤충학회 연보(Anais Da Sociedade Entomológica Do Brasil)〉[6]에 발표한 대로, 풀색노린재를 집어넣은 대두 식물의 경우 씨앗의 76퍼센트 이상에 구멍이 생기고 기형화한 데 반해, 풀색노린재를 집어넣지 않은 대두 식물의 경우에는 오직 2퍼센트만이 같은 피해를 입었다. 그 2퍼센트도 대두 식물이 막 콩깍지를 만들기 시작할 무렵, 혹은 그물망으로 덮기 전 잠깐 동안 풀색노린재에 노출된 경우였다.

멕시코콩무당벌레 및 그와 긴밀한 유연관계에 있는 두 가지 콩무당벌레는 예외적으로 식물을 먹고 사는 무당벌레과에 속한다. 그 밖의 다른 무당벌레는 진딧물이나 작은 곤충을 잡아먹는 포식자다. 이 과(family)의 이 특이한 녀석들은 노란색 바탕에 작고 까만 점이 박힌 커다란 무당벌레 모양을 하고 있다. 이들은 거의 전적으로 콩과 식물만 먹고 산다. 오늘날 미국 일부 지역에서 이들의 주요 기주 식물은 대두이지만, 이들은 본시 (옷에 달라붙는 삼각형 모양의 작은 꼬투리를 가진) 서양도깨비바늘 같은 토종 콩과 식물 그리고 유럽인이 처음 북·남미를 발견하기 수천 년 전부터 아메리카 원주민이 키워온 리마콩이나 다양한 깍지완두 같은 재배 콩류를 먹고 살았다. (북·남미 원주민은 그 밖에도 유럽인이 수많은 식량을 먹고 살 수 있도록 도와주었다. 그중 몇 가지만 꼽자면 옥수수·감자·고구마·토마토·고추·초콜릿·아보카도 따위를 들 수 있다.)

멕시코콩무당벌레는 이제 새로운 콩과 식물인 이국적인 대두에 적응하고 있는 중이다. 멕시코콩무당벌레는 현재 미국의 전부는 아니지만 일부 지역에서 대두에 피해를 입히고 있다. 땅바닥의 식물 잔해 아래 몸을 숨긴 채 겨울을 나는 멕시코콩무당벌레 성충은 봄과 초여름에 거의 두 달 동안 월동지에서 기어 나온다. 그리고 자기 기주 식물로 옮아가 이파리 뒤쪽에 커다랗고 누런 알 덩어리를 슬어놓는다. 유충과 성충은 나뭇잎을 아래쪽에서부터 공략하는데, 잎맥과 위쪽 상면세포만 남기고 있는 대로 먹어치움으로써 이파리를 그야말로 '뼈만 남겨놓는다'. 레이스(lace)처럼 생긴 이파리는 멕시코콩무당벌레 특유의 작품이다.

콩잎벌레 역시 콩과 식물만 먹고 사는 또 하나의 특수종이다. 오늘날에는 주로 대두 식물을 먹지만, 북미 대륙에 대두가 등장하기 전에는 멕시코콩무당벌레처럼 토종 야생·재배 콩과 식물을 먹었다. 약 6밀리미터에 불과한 콩잎벌레 성충은 색깔과 무늬가 천차만별이지만, 대체로 붉은색이나 노란색 바탕에 검은색 무늬가 있다. 그들은 이파리를 씹어 먹으며 커다랗고 둥그스름한 구멍을 낸다. 이러한 식엽성(食葉性) 곤충이 저질러놓는 피해는 얼핏 심각해 보이지만 그로 인해 꼭 수확량이 줄어드는 것은 아니다. 식물은 이파리 표면적이 상당 정도 훼손되어도 수확량이 떨어지지 않기 때문이다. 즉 실제로 씨앗이 자라는 중이라면 이파리 표면적의 20퍼센트, 그렇지 않을 때라도 자그마치 30퍼센트가 사라지기까지 수확량이 감소하지 않는다. 콩과 식물은 있을 법한 이파리 면적의 손실분을 '미리 계산에 넣는다'. 요컨대 적절한 자녀 수(당연히 농부가 거둬들일 씨앗)를 생산하는 데 필요한 것보다 더 많은 이파리를 만들어낸다. 콩잎벌레 유충은 콩과 식물 기저 부근의 땅속에서 그 식물의 뿌리나 뿌리혹(대기 중의 질소를 '고정'하는 박테리아의 거처)을 먹고 산다. 이런 유의 손실은 심각한 해를 끼칠 것처럼 보이지만, 유충이 그 식물을 먹으면 어떤 결과가 생기는지에 대해서는 거의 알려진 게 없다.

성충 콩잎벌레는 주로 울타리 부근, 밭 가장자리, 숲의 땅바닥에 쌓인 낙엽이나 기타 식물 잔해 속에서 겨울을 난다. 그리고 4월이 되면 활발하게 움직인다. 대두 식물을 이용하려면 아직 한참 기다려야 하므로 그 때까지는 야생 콩과 식물을 먹으면서, 비상시에는 콩과 식물이 아닌 일부 다른 식물을 먹으면서 버틴다. 콩잎벌레는 대두 식물이 지표면을 뚫고 나오기 무섭게 대두밭으로 옮아가 이파리를 뜯어 먹고 그 식물의 기저 근처 땅에 알을 낳는다. 그 계절의 첫 세대인 알은 성장해서 두 번째 세대의 부모가 되고, 이 두 번째 세대는 가을에 월동지로 물러난다.

노먼 마스턴(Norman Marston)과 동료들[7]은 미주리 주에서 광범위한 조사를 거친 뒤, 대두의 생태계에는 그 밖에 175종 넘는 수많은 곤충과 거미들이 연루되어 있다고 밝혔다. 대두 해충 삼총사(풀색노린재 · 멕시코콩무당벌레 · 콩잎벌레) 말고 대두 식물에 의존하는 곤충에는 뿌리를 먹고 사는 방아벌레(click beetle)의 유충(wireworm), 이파리를 와구와구 먹어치우는 알풍뎅이, 약충 단계와 성충 단계에서 이파리를 먹는 다리가 빨갛고 특이하게 생긴 메뚜기, 그리고 아름다운 작은멋쟁이나비(painted lady butterfly)와 두 나방종〔초록클로버나방(green cloverworm)과 정원순나방(garden webworm)〕의 식엽성 애벌레 따위가 있다. 이들은 대두 해충 삼총사보다는 피해 정도가 덜하다. 또한 마스턴과 동료들은 19종의 진디, 매미충(멸구), 삽주벌레, 파리, 딱정벌레, 한 종의 나방도 대두 식물을 먹고 산다고 밝혔다. 대두 식자 가운데에는 10종의 기생 곤충과 포식자도 속해 있다. 개체 수가 비교적 적은 140여 종의 파리와 딱정벌레도 대두 식자인데, 이들은 아마 청소부 동물로서 혹은 포식자의 대안적 식량원으로서 중요한 존재인 듯하다.

지금껏 살펴보았듯 밀을 대두로 대체한 것은 중서부 경작 시스템의 생태에 지대한 영향을 끼쳤다. 긴노린재는 거의 절멸했지만, 과거에는 드물고 무해하던 몇몇 토종 곤충이 대두라는 새롭고도 풍부한 식량원을 발견해 수적으로 크게 불어난 것이다. 그중 일부는 농업 생태계에서 대단히 중요한 존재로 떠올랐다. 외부에서 들여온 경작 식물에 적응한 토종 곤충의 사례는 이외에도 여럿 있다. 그 가운데 가장 복잡하고 흥미로운 사례는 우리가 흔히 볼 수 있는 흰감자(white potato)—원산지는 볼리비아와 페루에 걸친 안데스 산맥이다—와 미국 대평원에 사는, 당시에는 거의 알려지지 않은 어느 딱정벌레의 이야기다.

안데스 산맥에서 미국 서부로 이어지는 감자의 전파 경로에 대해서는 래리 주커먼(Larry Zuckerman)[8]이 268쪽에 걸쳐 쓴, 술술 잘 읽히고 매력적인 책에 더없이 흥미롭게 묘사되어 있다. 감자는 대서양을 두 번이나 가로질렀으며 전파된 거리도, 기간도 길었다. 주커먼은 아낌없이 주는 이 식물을 '소박한 감자(humble spud)'라고 불렀는데, 어쨌거나 감자를 처음 재배한 것은 약 7000년 전 볼리비아 고원에서였다. 에스파냐인들이 잉카족에게서 금을 빼앗아 제 배를 불리기 한참 전부터 안데스 산맥의 거주민들은 감자를 주식으로 삼아왔다. 정복자들은 감자를 1570년 에스파냐에 들여왔다. 그러나 감자는 치명적인 가짓과 식물의 친척인 데다 피정복민들이 먹는 저급한 식품으로 여겨져 받아들이기까지 오랜 시간이 걸렸다. 하지만 18세기 말에는 대다수 유럽 국가에서 주요 작물로 자리 잡았다. 특히 1840년대에 세균성 병충해가 감자 작물을 망쳐놓아 대규모 기아에 시달린 아일랜드에서는 한층 더 중요해졌다. 북미의 초기 정착민들은 감자를 다시 대서양 건너 식민지로 들여왔다. 개척자들이 북미 대륙을 가로질러 서쪽으로 진출함에 따라 그들이 정착하는 곳마다 감자가 재배되었다. 그리고 1850년대에 감자는 드디어 대평원에 당도했다.

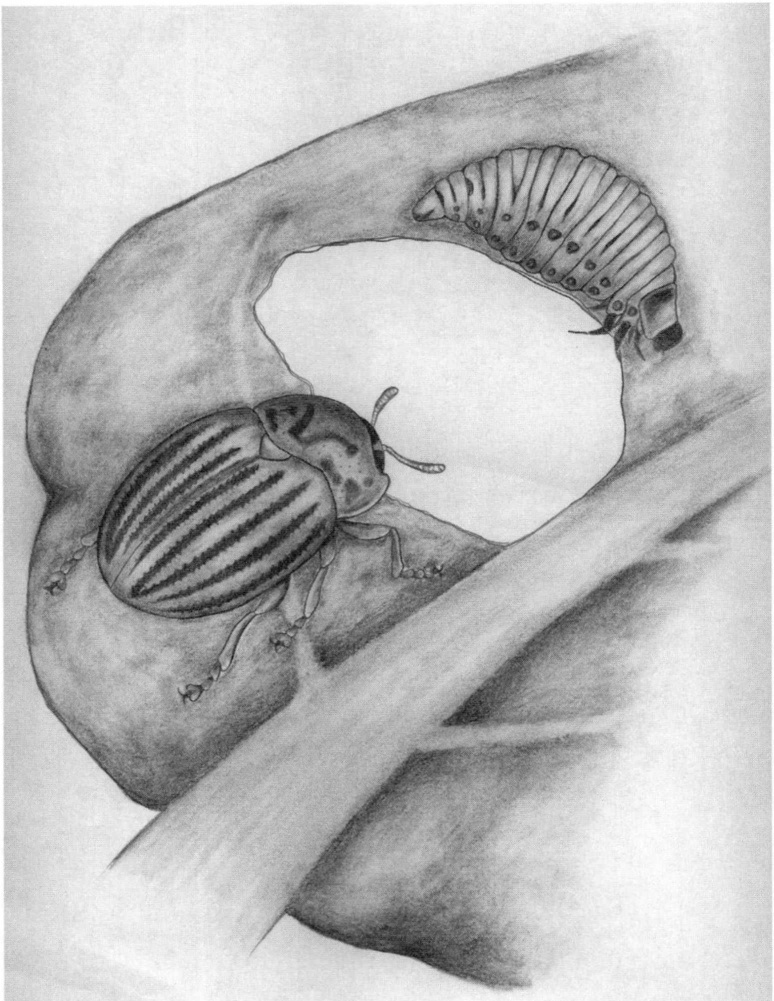

콜로라도감자잎벌레의 유충(오른쪽)과 성충(왼쪽)이 감자 이파리를 갉아먹어 구멍을 뚫어놓았다.

대평원에서는 어느 딱정벌레가 감자의 등장을 반겼다. 오늘날 콜로라도감자잎벌레라고 알려진 곤충종이다. 콜로라도감자잎벌레는 마침내 중요한 곡물인 감자에 최악의 해를 끼치는 곤충으로 떠올랐다. 에스파냐인들은 안데스 지역에서 유럽으로 감자를 들여가기도 했지만, 그와 더불어 콜로라도감자잎벌레가 미국 대평원을 덮치도록 이끈 장본인이기도 하다. 이 매력적인 이야기를 들려준 것은 루원화(Lu Wenhua, 盧文華)와 제임스 라젤(James Lazell)[9]이다. 멕시코 중부에서는 콜로라도감자잎벌레와 그 기주 식물인 가시가지(buffalo bur, *Solanum rostratum*)가 서식했다. (지금도 그런 사정은 마찬가지다.) 그런데 가시가지와 가까운 친척인 감자(*Solanum tuberosum*)는 없었다. 에스파냐인들은 16세기에 사육 소를 멕시코에 들여왔고, 1680년 무렵 멕시코 목동들은 그 소들을 텍사스 주의 우시장에 끌고 왔다. 상당수 소들의 털에는 가시가지의 가시 난 꼬투리가 붙어 있었다. 가시가지는 전파되는 곳마다 으레 그랬듯 텍사스 주에도 수월하게 정착했다. 가시가지 씨앗은 거기서부터 이동하는 물소의 털에 붙어 북쪽의 대평원까지 퍼져나갔다.

오랜 시간이 지난 뒤 콜로라도감자잎벌레는 마침내 새로운 정착민이 재배하는 감자의 이파리를 먹기 위해 가시가지를 등지기에 이르렀다. 콜로라도감자잎벌레는 감자를 먹이 식물로 삼는 데 성공하자 전에는 엄두도 내지 못하던 일을 도모할 수 있었다. 고속도로처럼 드넓게 펼쳐진 감자밭을 따라 이동하며 서서히 동쪽으로 세력을 확장해나간 것이다. 해마다 평균 약 135킬로미터의 속도였다. 콜로라도감자잎벌레는 1864년에는 일리노이 주, 1869년에는 오하이오 주, 그리고 1874년에는 대서양 연안에 도달했다. 제1차 세계대전 직후에는 유럽에 등장했으며, 눈 깜짝할 사이에 유럽 대륙 각지로 퍼져나갔다. 콜로라도감자잎벌레는 지금도 계속해서 동쪽으로 유라시아를 향해, 감자를 재배하는 곳이면 어디든 마다 않고 달려가고 있다.

옥수수 곡창 지대의 농업 생태계가 밀을 대두로 대체하면서 크게 변모한 것과 마찬가지로, 생태계는 어느 한 가지 곤충종이 있느냐 없느냐에 따라 적잖이 영향을 받기도 한다. 성요한초(캘리포니아 주에서는 서양고추나물(Klamath weed)이라 부르기도 한다)는 유럽에서 침입한 종으로, 1945년 미국 북서쪽의 방목장 2만 800제곱킬로미터를 거의 뒤덮다시피 했다. 그 식물이 토종 풀과 기타 사료용 식물을 사실상 정복한 것이나 다름없었다. 이로써 풀을 뜯어 먹기에 좋지 않은 낯선 생태계가 조성되었다. 그러나 단 하나의 곤충, 곧 참잎벌레(*Chrysolina*)로 인해 모든 게 달라졌다. 성요한초를 먹고 사는 참잎벌레를 그 식물에 대한 생물학적 억제책으로 유럽에서 도입한 것이다. 참잎벌레에 의해 성요한초는 10년 만에 방목장에서 사실상 자취를 감추었다.

오늘날 이 지역에서 수행한 생태 조사에 따르면 성요한초는 주로 그늘에서 자라며, 수효가 얼마 되지 않는 참잎벌레를 간신히 먹여 살리는 정도에 그치는 것으로 드러났다. 우리가 만약 성요한초의 생물학적 방제에 관해 알지 못했다면 이것이 그늘을 좋아하는 식물이라 양지에서는 잘 자라지 못하며, 참잎벌레는 본디 희소한 곤충이라는 잘못된 결론에 이르렀을지도 모른다. 하지만 우리는 성요한초가 탁 트인 양지 바른 방목장에서 무척이나 잘 자라며, 참잎벌레가 드넓은 방목지에서 성요한초를 덮치는 것을 보면 그들이 희소하다는 게 전혀 사실이 아님을 알 수 있다. 오늘날 성요한초는 볕이 드는 곳에서 거의 살아남지 못하지만, 이는 어디까지나 햇빛 좋은 곳에서 번성하는 참잎벌레들이 성요한초가 나타나는 족족 잽싸게 해치우기 때문이다. 응달은 성요한초에 은신처인 셈이다. 참잎벌레는 음지에서 번성하지 않고, 따라서 그들의 기주 식물을 죽일 만큼 수가 불어나지 않는 것이다. 이러한 사실을 간파한 피터 프라이스(Peter Price)는 곤충의 생태에 관해 쓴 책에서 다음과 같은 두 가지 날카로운 질문을 던졌다.[10] "그 종들의 상호 작용을 목격하지 못한다면 어떻게 그들의 생태를 제대로 이해할 수 있겠는가?" 두 번째 질문은 첫 번째에서 비롯된 것이다. "성요한초 외에 초식 동물의 압력에 굴복해 분포가 달라진 식물종은 몇이나 될까?" 우리에게는 잘 알려져 있지 않지만, 분명 초식 곤충은 세계 각지에서 수많은 식물을 그들 최적의 서식지에서 몰아냄으로써 개체 수가 팽창하지 못하도록 막고 있을 것이다.

다음 장에서 살펴볼 밀혹파리는 농업 시스템에서 훨씬 덜 극적인 조치를 통해 제어할 수 있다. 농부들이 해야 할 일이라곤 가을에 밀혹파리 암컷이 죽은 뒤 가을밀을 파종하는 것뿐이다. 어린 밀 식물에 산란할 암컷이 없다면 밀에 밀혹파리가 들끓을 까닭이 없다. 만약 우리가 밀에 가장 큰 피해를 입히는 이 해충의 생애사와 행동을 샅샅이 이해하지 못한다면, '밀혹파리 없는 날'이 언제일지 가늠하기 어려울 것이다.

18

계절과의 동시 발생

밀혹파리(Hessian Fly)

독립 전쟁이 한창이던 1779년 여름, 자신이 재배한 밀을 수확하러 나선 미국의 한 농부는 밀 작물이 심하게 망가져 있는 걸 확인했다. 낫질을 하며 밀밭을 살펴보니 수많은 밀 식물이 이미 죽어 있었다. 어떤 것은 성장이 위축되어 이삭이 팬 정상 길이의 줄기로 자라지 못했다. 이삭이 달린 줄기도 상당수가 부러져 넘어진 상태였다. 그가 살던 롱아일랜드 서쪽 끝(훗날 뉴욕시티의 브루클린과 퀸즈 자치구가 되었다)은 당시 전원 지역이었는데, 그곳의 다른 농부들도 같은 문제를 안고 있었다. 이는 그때까지만 해도 미국 농부들이 한 번도 겪어보지 못한 일이었다. 그들은 이내 그런 짓을 저지른 범인이 약 5밀리미터 길이에 불과한 작고 다리 없는 흰 벌레들이라는 것을 알아냈다. 그렇다면 이 해충은 어디에서 왔으며, 대체 어떻게 그들의 밭에까지 이르게 되었을까? 사실은 3년 전 8000명의 독일 용병〔대부분 헤센(Hessen) 출신이었다〕을 포함한 영국군이

롱아일랜드를 침략했는데, 보나마나 그 헤센인들은 잠자리에 까는 더러워진 유럽의 밀짚을 버리고 새것으로 교체했을 것이다. 이때 버려진 낡은 밀짚이 바로 문제가 된 그 곤충의 진원지였을 가능성이 크다. 새롭게 북미에 들어온 이 곤충에게는 곧바로 밀혹파리(Hessian Fly, *Mayetiola destructor*: 영문명을 문자 그대로 해석하면 '헤센 파리'라는 뜻—옮긴이)라는 이름이 붙었다. 오늘날에는 북미에서 가을밀을 재배하는 곳이면 어디서나 이 곤충을 볼 수 있다. 작은 밀혹파리는 현재 밀에 가장 큰 피해를 입히는 해충 가운데 하나다.

가을밀은 다른 곡물과 달리 봄이 아니라 가을에 씨를 뿌리고 초여름에 수확한다. 가을밀의 씨앗은 가을에 싹트는데, 약 10센티미터 정도 길이로 자라면 겨울을 대비해 동면에 들어간다. 그런데 가을밀은 보온 역할을 해주는 눈에 덮여 있기만 하면 심지어 치명적일 수도 있는 저온에서조차 끄떡없이 살아남는다. (노스다코타와 사우스다코타 주에서는 겨울에 날씨가 몹시 추운데, 적설층이 없으면 밀의 시장가가 오른다.) 가을밀은 봄에 다시 성장을 재개하고, 7월에 황금빛으로 무르익어 추수할 수 있는 상태가 된다. 앞으로 살펴보겠지만, 밀혹파리의 생애사와 습성은 바로 이 가을밀을 먹이 식물로 이용하는 데 맞춰져 있다.

카트라이트(W. B. Cartwright)와 존스(E. T. Jones)[1]가 설명한 바에 따르면, 밀혹파리는 1년에 2세대를 거친다. 가을에 나타난 성충이 이듬해 봄에 다시 등장하는 것이다. 일리노이 주 중부에서 이 시기는 각각 9월과 이듬해 4월이다. 성충은 아무것도 먹지 않으므로 겨우 사나흘밖에 버티지 못한다. 제 힘으로는 멀리까지 날아갈 수도 없다. 만약 그들이 짚더미 상태로 옮겨지지 않는다면, 멀리 퍼져나가는 유일한 방법은 바람에 실려 몇 킬로미터를 이동하는 것뿐이다. 교미를 마친 암컷은 기주 식물의 아래쪽 이파리에 평균 250~300개의 알을 낳는다. 기주 식물은 하나같이 풀과 식물의 일종인데, 북미에서는 주로 밀이고 이따금 호밀이나 보리일 때도 있다. 매우 드물긴 하나 일부 야생초일 경우도 있다. 알은 고작 0.5밀리미터 정도이고, 윤나는 붉은빛에 가느다랗고 양쪽 끝이 둥근 원통형이다. 암컷은 밀 이파리 윗면의 나란히맥(식물의 잎자루부터 잎몸 끝까지 줄줄이 서로 나란히 있는 잎맥—옮긴이) 가운데 한 개의 홈에 일렬로 붙여서 알을 낳는다. 어떤 때는 그렇게 여남은 개의 줄을 만들기도 한다. 알은 확대경으로 관찰하면 마치 소형 핫도그를 하나하나 이어 붙인 것처럼 보인다.

통상적인 온도에 따라 달라지지만, 알은 약 사흘에서 열흘에 걸쳐 부화한다. 부화한 작은 애벌레는 홈을 따라 기어가 잎집 아래에 터를 잡는다. 그들은 밀 줄기에 상처를 낸 다음 거기서 흘러나오는 액을 먹고 산다. 또 밀 식물에 굴을 파지는 않지만, 마치 노천 채굴을 하는 것처럼 밀 줄기를 갉아댐으로써 거기에 우묵한 홈을 만든다. 가을에 밀 식물이 아직 작을 때 이러한 피해를 입으면, 그 식물은 곧바로 죽거나 아니면 너무 약해져 겨울을 넘겨 살아남기 어렵다. 피해를 입은 밀 식물은 용케 살아남는다 해도 똑바로 자라지 못하고 이삭을 맺는 경우도 거의 없다. 반면 봄 세대의 애벌레 때문에 밀 식물이 죽는 경우는 매우 드물다. 하지만 그들이 줄기를 갉아먹으면 식물의 대가 약해져 이삭이 무르익어 무거워질 때 부러지고 만다.

약 2주일이 지난 뒤 애벌레는 완전하게 자란다. 그들은 제 거처에 머물면서 집파리와 똑같은 방식으로 번데기 껍데기를 만든다. 갈색 번데기 껍데기가 꼭 아마씨처럼 생겨서 이를 더러 '아마씨 단계(flax seed stage)'라고 부르기도 한다. 가을 세대는 번데기 껍데기 속에 들어 있는 애벌레 형태로 겨울을 난다. 이 애벌레는 4월에 번데기화하고 얼마 지나지 않아 성충이 된다. 봄 세대의 애벌레는 6월에 번데기 껍데기를 만들지만 싹이 난 가을밀 식물에 산란하기 좋은 때인 9월에 이르러서야 성충이 된다. 7월 초에 밀을 수확하고 나면, 밭에 남은 밑동 부분에 수많은 번데기가 살아남는다. 설령 농부가 밀을 수확하고 나서 단기 식육 작물로 대두를 심어 이모작을 한다 해도, 밀 밑동을 쟁기질로 뒤집어 묻어 버리지 않는 한 번데기는 끝내 살아남을 것이다.

일단 밀혹파리가 밭을 덮치고 나면 이들을 제어하기 위해 할 수 있는 일은 아무것도 없다. 잎집 아래 안락한 은신처에 몸을 숨긴 애벌레는 그 어떤 위해도 입지 않게끔 안전하게 보호받으므로 살충제를 친다 한들 아무런 소용이 없는 것이다. 유일한 방법은 처음부터 밀혹파리가 밭에 침입하지 못하도록 막는 것뿐이다. 밀혹파리를 견디는 밀 품종이 개발되자 처음에는 피해 발생 정도가 대폭 줄었다. 그러나 자연선택과 진화로 인해 상황은 곧바로 달라졌다. 밀혹파리에 내성을 지닌 두어 개의 밀 품종에서 살아남고, 게다가 크게 번성할 수 있는 새로운 종족이 등장한 것이다. 따라서 밀혹파리에 내성을 지닌 밀 품종도 처음만큼 보호받기 어려워졌다. 다행히 밀혹파리의 자연사에 관한 철저한 지식에 힘입어 밀혹파리의 가을 세대가 가을밀을 해치지 않게끔 막아주는 확실하고도 품격 있는 해법이 제시되었다.

그 해법은 다름 아니라 마지막 밀혹파리 성충이 산란하고 죽을 때까지 밀 식물이 자라지 않도록 가을에 충분히 기다렸다가 밭에 씨를 뿌리는 것이다. 이는 밀혹파리 성충이 거의 한꺼번에 번데기 껍데기에서 나오며, 먹이를 먹지 않으면 단 며칠밖에 살지 못하므로 가능한 일이다. 다행히 모든 밀혹파리가 죽고 나서 가을밀 씨앗을 뿌려도 문제 될 정도로 파종 시기가 늦어지는 경우란 없다. 밀을 심기에 안전한 날을 뜻하는 '밀혹파리 없는 날(fly-free date)'은 밀밭이 자리한 위도에 따라 다르다. 당연히 생장철이 짧은 고위도 지방은 더 이르고, 생장철이 긴 저위도 지방은 더 늦다. 곤충학자들은 위스콘신 주와 접한 북쪽 경계부터 최남단인 카이로(Cairo)까지 약 650킬로미터에 걸쳐 있는 일리노이 주를 '밀혹파리 없는 날'에 따라 13개 지대로 나누었다. 이를테면 위스콘신 주 경계 부근은 9월 18일, 일리노이 주 중부는 9월 30일, 카이로 부근은 10월 12일이 '밀혹파리 없는 날'이다.[2]

사람들은 밀혹파리와 가을밀의 계절적 주기가 일치한다는 사실을 인식하고 나서야 비로소 '밀혹파리 없는 날'이 그 곤충의 피해를 막는 데 얼마나 유용한지 깨달았다. 다시 말해 가을밀과 밀혹파리의 생물계절학(phenology)을 이해한 것이다. 생물계절학은 생물의 발달과 섭식, 교미, 산란, 기타 행동의 계절적 패턴, 즉 타이밍(timing: 행동의 효과가 극대화하도록 적기를 포착하는 기술—옮긴이)을 탐구하는 학문이다. 타이밍은 자연에 널리 만연해 있다. 전도서 3장 1~8절에도 이와 관련한 내용이 실려 있다. "천하에 범사가 기한이 있고 모든 목적이 이룰 때가 있나니, 날 때가 있고 죽을 때가 있으며 심을 때가 있고 심은 것을 뽑을 때가 있으며……."

밀혹파리의 삶은 생태계에 속한 다른 모든 유기체의 삶과 마찬가지로 4차원이다. 다시 말해 모든 유기체는 3차원적 공간에서의 위치 그리고 네 번째 차원인 시간에서의 위치를 갖는다. 그런데 이 둘은 그들이 제 삶을 기대고 있는 생태계에서 끊임없이 살아남고 번성하는 데 중요하다. 한 곤충의 다양한 활동에 유리한 시간은 기본적으로 기후에 좌우되지만, 그뿐 아니라 결국에 가서는 배우자, 먹잇감, 거처 같은 자원의 이용 가능성 그리고 포식자를 비롯한 적들에게서 피신할 필요성 따위에도 영향을 받는다. 낮의 길이나 기온 같은 계절적 요인은 곤충들로 하여금 같은 종에 속한 성원들에게 가장 좋은 시간에 휴면 종료, 교미, 산란 따위의 행위를 하도록 촉구하는 신호다. 아래에서 알 수 있듯 한 곤충의 생애 주기는 다른 수많은 유기체의 생애 주기와 조화를 이룬다. 이러한 계절적 관계는 생태계를 이루는 더없이 다양한 식물, 곤충, 그 밖의 유기체가 공존하고 통합할 수 있도록 돕는다.

북미산 콩잎벌레와 그 기주 식물(모두 콩과 식물의 종류) 사이의 생물계절학은 타이밍의 중요성을 단적으로 보여주는 사례다. 아시아 대두는 미국 중서부에서 재배하기 시작하고 얼마 지나지 않아 콩잎벌레의 기주 식물 가운데 단연 최대 수효를 자랑하는 존재로 떠올랐다. 콩잎벌레는 지천인 데다 어마어마하게 많은 대두를 먹고 개체 수가 말도 못하게 불어났다. 콩잎벌레의 토종 기주 식물, 즉 서양도깨비바늘과 아메리카새콩 그리고 강낭콩(북미 사람들이 최초로 재배한 토종 콩과 식물) 따위는 극소수만 살아남았는데, 그들이 먹여 살리기에는 집단이 너무 방대해졌기 때문이다.

콩잎벌레 성충은 4월에 울타리 주변 땅이나 조림지 같은 월동지를 떠나지만, 대두는 5월에야 파종하고 땅에서 싹이 나오는 것은 5월 말이나 6월 초다. 콩잎벌레는 대두의 싹을 먹고 그 기저 근처 땅바닥에 알을 낳으려면 한 달 남짓 기다려야 한다. 그동안 그들은 콩과의 클로버나 알팔파 들판에서 먹잇감을 찾아 먹으며 살아남는다. 찰스 헬름(Charles Helm)과 동료들[3]이 발견한 바에 따르면, 그들은 심지어 쐐기풀, 야생 사철나무(*Euonymous*) 같은 일부 비(非)콩과 식물까지 받아들인다. 그러나 이런 식물에는 어떤 것에도 알을 낳지 않고, 대두의 싹이 땅 위로 솟아오르기만 오매불망 기다린다. 타이밍은 면밀하게 이루어지며 대단히 중요한 영향을 끼친다. 마르코스 코건(Marcos Kogan)과 나[4]는 1974년 봄의 이례적으로 습한 날씨가 우리 지역의 대두 파종을 크게 지연시켰을 때 타이밍이 얼마나 중요한지 확실히 알았다. 콩잎벌레는 평년처럼 4월에 활개를 쳤다. 그러나 대두는 평년보다 2개월 남짓 늦은 6월 말과 7월 초가 되어서야 간신히 싹을 틔웠다. 콩잎벌레는 그들이 새롭게 기주 식물로 택한, 원래는 엄청나게 많았던 대두가 나타나지 않자 알도 낳기 전에 거지반 굶어 죽었다. 개체 수도 급속도로 줄어 이어진 2년 동안 이례적으로 낮은 상태를 유지했다. 그러나 일부 콩잎벌레 집단은 희귀한 토종 콩과 식물 속에서 요행히 살아남았다.

캐럴 오그스퍼거(Carol Augspurger)[5]가 파나마에서 실시한 멋진 실험은 생물계절학의 중요성을 실증적으로 보여준다. 그녀는 숲의 관목이 그 종에 속한 다른 구성원과 거의 동시에 꽃을 피움으로써 생식과 관련해 엄청난 이득을 본다는 사실을 밝혀냈다. 히반투스속(*Hybanthus*)에 속하는 이들 관목은 우기에 수많은 꽃봉오리를 맺지만, 이어지는 건기 동안 폭우가 내리고 일주일이 지나서야 꽃망울을 터뜨린다. 현재 일리노이 대학 식물생물학과에 재직하는 식물생태학자 오그스퍼거는 인공 강우를 이용해 일부 관목이 같은 종에 속한 다른 구성원과 동시에 개화할 수 있도록 유도했다. 그녀는 건기에 최초의 비가 내리기 전 7시간가량 스프링클러로 관목에 물을 주었다. 천연 강우 뒤 같은 종의 다른 구성원과 동시에 개화한 관목은 저마다 평균 658개의 씨앗을 맺은 반면, 인공 강우로 같은 종의 다른 구성원과 동시에 개화하도록 유도한 관목은 각각 평균 62개의 씨앗만을 맺었다. 종자식물의 진화적 적합도, 즉 생식의 성공은 응당 살아남을 수 있는 성숙한 씨앗, 곧 자손을 얼마나 많이 생산하느냐에 따라 판가름 난다.

히반투스속의 관목이 얼마나 많은 씨앗을 만들어내느냐는 주로 꿀벌을 비롯한 곤충이 그들의 꽃 가운데 얼마나 많은 수를 수분하느냐에 달려 있다. 또 그보다는 좀 덜하지만, 생태학자들이 '씨앗 포식자'라고 부르는 곤충이 발달 중인 씨앗 가운데 얼마나 많은 수를 파괴하느냐에도 달려 있다. 오그스퍼거는 종의 주류 집단과 동시에 개화한 관목에서는 78퍼센트가 수분되었지만, 동시에 개화하지 않은 관목에서는 불과 40퍼센트만이 수분되었음을 보여주었다. 동시에 개화하지 않은 관목은 동시에 개화한 관목보다 수분 담당 곤충의 눈에 띌 가능성이 낮고, 씨앗 포식자에 의해 파괴될 소지는 많았다. 그녀는 씨앗 포식자에 의한 피해 정도는 생태학자들이 말하는 이른바 '포식자 포만(predator satiation)' 때문에 나타난다고 주장했다. 포식자 포만이란 그 계절에 먹잇감(이 경우에는 히반투스속의 씨앗)이 너무 많아 포식자들이 그걸 모두 해치우기도 전에 보는 것만으로도 지레 포만감을 느끼는 것을 말한다.

맛 좋은 검은제비꼬리나비가 유독한 나비를 의태함으로써 식충 새들로부터 스스로를 보호하는 것처럼 그 밖의 곤충들(주로 파리, 특히 꽃등에)도 유독한 쏘는 곤충 모델(주로 말벌·호박벌)을 의태함으로써 이득을 본다. 이들 의태 곤충과 그들이 모델로 삼는 곤충의 생물계절학은 '의태의 법칙'과 상반된다. '의태의 법칙'에 따르면, 의태 곤충은 모델 곤충의 수가 가장 많을 때 '수많은 군중의 일원이 되는' 전략을 통해 새들로부터 가장 잘 보호받을 수 있다. 나와 조 셸든(Joe Sheldon)[6]이 발견한 바에 따르면, 적어도 북미에서는 의태하는 일부 꽃등에—꽃등에 가운데 가장 속임수에 능한 종은 심지어 곤충학자마저 속일 만큼 '원래 것과 똑같이' 흉내를 낸다—가 한여름이 아니라 오직 봄에만 성충으로서 존재한다. 한여름은 모델 곤충이 꽃등에보다 훨씬 더 수가 많은 때인 반면, 봄은 꽃등에가 모델 곤충보다 개체 수가 더 많아지는 때다. 말벌과 호박벌 군체는 다른 꿀벌이나 개미 군체와 달리 가을에 서서히 소멸한다. 유일한 생존자는 교미한 여왕벌뿐인데, 여왕벌은 겨울을 나고 이듬해 봄에 새로운 군체를 일군다. 따라서 봄에는 모델 곤충이 거의 없지만, 군체가 급속도로 성장하므로 한여름이 되면 쏘는 모델 곤충의 개체 수는 기하급수적으로 불어나 최고조에 달한다.

의태 곤충은 꿀 제공 식물이 무성해지는 때이자 자기 자녀인 유충들—촉촉하게 썩은 나무의 속이나 나무 구멍에 고인 물속에서 살아간다—한테 이로운 습한 계절, 즉 봄과 시기를 맞춤으로써 이득을 본다. 그런데 이들 의태 곤충은 과연 어떻게 봄에 살아남을 수 있을까? 봄은 그들이 모델 곤충보다 수가 더 많아지는 때인 데다 굶주린 식충 새 떼가 남쪽의 월동지에서 돌아와 활발하게 활동할 때인데 말이다. 답은 이렇다. 즉 새들은 전년도 여름에 말벌이나 호박벌한테 호되게 당한 고통을 기억하고 있으며, 따라서 의태 곤충을 진짜 말벌이나 호박벌이라고 착각해 슬슬 피한다. 한여름에 어린 새들은 말벌이나 호박벌 피하는 법을 재빨리 익힌다. 새끼들이 부모 곁을 떠나 제 힘으로 사냥할 때는 의태 곤충의 모델인 쏘는 곤충은 무수히 많고, 그들의 학습 경험을 희석해줄 무해한 의태 곤충은 거의 없기 때문이다. 많은 연구자들은 일부 조류종의 기억력이 놀랄 만큼 좋다는 사실을 밝혀냈다. 가령 미리엄 로스차일드(Miriam Rothschild)[7]는 포획 까마귀가 9개월 동안 보지 못한 독성 곤충을 한눈에 알아보고 거부하는 것을 확인했다. 또 다른 연구자들에 따르면, 어떤 새는 장장 15개월 동안 보지 못한 유해 곤충을 거부하기도 했다.

서로 이익을 주고받는 포식성 개미와 북미산 검은열매벚나무(black

cherry tree)의 상호 작용은 생물계절학의 동기화(同期化)를 더할 나위 없이 잘 보여주는 사례다. 검은열매벚나무는 개미를 유인하기 위해 어린 이파리에 있는 샘에서 개미가 혹하는 먹잇감인 달콤한 꿀을 분비한다. 개미는 이에 대한 화답으로 그 나무의 이파리를 먹고 사는 식엽 곤충을 죽이거나 잡아먹는다. 그 곤충들 가운데 가장 큰 피해를 입는 것은 천막벌레나방(tent caterpillar)의 유충인데, 이들은 검은열매벚나무의 아귀(가지의 갈라진 부분—옮긴이)에 쳐놓은 커다란 흰 명주 천막 속에서 거대한 군체를 이룬다. 데이비드 틸먼(David Tilman)[8]은 이렇게 기록했다. "싹이 튼 첫날 나는 몇 가지 사건을 관찰했다. 꿀을 찾아다니던 개미가 천막벌레나방 1령충을 만나자, 턱으로 그걸 낚아채 제 둥지로 가져간 것이다." 틸먼이 이틀 후 다시 그 장소를 찾았을 때, 그 군체에 속한 천막벌레나방 애벌레는 단 한 마리도 보이지 않았다. 이어진 2주 동안 수차례 비슷한 관찰을 되풀이한 결과, 그는 개미가 작은 1령충 애벌레 군체를 모조리 파괴한다는 것을 알아냈다. 개미는 둥지가 가까이 있을 경우 검은열매벚나무에 살고 있는 천막벌레나방 애벌레를 속속들이 제거했다. 틸먼이 그 계절 후반부에 확인한 바에 따르면 개미 둥지가 약 10미터 이내에 있을 경우, 검은열매벚나무 묘목 81그루 가운데 계속해서 천막벌레나방 애벌레 군체에 점령당한 것은 단 하나도 없었다. 그러나 개미 둥지에서 25~40미터 떨어져 있는 검은열매벚나무의 경우에는 267그루 가운데 52그루가 천막벌레나방 애벌레 군체한테 피해를 입었다. 이들 애벌레는 크고 먹성이 좋아 어린 나무의 이파리를 깡그리 말려 죽일 수 있다. 싹이 나고 약 3주쯤 지났을 무렵, 한 검은열매벚나무를 차지한 천막벌레나방 애벌레들은 완전히 제거되거나, 아니면 개미로서는 감당을 못할 만큼 덩치가 너무 커져버리거나 둘 중 하나였다. 이렇게 되면 개미는 더 이상 나무에 유용한 존재가 아니다. 검은열매벚나무는 이쯤에서 생산하기 버거운 꿀 분비를 중단하고, 전에는 떼 지어 몰려오던 개미 역시 좀처럼 그 나무를 찾지 않았다.

나무, 애벌레, 조류로 이어지는 먹이사슬은 줄곧 유지된다. 이들 유기체는 생물계절학적으로 서로 엇비슷하게 동시 발생하기 때문이다. 먹이사슬은 봄에 시작된다. 따뜻함에 자극받은 참나무나 단풍나무가 싹을 틔우고, 처음에는 생쥐의 귀처럼 앙증맞은 새 이파리들이 서서히 피어나기 시작한다. 다른 여느 유기체도 그렇지만 참나무는 적들한테 포위당한다. 그 상당수는 식엽 애벌레다. 이파리는 아주 어릴 적에는 영양성분이 풍부하지만 곤충에 맞서 스스로를 온전히 방어하지 못한다. 그러나 점차 성장하면 폴 피니(Paul Feeny)[9]가 실증적으로 보여준 대로, 대다수 곤충이 씹어 먹기엔 너무 뻣뻣해지고, 단백질 함량이 반 토막 나고, 단백질 소화를 방해하는 타닌산(tannin) 함량이 늘면서 영양적 가치도 형편없어진다. 영국에서 겨울물결자나방(winter moth) 애벌레는 여린 이파리를 먹을 경우 번데기 무게가 평균 30밀리그램이었는데, 쉰 이파리를 먹었을 경우에는 고작 10밀리그램에 불과했다. 능히 예상할 수 있듯 수많은 곤충(그중 하나가 북미산 자벌레다)이 봄에 어린 참나무 이파리를 먹는다. 하지만 늙은 참나무 이파리를 먹는 곤충은 거의 없다.

존 슈나이더(John Schneider)[10]에 따르면, 많은 봄 애벌레들이 늘 정확하게 발아와 동시성을 보이지는 않는다. 싹의 발달과 사뭇 다르게 알에서의 발달 속도가 변화무쌍한 봄 기온에 영향을 받는 탓이다. 그런데 기주 식물과의 동시성에서 벗어나는 것은 애벌레에게나 다른 여느 곤충에게나 재앙이 아닐 수 없다. 만약 사나흘 일찍 등장한다면 배를 쫄쫄 곯다가 죽어갈 테고, 너무 늦게 나타난다면 성장을 모두 마치기도 전에 이파리가 그들이 먹기엔 너무 쇠어버릴 것이다. 애벌레들은 뻣뻣한 이파리를 먹으면 살아남지 못할 가능성이 많으며, 용케 살아남는다 해도 옳게 성장하지 못하고 정상치보다 작은 알을 낳을 것이다. 그러나 가을자벌레(fall cankerworm)는 4월 중순경 이파리가 나오는 아메리카꽃단풍, 그리고 그로부터 일주일 정도 늦게 이파리가 나오는 큰떡갈나무와 이중으로 동기화하는 법을 발달시켰다.

가을자벌레는 적어도 두 가지 상이한 클론을 지닌다. 첫 번째 클론에 속한 구성원은 아메리카꽃단풍이 싹트는 때에 맞춰 일찌감치 알에서 부화하며, 두 번째 클론은 큰떡갈나무가 싹트는 때에 맞춰 그보다 늦게 부화한다. 가을자벌레가 어떻게 이런 일을 해내는지 이해하려면, 이를 가을자벌레의 생애 주기라는 맥락에 비추어 살펴보아야 한다. 가을자벌레는 알 단계일 때 기주 식물의 나무껍질 속에서 월동한다. 봄에 알에서 부화한 유충은 3~4주 동안 먹이를 먹고 난 뒤 기주 식물 부근의 땅속으로 굴을 파고 들어가 거기에서 번데기 단계로 탈바꿈한다. 날개 있는(유시) 수컷과 무성 생식하는 날개 없는(무시) 암컷이 가을에 등장한다. 이상하게 보일는지 모르지만, 가을자벌레의 암컷은 무성 생식하는 다른 여느 곤충과 달리 수컷과 교미하고서 알을 낳는다. 하지만 수컷의 정액은 알을 수정하지 않는다. 그러므로 후손은 모두 암컷의 클론이다. 따라서 암컷 후손은 유전적으로 정확히 어미와 판박이며, 알은 그 클론 특유의 봄 어느 때—이를테면 아메리카꽃단풍 클론의 알은 이르게, 큰떡갈나무 클론의 알은 그보다 좀 느리게—부화할 것이다.

밤색가슴솔새(bay-breasted warbler), 붉은빰솔새(Cape May warbler), 검은머리솔새(blackpoll warbler), 블랙번솔새(blackburnian warbler) 같은 일부 식충 조류가 북쪽으로 이동하는 시기는 대체로 어린 이파리가 나오는 시기, 그리고 애벌레가 풍족해지는 시기와 동시성을 띤다. 어느 해에는 이동하는 조류가 애벌레를 실컷 포식할 수 있는 시기에 맞춰 일리노이 주 중부에 도착한다. 그러나 북쪽으로 이동하는 현상은 예상 밖의 변덕스러운 날씨에 영향을 받으므로 어느 해에는 너무 빨리, 혹은 너무 늦게 도착하기도 한다.

많은 곤충학자들은 곤충의 최대 적은 바로 곤충 자체라고 말하곤 한다. 실제로 모든 곤충종은 그들에게 기생하거나 혹은 그들을 잡아먹는 다른 곤충에 둘러싸여 있다시피 하다. 기생 곤충 그리고/혹은 포식자는 흔히 곤충의 개체 수를 억제하는 가장 확실한 요인이다. 이런 사실을 가장 극적으로 보여주는 것은 수많은 성공적인 생물학적 방제 사례다. 다시 말해, 해충을 억제하기 위해 기생 곤충이나 포식자를 동원하는 방법이다. 최초이자 가장 성공적인 생물학적 방제는 바로 캘리포니아감귤깍지벌레를 제어하기 위해 오스트레일리아산 무당벌레를 캘리포니아 주에 도입하고 정착시킨 사례다. 캘리포니아감귤깍지벌레는 우연히 오스트레일리아에서 캘리포니아 주로 유입되어 그곳 감귤류 과수원을 완전히 망가뜨릴 조짐을 보이고 있었다. 다음 장에서는 이 놀라운 이야기가 어떻게 펼쳐졌는지 살펴보려 한다.

19

곤충으로 다른 곤충 방제하기

캘리포니아감귤깍지벌레(Cottony Cushion Scale)

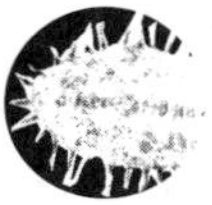

1886년 10월 어느 날, 15년 전 포도나무뿌리진디의 위협으로부터 프랑스 포도주 산업을 구제해준 찰스 밸런타인 라일리가 캘리포니아 주 감귤류재배농연합이 개최한 대회에서 연설을 했다. 주제는 이제 막 걸음마 단계인 감귤류 산업을 초토화시킬 기세인 골치 아픈 곤충에 관한 것이었다. 그 곤충으로 인한 재앙이 이 오렌지 과수원에서 저 오렌지 과수원으로 들불처럼 번져가고 있었다. 그건 다름 아닌 캘리포니아감귤깍지벌레였다. 영문명 'cottony(솜 같은) cushion(쿠션) scale(깍지벌레)'은 이 벌레가 생애 대부분 기간 동안 하얀 왁스 실로 뒤덮여 있기 때문에 붙은 것이다. 아울러 암컷이 제 몸에 내내 붙여두는 왁스로 덮인 '쿠션' 모양의 알 덩어리를 만들어내기 때문이기도 하다. 캘리포니아 대학교 리버사이드 캠퍼스에 재직하는 곤충학자 폴 디배치(Paul DeBach)[1]는 관찰을 통해, 캘리포니아감귤깍지벌레에게 피해를 당한 나무는 알 덩어리를 온통 뒤집어쓰고 있어 마치 눈이 쌓인 것처럼 보인다고 말했다. 한 감귤류 재배농은 자신의 과수원을 덮친 대재앙에 대해 이렇게 회고했다. "흰 깍지벌레들이 흉측한 나병처럼 우리 오렌지나무를 뒤덮었다. 그들은 놀라운 기세로 번져나갔고, 그 같은 분위기가 내내 이어진다면 북미 대륙 전역에서 몇 년 내로 감귤류 재배는 끝장날 판이었다."[2] 라일리가 캘리포니아감귤깍지벌레를 일거에 제거하는 멋진 전략을 고안해내기 전의 일이다.

한 텔레비전 살충제 광고에는 잔뜩 혼란에 빠진 한 사람이 등장한다. 두루 적용할 수 있는 해충 방제법을 희망하면서 그는 이렇게 말한다. "저는 살충제 이름 따윈 알고 싶지 않아요. 그저 해충을 없애기만 바랄 따름이죠." 그러나 곤충학자들은 이 사람처럼 어리석지 않다. 모든 종은 저마다 독특하므로 모두에게 두루 적용할 수 있는 만병통치약이란 없다. 방제 프로그램은 필히 맞춤형이어야 한다. 따라서 해충에 대해 더 많이 알면 알수록 그에 더 잘 맞는 해법을 찾아낼 가능성도 높다. 그러므로 그 곤충이 무엇인지 식별하고 이름을 알아내는 것은 매우 중요한 첫걸음이다. 그런 다음 도서관에 가서 책을 뒤적이거나 인터넷에서 정보를 검색해 그 해충에 대해 이미 알려진 사실을 파악해야 한다. 라일리와 동료들은 일단 그 곤충이 캘리포니아감귤깍지벌레(*Icerya purchasi*)임을 확인한 다음, 그들이 고향인 오스트레일리아에서는 결코 파괴적일 정도로 수가 많지 않다는 사실을 알아냈다. 차차 살펴보겠지만, 라일리[3]는 이 같은 지식과 그 자신의 연구 결과를 토대로, 1889년 자생력 있는 한 가지 방제법을 고안했다. 그 방법은 캘리포니아 주에서 캘리포니아감귤깍지벌레를 거의 근절했으며, 그때 이후 지금까지 100년 넘게 그 곤충을 잘 억제해주고 있다.

캘리포니아감귤깍지벌레는 6000여 종에 달하는 대부분의 여느 깍지벌레와 마찬가지로, 일부 생물학자들이 말하는 이른바 '퇴행적 진화(retrogressive evolution)'를 겪었다. 무슨 말인고 하니, 1령충과 성충 수컷을 제외하고는 그들 자신의 특이한 생활 양식에 맞춰 신체 구조가 되레 단순해진 것이다. 깍지벌레는 흔히 '식물 기생충'이라 부르기도 한다. 생애 대부분 시기에 이동하지 않는 정착 생활을 하고, 음식을 빠는 구기가 먹이 식물의 조직에 영원히 붙박여 한 장소에 고정되어 있기 때문이다. 깍지벌레는 하나의 작은 몸체에 불과하다. 캘리포니아감귤깍지벌레의 경우는 하얀 왁스 실이 몸 전체를 뒤덮고 있고, 깍지벌레과의 경우는 몸에서 분비되는 왁스 깍지가 마치 캠핑객의 2인용 텐트처럼 몸 전체를 둘러싸고 있다.

대부분, 아니 모든 깍지벌레의 암컷이 그런 것처럼 캘리포니아감귤깍지벌레의 성충 암컷도 휘발성의 성페로몬을 방출해 날아다니는 작은 성충 수컷을 유인한다. 성충 수컷은 흔적 기관일 뿐이라 액즙을 빨아 먹는 데밖에 쓰지 못하는 구기 외에 통상적인 부속지를 모두 갖고 있다. 교미한 암컷은 왁스에 싸인 알 덩어리, 즉 자그마치 1000개나 되는 연붉은색 알로 이뤄진 이른바 '쿠션'을 낳는다. 알은 부화하기까지 기온에 따라 최소 며칠에서 최대 몇 주까지 걸린다. 알이 부화하고 나면 눈·촉수·다리·구기 달린 약충이 등장한다. 민첩하고 활동적이어서 '크롤러(crawler: '기어 다니는 자'라는 뜻—옮긴이)'라고 알려진 약충은 정착할 장소를 물색한다. 깍지벌레는 전 생애 주기 가운데 오직 이 단계에서만 다른 지역으로 옮아갈 수 있다. 그들은 마침내 일정한 장소에 자리를 잡는다. 모든 나이대의 암수 약충과 성충 암컷이 여생을 살아갈 곳이다. 이어서 그들은 최초의 탈피를 거친다. 아울러 그 과정에서 구기를 뺀 모든 부속지를 잃어버리고, 제 몸을 장식해줄 왁스 실을 분비한다. 그들은 열심히 먹이를 먹으며 여러 차례 탈피를 거친 뒤 결국 성충이 되고, 이로써 새로운 생애 주기를 시작한다.

버지니아 폴리테크닉 대학의 곤충학자 마이클 코즈타랩(Michael Kosztarab)[4]은 깍지벌레가 무엇에 소용되는지 살펴보았다. 그는 깍지벌레가 식물에 해를 끼치는 악명 높은 해충이지만, 역사적으로 비슷한 크기의 다른 여느 곤충 집단보다 상업적으로 유익한 존재였음을 알아냈다. 붉은 염료(red dye)는 몇몇 유라시아산 깍지벌레의 성충 암컷으로, 특히 손바닥선인장(prickly pear cactus: '부채선인장'이라고도 한다—옮긴이)을 먹고 사는 북미산 연지벌레(cochineal scale)로 만들었다. 잉카족은 코치닐(cochineal: 연지벌레 성충 암컷의 분말—옮긴이) 추출물로 예복을 물들였고, 아즈텍족 최후의 황제 몬테수마(Montezuma)는 노예들에게 세금의 일부를 연지벌레 염료(연지벌레를 말려서 가루로 만든 것)로 내라고 요구했다. 카나리아 제도와 중남미에서는 지금도 주로 사탕 등 여러 식품을 물들이는 데 쓰는 카민레드(carmine red)라는 상업용 염료의 원료를 얻기 위해 연지벌레를 키운다. 랙(lac)은 인도와 버마에서 나뭇가지를 뒤덮고 있는 한 아시아산 깍지벌레의 분비물로, 셸락(shellac: 니스를 생산하는 데 사용하는 천연 수지—옮긴이)과 봉랍(sealing wax: 편지, 포장, 병 따위를 봉해서 붙이는 데 사용하는 수지질의 혼합물—옮긴이)을 만드는 데 사용되며, 그 밖에 수많은 물질의 구성 요소이기도 하다. 역사가 수천 년은 족히 되었을 고풍스러운 랙 산업은 아시아에서 여전히 중요한 수출 품목이다. 깍지벌레의 분비물은 지금까지 쓰임새가 다양했다. 예를 들어, 구대륙에서는 초를 만드는 데 썼다. 아메리카 원주민은 방수 양동이를 만드는 데 사용했으며, 깍지가 달콤한 꿀로 뒤덮여 맛이 있는지라 껌처럼 씹기도 했다.

다시 캘리포니아감귤깍지벌레로 돌아가보자. 당시에는 사용 가능한 살충제의 종류가 얼마 되지 않았으며, 그중 이 무시무시한 해충을 제대로 상대할 만한 것도 없었다. 그러나 라일리는 그들을 방제하는 데 끝내 성공한다. 캘리포니아감귤깍지벌레의 생태에 관한 그 자신의 연구, 그리고 무엇보다 그 곤충이 캘리포니아 주에서는 어마어마하게 득실대지만 제 고향인 오스트레일리아에서는 개체 수가 얼마 되지 않고 경제적으로도 그리 주목받는 존재가 아니라는 사실에 착안해 마침내 멋진 결실을 맺는 아이디어를 얻었다. 캘리포니아감귤깍지벌레가 오스트레일리아에서는 기생 곤충이나 포식자 등의 천적에 의해 제압되었는데, 캘리포니아 주에 우연히 도입될 때는 천적까지 함께 들어오지 않았으리라고 가정한 것이다. 라일리는 이를 토대로 오스트레일리아에 있는 천적 곤충 집단을 캘리포니아 주에 들여와 자리 잡게 하면 캘리포니아감귤깍지벌레를 억제할 수 있을 것이라고 주장했다.

라일리는 캘리포니아 감귤류재배농연합에 이와 같은 전략을 제안했다. 오늘날 '생물학적 방제'라고 일컫는 방법이었다. "여러분 가운데 상당수는 틀림없이 이렇게 생각할 수 있을 겁니다. 본거지인 오스트레일리아에서 세로줄 있는 이 깍지벌레를 억제하는 데 기여한 기생 곤충을 들여오는 조치는 더없이 바람직하다고 말입니다. ……이 주(캘리포니아 주—옮긴이), 아니 심지어 로스앤젤레스 카운티조차 오스트레일리아에 전문가를 한 사람 보내 그곳에서 기생 곤충에 대해 연구하고, 그들을 인위적으로 들여오는 데 예산 수천 달러를 책정할 여력은 있습니다."[5] 결국 이 일은 연방 기금을 사용함으로써 성사되었는데, 그것은 라일리가 곧바로 제기된 난관을 극복하고서야 가능했다. 캘리포니아감귤깍지벌레를 제어한 곤충은 기생 곤충이 아니라 포식성 무당벌레의 일종인 베달리아무당벌레였던 것이다. 어쨌든 검은색과 붉은색이 어우러진 이 베달리아무당벌레의 도입은 놀랄 만한 성공을 거두었다.

라일리는 독일 출신 이민자이자 유능한 동료인 앨버트 쾨벨레(Albert Koebele)를 오스트레일리아에 파견해 캘리포니아감귤깍지벌레의 천적을 발견하고, 그것을 캘리포니아 주로 들여오게 하고 싶었다. 그렇지만 미국 의회가 거기에 필요한 예산을 승인해주지 않으면 어쩌나 우려했다. 라일리의 걱정은 현실이 되었다. 의회가 농무부의 예산 지출 법안에 공무원의 해외여행을 금지하는 조항을 추가한 것이다. 기실 이 조항은 라일리를 겨냥한 것이었다. 그의 잦은 유럽 시찰은 정부 자금으로 이뤄지고 있었기 때문이다. 그러나 라일리는 결국 의회의 해외여행 금지 조항을 피해갈 수 있었다.

라일리는 쾨벨레가 오스트레일리아에서 수행한 작업에 대해 정리한 보고서를 소개하며 이렇게 적었다.

> 우리는 이 목적에 쓰일 예산을 의회로부터 확실하게 얻어내지도 못했고 …… 미국 내로만 여행을 제한한다는 조항을 삭제하지도 못했습니다. 하지만 국무부의 배려에 힘입어 끝내 성과를 거둘 수 있었습니다. 멜버른 박람회에 파견된 위원단에 농무부 곤충과 소속 공무원 2명을 일시적으로 합류시키고, 그들이 미국 밖에서 사적으로 쓴 비용을 위원단이 2000달러 한도 내에서 돌려주겠다는 약속을 받아낸 것입니다.[6]

쾨벨레는 오스트레일리아에서 캘리포니아감귤깍지벌레가 드물고 발견하기도 쉽지 않다는 것을 확인했다. 하지만 애들레이드(Adelaide: 오스트레일리아 남부의 도시-옮긴이)의 어느 정원에서 오렌지나무에 붙어 살아가는 캘리포니아감귤깍지벌레와 베달리아무당벌레 몇 마리를 발견할 수 있었다. 쾨벨레는 이렇게 적었다. "나는 거기서 처음으로 커다란 캘리포니아감귤깍지벌레의 암컷을 잡아먹는 무당벌레를 발견했다. 머잖아 미국에서 유명세를 타게 될 베달리아무당벌레(*Vedalia cardinalis*)였다."[7] 그는 다른 곳에서도 베달리아무당벌레를 더 많이 찾아냈다. 그리고 1888년과 1889년 다수의 베달리아무당벌레를 캘리포니아 주로 보냈다. 베달리아무당벌레는 나무 상자에 실려 옮겨졌는데, 그 안에는 그들의 일용할 양식인 캘리포니아감귤깍지벌레로 뒤덮인 나뭇가지가 함께 들어 있었다. 태평양을 건너는 긴 여행 동안, 그 상자들은 얼음 위에 놓여 있었다. 베달리아무당벌레 일부는 도중에 죽었지만, 1888년 11월과 12월 그리고 1889년 1월 동안 끝내 살아남은 129마리가 로스앤젤레스의 한 오렌지 과수원에 도착했다. 쾨벨레가 오스트레일리아에서 귀국하며 가져온 또 다른 베달리아무당벌레 385마리는 다른 과수원들로 보내졌다.

베달리아무당벌레는 상자에 갇힌 채 빠르게 번식했고, 1889년 4월 초에는 상자 안 나뭇가지에서 살아가던 캘리포니아감귤깍지벌레를 거지반 먹어치웠다. 그리고 마침내 상자를 열자 베달리아무당벌레들은 근처 나무로 옮아갔다. 식욕이 왕성한 베달리아무당벌레는 처음 도입한 때부터 6개월 만에 그 로스앤젤레스 과수원의 캘리포니아감귤깍지벌레를 사실상 말끔히 해치운 뒤 근처 과수원으로 퍼져나갔다. 다른 농부들에게도 베달리아무당벌레를 배포했다. 디배치[8]가 발표한 바에 따르면, "상자를 연 지 두 달 만인 6월 12일, 베달리아무당벌레 1055마리를 208명의 농부에게 나누어주었다". 1889년 말에는 캘리포니아감귤깍지벌레가 캘리포니아 주 어디에서도 더는 위협적인 존재가 못되었다. 그

때 이후 위협이 되기에는 너무 수가 적은 캘리포니아감귤깍지벌레는 역시나 그에 상응해 개체 수가 줄어든 베달리아무당벌레에 의해 계속 낮은 상태를 유지하고 있다. 1946년과 1947년에 잠시 예외적인 상황이 벌어졌다. DDT를 무분별하게 사용한 결과, 캘리포니아감귤깍지벌레 대신 베달리아무당벌레가 거의 자취를 감춘 탓이다. 하지만 이 문제는 DDT 사용을 중단하자 이내 해결되었다.

이것은 최초의 생물학적 방제 시도는 아니지만, 놀랄 만큼 성공을 거둔 터라 전 세계적으로 커다란 반향을 불러일으켰다. 폴 디배치의 말마따나 "이 생물학적 방제법은 전 세계에 울린 총성이었다".[9] 캘리포니아주의 대성공에 고무된 전 세계 곤충학자들은 해충과 잡초를 억제하는 생물학적 방제법을 개발해왔고, 지금도 여전히 그러고 있는 중이다.

남태평양에서는 코코야자나무에 막대한 피해를 입히는 해충 코코넛나방(*Levuana*)의 애벌레가 피지(Fiji) 군도의 일부 섬들에 서식하는 코코야자나무를 거지반 죽임으로써 그동안 이 지역에 잘 자리 잡았던 중요한 코프라 산업을 망쳐놓았다. (코프라는 코코넛 오일의 원료인 말린 코코야자 과육을 말한다.) 피지 군도에는 기생 곤충이 없었으므로, 토트힐(J. D. Tothill)과 동료들[10]은 코코넛나방이 이 지역 토종이 아니며, 필시 다른 어떤 곳에서 유입되었을 것이라고 믿었다. 피지 군도를 제외한 남태평양의 여러 섬, 남아시아, 동인도 제도 따위를 조사해봤지만 코코넛나방은 발견되지 않았다. 당연히 피지 군도에 들여올 만한 생물학적 방제용 기생 곤충이나 포식자도 없었다. 토트힐이 이끄는 연구진은 방침을 바꾸었다. 그들은 대다수 기생 곤충이 여러 유관종을 동시에 이용하는 데 적응해왔음을 알고 있었다. 그래서 코코넛나방과 유연관계인 여덟무늬알락나방(*Artona*)에 기생하는 뚱보기생파리(tachinid fly, *Ptychomyia*)를 피지 군도에 들여왔다. 이는 썩 훌륭한 조치였다. 뚱보기생파리를 도입하고 3년쯤 지났을 무렵, 피지를 방문한 곤충학자들은 뚱보기생파리가 코코넛나방의 개체 수를 어찌나 크게 줄여놓았는지 현지인의 도움 없이는 그 곤충을 발견하기조차 어려웠다.

괌 대학의 곤충학자 도널드 내플러스(Donald Naflus)[11]에 따르면, 1940년 이전 어느 때인가 망고나무의 새싹, 여린 이파리, 꽃, 과실을 먹고 사는 망고슛좀벌레(mango shoot caterpillar: 망고슛나방의 애벌레—옮긴이)가 우연찮게 괌 섬에 유입되었다. 이 특별한 침입자가 어디서 왔는지 아는 사람은 아무도 없지만 그 종은 현재 아시아 열대 지방과 태평양의 섬에 널리 분포해 있다. 망고슛좀벌레는 그 원산지에서는 기생 곤충을 비롯한 천적에 의해 제어되므로 좀처럼 파괴적인 수준에까지 이르지 않는다. 기껏 해봐야 하찮은 해충에 불과하다. 그러나 괌 섬에는 기생 곤충이나 포식자가 없어 이 자그마한 곤충이 섬 전역에 마구 들끓었고, 망고나무는 열매를 거의 혹은 전혀 맺지 못했다.

그러는 동안 1986~1987년 인도 남부에서 가져와 괌 섬에 방출한 기생 곤충 2종이 성공적으로 정착했다. 블레파렐라속(*Blepharella*)의 뚱보기생파리와 유플렉트루스속(*Euplectrus*) 속의 작은 말벌이었다. 블레파렐라 암컷은 여린 망고 이파리에 작디작은 알을 수도 없이 슬어놓는데, 이 알들은 오직 망고슛좀벌레가 삼켜야만 비로소 부화한다. 부화한 유충은 자기를 삼킨 기주의 내부 조직을 파먹고 살며, 결국에 가서는 이를 죽인다. 말벌 유충은 군생하는 경향이 있는데, 망고슛좀벌레 바깥에 붙어서 체액을 빨아 먹는다. 암컷 말벌은 자기가 낳은 알을 망고슛좀벌레의 몸에다 붙이기 전, 그 기주를 쏘아서 발달하지 못하도록 막는 식으로 후손들이 살아갈 터를 닦아놓는다. 두 기생 곤충이 망고슛좀벌레의 개체 수를 대폭 줄인 결과, 1988년경 망고 과실의 수확량은 그전보다 자그마치 40배나 늘어났다.

18세기 말, 손바닥선인장을 도입한 오스트레일리아는 이 일로 결국 커다란 생태적 재난을 맞이했다. 정원수로 자라던 손바닥선인장이 재배 상태를 벗어나 엄청나게 퍼졌다. 1900년경 이 선인장은 뉴저지 주 면적의 2배에 달하는 방목지 4만 1600제곱킬로미터를 뒤덮었다. 그러던 것이 1925년에는 뉴저지 주의 약 12배에 해당하는 6000만여 에이커로 퍼져나갔다. 선인장이 계속 빠른 속도로 번지리라는 것은 불을 보듯 뻔했다. 그 영향을 받은 땅은 실제로 못 쓰게 되었다. 그 절반가량은 가시 난 선인장 넝쿨이 빽빽하게 뒤엉켜 있어 그야말로 사람도, 소도, 심지어 캥거루도 뚫고 들어가기 힘들 지경이었다. 세계에서 유일하게 선인장이 자연적으로 자라는 서반구는 이런 대량 서식에 가까운 일조차 없었다. 북미 대륙에서는 손바닥선인장이 오스트레일리아에는 없는 천적에 의해 억제되어 그저 산발적으로만 무리지어 자랄 뿐 결코 감당 못할 만큼 거대하게 뒤엉켜 성장하는 경우는 없다.

홀러웨이(J. K Holloway)[12]가 말한 대로, 오스트레일리아에서 대량 발생한 선인장은 그걸 먹고 사는 몇 가지 곤충을 북·남미 대륙으로부터 도입한 결과 끝내 뿌리 뽑을 수 있었다. 가장 효과적인 곤충은 남미에서 들어온 선인장명나방(*Cactoblastis*)이었다. 1925년과 1937년경 몇 가지 곤충종을 들여왔는데, 그들이 잘 정착해—특히 선인장명나방의 애벌레—마지막 남은 선인장 밀림까지 깔끔하게 청소한 것이다. 오스트레일리아에서는 지금까지도 손바닥선인장이 주로 선인장명나방에 의해 잘 억제되고 있어 그 무리가 어쩌다 눈에 띌 따름이다. 오늘날에는 과거 못 쓰던 땅에서 다시 소 떼와 양 떼, 캥거루들이 한가로이 풀을 뜯고 있다.

일부 곤충학자들은 내가 '생물학적 방제'라는 용어의 외연을 지나치게 확장한 것 아닌가 의문을 품곤 한다. 그 용어를 동물 똥을 처리하는 데 곤충을 도입하는 데까지 적용했기 때문이다. 물론 박테리아와 균류가 동물 똥의 최종 분해자이긴 하지만, 곤충 역시 그와 관련해 중요한 역할을 한다. 곤충이 과연 어떻게 그 일을 해내는지 단적으로 보여준 것은 오스트레일리아에서 방목지의 쇠똥을 처분하기 위해 쇠똥구리(scarab beetle)를 들여온 사례다. 오스트레일리아의 저명한 곤충학자 워터하우스(D. F. Waterhouse)는 〈사이언티픽 아메리칸(Scientific American)〉 1974년 4월호에서 그 이야기를 흥미진진하게 펼쳐 보였다.[13]

유럽과 아프리카에서는 쇠똥구리가 소나 버펄로 같은 방목 식자들의 거대하고 촉촉한 똥 무더기를 자신과 자기 유충의 먹잇감으로 이용한다. 가령 이집트의 쇠똥구리는 쇠똥이나 버펄로 똥을 큰 공 모양으로 빚어 적당한 장소로 굴려간 다음, 알 하나와 함께 땅에 묻음으로써 장차 유충들이 저마다 살아갈 수 있게끔 대비해준다. 그러나 오스트레일리아의 쇠똥구리는 작고 메마른 캥거루의 똥 알갱이만 처리할 수 있도록 적응해왔다. 캥거루는 오스트레일리아에서 유일한 토종 방목 동물이다. 영국인이 오스트레일리아에 소를 들여왔을 때, 그들의 축축하고 질척한 똥 무더기를 분해하는 데 도움을 줄 만한 쇠똥구리는 없었다. 쇠똥은 끊임없이 쌓여갔다. 박테리아에 의해 분해되기까지 몇 달, 심지어 몇 년 동안 땅바닥에 쌓인 채 꾸덕꾸덕 말랐다. 이런 상황은 소가 먹는 식물을 질식시킴으로써 목초지와 방목지의 생산성을 크게 떨어뜨렸다. 워터하우스의 설명에 따르면, 오스트레일리아의 소 3000만 마리가 날마다 약 3억 6000만 개의 똥 무더기를 쏟아냈다. 독자 여러분도 짐작했겠지만, 이 문제는 오스트레일리아가 진화 과정을 거치면서 서서히 거대하고 촉축한 소의 똥 덩어리를 처리하는 데 적응한 쇠똥구리 몇 종을 아프리카와 유럽에서 들여오자 서서히 풀리기 시작했다.

"공짜 점심 따위는 없다." 이는 노벨 경제학상 수상자 밀턴 프리드먼(Milton Friedman)이 말한 경구이자 경고다. 이 말은 거의 모든 인간 행동에 해당하는데, 곤충 방제도 여기서 예외일 수 없다. 곤충 방제에는 거의 다 숨은 비용이 포함되어 있다. 즉 새가 완전히 종적을 감춘다거나 살충제가 새로운 해충을 '창출'한다거나 하는 등의 부작용을 수반한다. 프랜시스 하워스(Francis Howarth)[14]가 예리하게 지적한 대로, 심지어 우리가 흔히 부작용이 없다고 여기는 생물학적 방제조차 두 가지 바람직하지 않은 역효과를 일으킨다. 생물학적 방제법은 직간접적으로 하나 혹은 그 이상의 비표적 유기체에 영향을 줄 수 있으며, 그에 따라 생태계 전반에 부정적 영향을 끼치는 '파급 효과'를 낳는다. 앞에서 살펴본 대로 매미나방을 억제하기 위해 유럽에서 도입한 기생파리는 최소 두 가지 대형 미국누에나방종의 개체 수를 크게 감소시켰다. 이것이 중요한 생태적 파급 효과를 낳을지 여부를 판단하기에는 이른 감이 있지만 말이다. 그런가 하면 하와이에서는 목초지를 뒤덮은 쇠똥을 제거하기 위해 도입한 몇몇 쇠똥구리가 잘 자리를 잡아 번성한 뒤, 식욕이 왕성한 포식 동물 몽구스의 개체 수가 증가했다. 몽구스는 새롭고도 풍부한 곤충 먹잇감 덕분에 수가 크게 불어났고, 이내 얼마 남지 않은 토종 새 일부를 멸종 위기로 몰아갔다. 영국에서는 아름답고 커다란 큰점박이푸른부전나비(*Masculina arion*)가 터전을 잃고 끝내 멸종했다. 일부러 들여온 바이러스가 방목을 통해 그 나비한테 유리한 서식지를 제공해주던 토끼의 개체 수를 격감시킨 결과였다.

생물학적 방제의 또 다른 역효과는 이를 위해 도입한 유기체 자신이 해충이 되어버리는 사태다. 내가 관찰한 바에 따르면, 요즘 북미 전역의 사람들, 특히 동북부 주와 캐나다 남부에 사는 사람들은 겨울을 나려고 슬그머니 집 안으로, 더러 수천 마리씩 떼 지어 몰려드는 무당벌레(*Harmonia axyridis*) 탓에 골머리를 앓고 있다. 바위틈 같은 자연의 장소가 아니라 인공 건물을 아쉬운 대로 월동지로 택하는 것이다. 크래스퍼(E. S. Krasfur)와 공저자들[15]에 따르면, 미국에서는 1916년부터 무당벌레를 생물학적 방제 동물로 자리 잡게 하려는 시도가 수차례 있어왔다. 그러나 무당벌레는 피칸나무(pecan)에 꼬이는 진딧물을 억제하기 위해 도입한 1988년 이후에야 비로소 미국에 정착했다.

응용곤충학의 가장 놀라운 성공 사례는 북미·중미·남미 전역에서 살아 있는 동물의 육질을 닥치는 대로 먹어치우는 나선구더기파리(screwworm fly)를 제어 및 근절한 웅성불임법이었다. 이 일은 수컷을 방사능에 노출시켜 불임으로 만든 뒤 환경에 내보냄으로써 가능했다. 다음 장에서는 이 같은 혁신적인 방법이 어째서 그토록 성공적이었는지 살펴보고자 한다.

20

교미 파괴를 통한 근절

나선구더기파리(Screwworm Fly)

나선구더기파리는 검정파리(blow fly)의 악질적 버전이라 할 만하다. 구더기 단계에서 '합법적' 대다수 검정파리종(특히 구리금파리(greenbottle fly)와 청파리(bluebottle fly))은 죽은 동물의 썩어가는 살을 파먹는 데 반해, 나선구더기파리는 살아 있는 온혈 동물의 건강한 살을 먹고 사는 기생성 '무법자'이기 때문이다. 크기가 집파리의 2배쯤 되는 빛나는 구리금파리와 청파리는 야생 설탕당근이나 야생 당근의 꽃에서 꿀을 빨아 먹고 있을 때 보면 눈에 확 띄는 게 제법 이채롭다. 반면 그들의 유충인 원뿔형의 하얀 구더기가 죽은 동물의 살을 파먹고 있는 광경은 그리 유쾌하지 않다. 여러분의 눈에는 역겨워 보일 수도 있지만, 그럼에도 이 구더기는 새, 포유류, 파충류, 인간을 포함한 척추동물의 시체를 도로 땅으로 돌려보내는 없어서는 안 될 소중한 '장의사들'이다.

18세기에 스웨덴의 위대한 분류학자 카롤루스 린나이우스(Carolus

Linnaeus: 우리에게 익숙한 '린네 분류법'의 창시자로, 흔히 '카를 폰 린네(Carl von Linné)'로 알려져 있다. 본문의 카롤루스 린나이우스는 라틴어 이름인데, 린네 자신은 이 라틴어 이름을 사용했다고 한다—옮긴이)는 파리 세 마리만 있으면 말의 시체를 사자처럼 빠르게 처치할 수 있다고 말했다. 검정파리가 분해자로서 생태계에서 맡은 일이 얼마나 막중한지 다소의 과장을 더해 인상적으로 표현한 것이다. 얼핏 이 말은 불가능하게 들리지만, 파리의 엄청난 번식 잠재력을 감안하면 적어도 이론상으로는 과히 틀린 말이 아니다. 암컷 청파리 세 마리는 약 900개의 알을 낳는다. 솔직히 거의 가능성이 없기는 해도 만약 이들이 모두 살아남는다면, 22일쯤 지난 뒤에는 약 2000만 마리의 구더기가 될 것이다. 이들의 무게를 합치면 225킬로그램쯤 될 것이다. 만약 이들이 섭취한 먹이의 절반을 성장에 사용한다면, 최종 체중에 이르기까지 필시 그 갑절인 450킬로그램의 썩은 고기를 먹어치울 것이다. 450킬로그램은 얼추 말 시체에서 뼈를 뺀 나머지 무게에 해당한다. 좀더 현실적으로 따져보자. 알 가운데 25퍼센트가 최종적으로 살아남아 다 자란 구더기가 된다고 가정하면, 그래도 검정파리 세 마리는 112.5킬로그램를 해치운다는 계산이 나온다.

나선구더기파리도 마찬가지지만, 검정파리과(*Calliphoridae*)에 속한 다른 몇몇 파리종은 진화 과정을 거치면서 청소부 동물(시체 식자)에서 기생 동물로 변화했다. 프로토칼리포라속(*Protocalliphora*)—이들은 일반명이 없다—에 속한 몇몇 구더기종은 구세계와 신세계 모두에서, 새 둥지에서 살아가며 밤에 마치 거머리처럼 어린 새의 피를 빨아 먹는다. 아프리카의 사하라 사막 이남 지역에서는 콩고바닥구더기(Congo floor maggot)가 사람들 집에 숨어 살면서 밤이면 슬그머니 기어 나와 땅바닥에서 자고 있는 사람들의 피를 빨아 먹는다. 사람구더기파리(human bot fly)는 인간을 비롯한 동물의 근육 조직 피부 바로 밑에 산다. 해럴드 올드로이드(Harold Oldroyd)[1]는 사람구더기파리를 검정파리과에 속한다고 보았는데, 대단히 밀접하기는 하지만 그와 별개의 과로 분류하는 게 더 일반적이다. 그들의 산란 행동은 여간 놀라운 게 아니다. 그들은 기주 동물에 직접 알을 낳는 게 아니라 주로 다른 흡혈 곤충을 잡아서 그 몸에 알 덩어리를 붙인다. 영문도 모른 채 짐꾼 노릇을 하는 그 흡혈 곤충이 온혈 동물의 피부에 내려앉으면 알은 이때다 하고 재빨리 부화하며, 부화한 구더기들은 그 온혈 동물의 몸속으로 파고든다.

이 기생 곤충들은 신세계나선구더기파리나 유라시아에서 그에 상응하는 존재인 구세계나선구더기파리와 비교해볼 때 상대적으로 무해한 것처럼 보인다. 신세계나선구더기파리와 구세계나선구더기파리. 이 소름끼치는 기생 곤충들은 멀쩡히 살아 숨 쉬는 건강한 동물의 육질을 파먹지만, 시체 식자인 검정파리의 구더기는 감염되어 고름이 잔뜩 낀 상처를 공격할 때가 더러 있기는 하나 주로 살아 있는 것보다 썩은 육질을 먹고 살기 때문이다.

의료계 종사자들은 지금껏 검정파리 구더기의 이러한 습성을 이용해왔다. 달리 어찌해볼 도리가 없는 감염을 치료하는 데 '합법적으로' 검정파리를 써먹은 것이다. 외과의사는 괴사된 상처를 '제거'할 때 부득이 썩어가는 괴저성 조직뿐 아니라 살아 있는 조직까지 건드리기 십상이다. 그러나 만약 특별하게 사육한 불임 구더기를 상처에 올려놓으면 그들은 오직 괴저성 조직만 골라 먹고 건강한 조직 세포는 거의 건드리지 않는다. 게다가 그들은 상처를 항생 물질인 알란토인(allantoin)에 잠기도록 해준다. 이른바 구더기 요법은 제1차 세계대전 이후 의사들이 흔히 사용해왔지만, 현대적인 항생제를 이용하면서부터 거의 폐기되다시피 했다. 그런데 오늘날 점점 더 많은 박테리아가 항생제에 내성을 띠자 다시금 관심을 모으고 있다.

신세계나선구더기파리(이제부터는 그냥 '나선구더기파리'라고 부르겠다)라는 일반명은 흰 구더기의 몸체에 둥근 이랑처럼 아로새겨진 모습이 마치 나선형처럼 보여 붙은 것이다. 이들의 학명 코클리오미아 호미노보락스(*Cochliomyia hominovorax*)는 글자 그대로 '사람을 게걸스레 먹어치우는 달팽이 모양의 파리'라는 뜻이다. 나선구더기파리는 사람을 해치기도 하지만 온혈 동물, 즉 소·양 등 사육 동물과 사슴에서 쥐에 이르는 크기가 저마다 다른 야생 동물을 공격하는 일이 훨씬 더 잦다. 나선구더기파리의 개체 수는 대체로 적은 편이라 1제곱킬로미터당 40~80마리에 그치는데, 그것만으로도 심각한 해를 끼치기에 전혀 모자람이 없다. 알 낳는 암컷은 신선한 상처에 이끌린다. 상처는 클 때도 있고, 진드기에 물리거나 철조망에 찔린 경우처럼 작을 때도 있다. 암컷은 갓 태어난 동물의 배꼽, 특히 출산하면서 다친 암컷의 외음부, 그리고 콧물 따위를 노리기도 한다. 암컷은 상처 난 자리에다 알 덩어리에 든 알을 약 3000개 낳는다. 이때 알 덩어리는 10개에서 무려 400개에 이를 정도로 천차만별이다. 하루도 지나지 않아 부화한 구더기는 건강한 육질을 찾아 나서고 작은 혈관을 잘라서 치유를 가로막는 독소를 분비한다. 나선구더기파리 구더기가 들이닥친 상처는 점차 커져서 산란하려는 암컷을 더욱 많이 끌어들이고, 그로 인해 상처는 또다시 급속도로 커진다. 나선구더기파리 구더기는 약 열흘간 상처를 먹고 1.7센티미터 길이로 자란 다음 땅바닥으로 떨어진다. 그러고는 땅속으로 굴을 파고 들어가 번데기 껍데기를 만들고, 그로부터 약 일주일 뒤 성충이 되어 나타난다.

미국 곤충·식물검역국의 도브(W. E. Dove)[2]에 따르면, 1934년 남동부 주들에서 소 약 130만 마리가 나선구더기파리에게 공격당했으며, 그 가운데 12퍼센트가 끝내 숨졌다고 한다. 1935년에는 인간 피해 사례가 확인된 것만 해도 55건이었고, 확인되지 않은 것까지 다 합하면 100건을 웃돌았다. 이에 대한 도브의 다음과 같은 설명은 끔찍하고도 소름끼친다.

> 플로리다 주 샌퍼드에 사는 3년 6개월 된 J. B.는 자전거를 타다가 넘어져 피부에 어른 엄지손가락만 한 상처가 났다. 집에서 치료를 했지만 잘 낫지 않았다. 사나흘 뒤, 상처는 눈에 띄게 부풀어 올랐고 일부 변색되었으며 피가 흐르고 냄새까지 났다. 윈터파크 시의 의사 버크스(B. A. Burkes)가 부어오른 상처를 절개하자 그 안에서 나선구더기파리 구더기가 여남은 마리 나왔다.

> 만성 축농증을 앓던 텍사스 주 프랭클린의 농부 J. M. C.는 1935년 7월 15일 정오 무렵 베란다에서 낮잠을 잤다. 이튿날, 코가 간질간질하다 싶더니 이내 왼쪽 부비강이 욱신거리기 시작했다. 그는 통증이 썩은 이 때문이라 여기고 이를 빼버렸다. 그런데도 통증은 가라앉지 않고 더욱 심해졌다. ……양쪽 콧구멍에서 이후 아흐레 동안 자그마치 385마리의 나선구더기파리 구더기가 떨어져 나왔다. J. M. C는 솜에다 클로로포름을 적셔 잠시 동안 콧구멍을 틀어막는 식으로 성공적인 치료를 받았다. 하지만 나선구더기파리 구더기한테 시달리는 동안 상당한 통증을 겪었고, 코에서 출혈이 있었으며, 수차례 정신을 잃기까지 했다.

> 일흔 살쯤 된 N. McK.는 텍사스 주 브랜퍼드에서 북쪽으로 약 20킬로미터 떨어진 곳에 홀로 살았다. 1935년 6월, 갑자기 쓰러져서 움직이지 못하던 그

녀는 며칠 뒤 발견되어 병원으로 옮겨졌다. 의사 파넬(P. C. Farnell)은 진찰 결과 나선구더기파리 구더기가 성기를 통해 들어가 엉덩이 뼈 근처와 배꼽에서 돌아다니고 있다는 사실을 확인했다. 그녀는 클로로포름과 올리브 오일로 처치를 받았다. 상처에서는 나선구더기파리 구더기가 무려 1쿼트(quart: 액량의 단위로, 1쿼트는 약 0.94리터에 해당한다—옮긴이)나 발견되었다. 6월 14일 상처 치료를 받았지만 그녀는 이튿날 끝내 숨지고 말았다.

인간이 입는 피해는 끔찍하고 위험스러울 소지도 있지만 극히 드문 일이고, 신중하게 주의를 기울인다면 얼마든지 피할 수 있다. 하지만 소를 비롯한 동물들은 그러기 어려워 나선구더기파리의 공격을 당하면 사실상 속수무책이다. 소 사육자들의 금전적 손실도 만만치 않아서 1959년 플로리다 주에서만 2000만 달러(오늘날의 시세로 환산하면 약 1억 6000만 달러)의 피해를 낳았다. 손실을 조금이나마 줄이기 위해서는 소가 상처를 입을 수도 있는 '주인 표시용 낙인찍기(branding)', 뿔 자르기, 거세하기 따위의 외과적 수술을 실시할 때 나선구더기파리가 번성하는 시기를 피하면 된다. 그러나 산란하려는 나선구더기파리를 끌어들이는 상처는 진드기나 파리에 물린 상처, 가시나 철조망에 긁힌 상처처럼 피할 도리가 없는 것이 대부분이다. 피해를 막는 유일한 방법은 소를 일일이 살펴본 다음 구더기가 꼬인 상처, 혹은 꼬일 가능성이 있는 상처에 살충성분의 연고를 바르는 것뿐이다. 그러나 이 방법은 손이 많이 가고 돈도 많이 들었다.

이 경우 현대적 합성 살충제—DDT · 메톡시클로르 · 말라티온 등—로 드넓은 지역에 퍼져 있는 극소수의 성충 나선구더기파리를 근절하려는 시도는 분명 실용적이지 않았다. 그러던 차에 미국 농업연구청 산하 곤충연구분과(Entomology Research Branch)의 수장 에드워드 니플링(Edward Knipling)[3]은 최선의 곤충 방제법은 살충제를 사용하는 것이라는 당시의 관습적 통념을 뛰어넘는 상상력과 통찰력을 발휘했다. 니플링과 동료들은 기본으로 돌아가 나선구더기파리의 생활 양식을 가능한 한 다양하게 살펴보면서 그들의 생애 주기에 드러나는 약점을 파헤치고자 했다. 그들의 첫 프로젝트 가운데 하나는 나선구더기파리의 성생활을 연구하는 것이었다. 이 프로젝트는 그 곤충에 관한 특별한 지식이 없는 이들에게는 우습게 들릴지도 모른다. 하지만 다행히 이는 미 상원의원 윌리엄 프록스마이어(William Proxmire)가 저 유명한 황금양털상(Golden Fleece Award: 윌리엄 프록스마이어 상원의원이 1975년 제정한 상으로 1988년까지 수여했다. 쓸데없는 연구에 세금을 낭비하는 사태를 막자는 훌륭한 취지에서 도입했으나, 과학 연구를 위축시키는 뜻하지 않은 결과를 초래했다—옮긴이)을 제정하기 전에 추진되었다. 기업 운영밖에 모르는 프록스마이어가 그 상을 도입한 것은 국민의 혈세를 낭비하는 연구를 저지할 목적에서였다. 니플링의 연구가 그 상의 방해를 받기 전에 이뤄졌다는 것은 천만다행한 일이다. 거기서 얻은 지식을 토대로 미국에서부터 남쪽으로 파나마까지 나선구더기파리를 완벽하게 근절함으로써 매년 수억 달러를 절감했고, 그 이후에도 꾸준히 해마다 같은 돈을 아낄 수 있었기 때문이다.

이 연구의 초기 성과로 나선구더기파리 암컷이 수많은 여느 파리와 달리 교미를 일생에 딱 한 번만 한다는 흥미로운 사실이 드러났다. 암컷의 정액낭에 평생 낳게 될 알을 모두 수태시키기에 족할 만큼 정액이 가득 차 있어 수컷이 더는 필요 없는 것이다. 암컷은 생의 나머지 기간에 기주 식물을 찾아 산란하는 일에만 힘을 쓰면 된다. 반면 수컷은 자기 유전자가 이끄는 대로 가능한 한 많은 자녀의 아비가 됨으로써 진화적 적합도를 높이고자 닥치는 대로 암컷과 교미하는 난잡한 성생활을 한다.

이 간단한 시나리오는 니플링의 상상력을 한껏 자극했다. 그는 그때까지 누구도 생각하지 못한 질문을 몇 가지 떠올렸다. 수컷 나선구더기파리를 인공적으로 불임시킬 수 있다면 그들은 그 후에도 계속 난잡한 교미 습성을 지속할까? 불임 수컷과의 교미는 암컷의 성적 흥미를 떨어뜨리고, 따라서 암컷은 오직 미수정란을 낳을 수밖에 없는 운명에 처할까? 마지막으로 불임 수컷을 환경에 풀어놓아 생식력 있는 야생 수컷과 암컷을 놓고 겨루게 하면 나선구더기파리 개체 수를 줄이거나 절멸시킬 수 있을까? 이 세 가지 질문에 대한 답은 결국 모두 '매우 그렇다'로 판명 났고, 이 사실은 전 세계 경제곤충학자들을 충격의 도가니에 빠뜨렸다.

1955년 바움호버(A. H. Baumhover)와 공저자들[4]은 니플링의 생각이 옳았음을 확실하게 입증하는 포괄적 연구에 대해 발표했다. 나선구더기파리 집단은 결국 훗날 '수컷단종법'이라고 알려진 방법을 통해 근절할 수 있다는 게 그 요지였다. 첫 번째 조치는 실험실에서 나선구더기파리를 다량으로 길러내는 방법을 모색하는 것이었다. 나선구더기파리는 말고기와 말 피를 섞어서 만든 먹이를 먹고 쑥쑥 자랐으며, 그 결과 이른바 '나선구더기파리 공장'에서 수억 만 마리를 사육할 수 있었다. 수컷과 암컷을 불임화시킨 것은 방사성 '코발트-60'이 방출하는 감마선에 번데기 껍데기를 노출하는 방식을 통해 이뤄졌다. 큰 우리에 갇혀 있는 파리들로 최초의 수컷단종법 실험을 실시한 결과, 자연 상태에서도 이 방법이 통할 것 같은 반가운 조짐이 있었다. 니플링[5]이 발표한 대로, "불임 수컷과 가임 수컷을 4 대 1의 비율로 암컷 처녀들이 들어 있는 우리

안에 집어넣자 암컷의 약 80퍼센트가 미수정란을 낳았다".

최초의 현장 실험은 플로리다 주 서부 해안에서 약 3킬로미터 떨어진 새니벨(Sanibel) 섬에서 이루어졌다. 일주일에 한 번씩 1제곱킬로미터당 약 40마리씩 불임 수컷을 풀어놓았다. 우리 안의 염소에서 수집한 알 덩어리의 생식성은 크게 낮아졌고, 불임 수컷을 8주간 풀어놓은 뒤에는 그 섬에서 나선구더기파리가 깡그리 사라진 것 같았다. 하지만 12주째, 수정된 알 덩어리가 딱 한 개 수집되었다. 플로리다 주 본토의 번성하는 나선구더기파리 집단에서 그리 멀지 않은 새니벨 섬으로 날아오거나 바람에 실려온 가임 암컷의 작품임에 틀림없었다. 확실히 이 방법의 효과는 다른 피해 원천과 멀리 떨어져 있는 섬에서만 완벽하게 증명해 보일 수 있었다.

베네수엘라 연안에서 북쪽으로 65킬로미터쯤 떨어진 네덜란드령 앤틸리스(Antilles) 제도에 있는 약 450제곱킬로미터 면적의 퀴라소(Curaçao) 섬에는 염소 2만 5000마리와 양 5000마리가 살고 있었다. 거의 돌보지 않는 덤불숲과 선인장 사이를 누비고 다니는 이들의 몸에는 나선구더기파리의 구더기가 심하게 득실거렸다. 수컷단종법을 실험하기에 더없이 좋은 장소였다.

퀴라소 섬에 불임 수컷 방출 작업을 실시하기 전, 실시하는 중, 실시한 후로 나누어 울타리를 두른 11개 장소(그 섬의 면적을 고려해 전략적으로 배치했다)에 있는 염소에 나선구더기파리 알 덩어리가 얼마나 존재하는지 각각 확인했다. 바움호버와 동료들[6]은 이렇게 썼다. "매주 각각의 우리에 있는 염소 두 마리의 표피에 상처를 내고, 인위적으로 그 상처에 갓 부화한 나선구더기파리 구더기 약 100마리가 들끓게 했다. 그로부터 사흘쯤 지난 뒤, 구더기를 없애기 위해 상처를 벤졸로 훈증 소독했다."

상처는 산란하려는 나선구더기파리 암컷으로서는 거부하기 힘든 유혹으로, 그들의 개체 수를 기록하는 민감한 '피뢰침'이었다.

불임 수컷을 풀어놓기 전에는 13일 동안 우리에 갇힌 염소에게서 저마다 수많은 알로 이뤄진 288개의 알 덩어리(모두 수정란)를 발견했다. 1954년 8월 9일부터 비행기로 대략 일주일에 한 번씩 1제곱킬로미터당 각각 평균 160마리의 불임 수컷과 불임 암컷을 섬 전역에 풀어놓았다. 그러자 수정된 알 덩어리 수는 빠르게 줄어들었고, 6주가 지난 9월 중순경에는 마지막으로 3개의 수정된 알 덩어리를 발견했다. 불임 수컷 방출은 그 후로도 1955년 1월 6일까지 약 16주간 계속되었다. 이 기간에는 수정된 알 덩어리가 단 하나도 없었고, 미수정된 알 덩어리만 2개 발견했다. 나선구더기파리는 퀴라소 섬에서 완전히 뿌리 뽑혔으며, 그 뒤 두 번 다시 나타나지 않았다.

이때쯤 심각한 문제가 제기되었다. 나선구더기파리를 미국 본토에서도 근절시킬 수 있는지 여부였다. 두 가지 별개 집단이 존재했는데, 하나는 남서부, 다른 하나는 남동부의 것이었다. 나선구더기파리가 처음 남동부에 나타난 것은 1933년이었다. 남서부에서 피해를 입은 가축과 더불어 유입된 듯했다. 추운 겨울이면 남동부의 나선구더기파리 집단은 플로리다 반도 남쪽의 3분의 2 정도에서만 간신히 살아남았다. 그러나 봄과 여름이 되면 북쪽으로 이동했고, 더러 소에 들끓는 채로 운송되기도 했다. 그 결과 그들은 남동부 대부분 지역에 퍼졌고, 때로 멀리 북쪽의 일리노이 주에서 나타나기도 했다. 1992년 수컷단종법을 개발한 공로로—20만 달러의 상금을 주는—세계식량상(World Food Prize)을 공동 수상한 레이먼드 부시랜드(Raymond Bushland)와 에드워드 니플링은 겨울에 플로리다 반도 남부는 나선구더기파리를 비롯한 수많은 곤충에게 삼면이 바다이고 북쪽은 추운 날씨에 둘러싸인 섬이나 마찬가지라는 사실을 간파했다. 1958년 겨울, 나선구더기파리는 플로리다 반도에서 근절되었고, 그로써 남동부 전역은 그 해충의 피해에서 완전히 벗어났다. 22만 1000제곱킬로미터에 걸친 남부 플로리다에 비행기로 불임 수컷과 불임 암컷 수억 마리를 떨어뜨린 것이다. (하지만 매주 1제곱킬로미터당 약 80마리씩밖에 방출하지 않아 그들 때문에 성가신 사람은 아무도 없었다.) 미국 남동부의 마지막 나선구더기파리가 1959년 2월 19일 플로리다 주에서 발견된 것을 끝으로 그 해충은 완전히 종적을 감추었다. 불임 수컷 방출 작업에 쏟아 부은 돈은 무려 1000만 달러였다. 그러나 당시 나선구더기파리로 인한 손실액은 플로리다 주 한 곳에서만 연간 3000만 달러에 달했다.

남서부에서도 마침내 나선구더기파리가 사라짐으로써 미국 전역은 이 해충의 피해에서 완전히 놓여났고, 이후 몇 년간 미국 경제는 수십억 달러를 아낄 수 있었다. 남서부에서는 청정 지역으로 나선구더기파리가 들어오지 못하게 막기 위해 매년 불임 수컷을 '사람이 살지 않는' 드넓은 장벽 지대에 떨어뜨려야 했다. 처음에 멕시코 국경을 따라 펼쳐진 이 지대는 길이가 무려 3200킬로미터에 달했다. 이따금 정치적 문제 때문에 늦어지기도 했지만, 이제 나선구더기파리는 남쪽으로 약 100킬로미터에 불과한 파나마 지협까지 완전히 근절되었다. 파나마 지협은 좁으므로 적은 비용으로 유지할 수 있는 장벽 지대를 설치할 수 있으며, 이곳은 남미에서 유입되는 나선구더기파리를 봉쇄하는 '병목의 코르크(cork in the neck of the bottle)' 구실을 한다.

수컷단종법은 결코 만병통치약이 아니다. 기껏해야 제한적인 수의 곤충을 방제하는 데에만 효과적이기 때문이다. 그러나 더없이 매력적인 조치임에는 틀림없다. 그것만으로 드넓은 지역에서 한 해충종을 완전히 박멸할 수 있다는 희망을 보여주었기 때문이다. 이는 지금껏 어느 살충제도 이뤄내지 못한 개가였다. 불임 수컷은 몇몇 사례에서는 유용했다. 예를 들어, 최근 캘리포니아 주에서 수행한 지중해광대파리 피해 근절 작업, 캐나다 브리티시컬럼비아 주의 두 사과 과수원에서 코들링나방을 (근절은 아니지만) 억제한 작업, 그리고 쌀을 재배하는 버마(지금의 미얀마—옮긴이)의 한 마을에서 모기를 박멸한 작업 따위에서 중요한 역할을 했다.

암컷 곤충이 수정란을 낳지 못하도록 하는 또 한 가지 방법은 그들 종의 수컷을 완전히 박멸하는 것이다. 이 수컷 박멸 기법(male annihilation technique)은 태평양 서부의 작은 열대 섬에서 파괴적인 해충을 근절하는 데 쓰였다. 마리아나 군도의 괌 섬에서 북쪽으로 약 60킬로미터쯤 떨어진 로타 섬의 주민들은 크게 들끓으며 극심한 해를 끼치는 귤과실파리(*Bactrocera dorsalis*)에 시달리고 있었다. 이들의 구더기는 어찌나 빠르게 성장하는지 불과 일주일 사이 최대 크기에 이른다. 당연히 먹성도 좋다. 최소 173개 식물종의 열매를 먹고 살며 그 속에 굴을 뚫어 과육을 곤죽으로 만들어놓는다. 귤과실파리는 로타 섬에서 빵나무 열매, 망고, 파파야, 감귤류를 비롯한 여러 과실에 피해를 입혔다. 이는 심각한 문제였고 손쉽게 사용할 수 있는 간단한 해결책도 없었다. 그러나 로타 섬의 주민들은 운이 좋았다. 슈타이너(L. F. Steiner)[7]가 미 농무부의 곤충학자들로 이뤄진 연구 단체를 이끌고 있었는데, 그들이 당시만 해도 진기하게 여겨졌던 한 해충 방제법을 실험하기 위한 장소로 로타 섬을 지목한 것이다. 그건 다름 아니라 유인 물질을 사용해 살충제를 설치한 부비트랩으로 수컷을 끌어들이는 방법이었다. 이때 암컷을 죽이는 것은 아무런 문제도 되지 않는다. 암컷을 수정시킬 수컷이 없다면 수정란을 낳을 수 없고, 자연히 개체 수는 급격하게 줄어들 테니 말이다. 로타 섬의 실험은 성공했다. 그 방법이 효과를 발휘해 수컷을 수억 마리나 죽이고, 결국 섬 전체에서 귤과실파리를 완전히 근절한 것이다.

효과적인 유인 물질을 선택하는 것은 어렵지 않았다. 그 이유는 아직껏 제대로 밝혀지지 않았지만, 어쨌거나 귤과실파리를 위시한 몇몇 과실파리종은 메틸 오이게놀(methyl eugenol)에 혹한다. 20세기 초, 하울릿(F. M. Howlett)[8]은 뜻하지 않게 한 가지 우연한 발견을 했다. 인도 푸사(Pusa)에서 파괴적인 복숭아과실파리(peach fruit fly, *Dacus zonatus*)의 방제법을 알아내기 위해 실험에 열중하고 있을 때, 메틸 오이게놀이 이 곤충을 강력하게 끌어들이는 물질이라는 사실을 발견한 것이다. 하울릿은 복숭아과실파리 암컷이 복숭아가 아닌 다른 곳에 산란하도록 유도함으로써 복숭아와 망고가 입는 피해를 줄이려 했다. 그의 계획은 잘 익은 복숭아와 망고 냄새를 인공적으로 비슷하게 만들어 암컷을 유인하는 것이었다. 갖가지 물질을 갖고 수행한 시도가 번번이 실패하던 중 그는 우연찮게 이런 말을 들었다. "한 이웃이 모기를 퇴치하려고 시트로넬라 오일(citronella oil)을 뿌린 손수건을 갖고 다녔는데, 어떤 파리종이 자꾸만 달려드는 통에 애를 먹었다"는 내용이었다. 하울릿은 지체 없이 시트로넬라 오일에 적신 손수건을 복숭아 과수원 부근에 놓고, 그때 목격한 상황을 이렇게 기록했다.

> ……그 냄새가 무척이나 강력한 유인 작용을 한다는 사실이 분명해졌다. 채 30분도 되지 않아 아무렇게나 구겨놓은 손수건이 복숭아과실파리 떼로 거의 뒤덮이다시피 했다. 놀라운 광경이었다. 나는 곧바로 암컷 복숭아과실파리를

박멸하는 데 따른 경제적 문제를 손쉽게 해결할 수 있다는 결론에 이르렀다. 그런데 실험을 통해 손수건에 모여든 파리가 모두 수컷이라는 사실이 이내 드러났다. 그들은 한사코 손수건 주변을 떠나려 하지 않았고, 내가 손수건을 치우자 상당수가 나를 따라왔다.

하울릿은 나중에 여러 화학 물질이 혼합된 시트로넬라 오일에서 유인 작용을 하는 메틸 오이게놀 성분을 분리·확인했다. 로이 커닝햄(Roy Cunningham)이 밝힌 대로, 이 화합물은 귤과실파리 수컷에게 어찌나 강력한 영향을 끼치는지 그들은 "자기 기주 곡물을 그것으로 가득 채우고 죽을 때까지" 이를 원액 상태로 들이마셨다. 오늘날 43종의 과실파리가 메틸 오이게놀 중독자로 알려져 있으며, 그 목록에 더 많은 과실파리가 추가될 여지도 있다.

메틸 오이게놀이 과실파리를 왜 그토록 사로잡는지에 대해서는 여전히 추측만 무성하다. 어떤 이들은 수컷 과실파리가 매료되는 까닭은 그 물질과 암컷이 배출하는 성페로몬이 우연히도 화학적으로 유사하기 때문이라는 가설을 세웠다. 그러나 메틸 오이게놀이 특정 상황에서는 암컷을 유인하기도 한다는 관찰 결과는 그 가설이 옳지 않음을 보여주었다. 또 어떤 이들은 메틸 오이게놀이 과실파리가 새끼를 낳는 과실의 냄새와 비슷하다고 주장했다. 실제로 메틸 오이게놀은 서로 다른 몇몇 과에 속한 25종의 식물에서 발견되었다. 그러나 이것들은 무엇 하나 과실파리 유충에게 번식용 기주 식물 노릇을 하지 않았다.

로타 섬에서 귤과실파리 근절 운동이 한창일 때, 수컷을 치명적인 미끼인 부비트랩으로 유인하는 데 사용한 것도 바로 메틸 오이게놀이었다. 부비트랩은 소량의 날레드(naled)와 함께 메틸 오이게놀을 흠뻑 적신 작은 정사각형의 섬유판이었다. 날레드는 곤충이 피부를 통해 흡수하거나 삼키면 죽는 살충제다. 비행기가 독성 미끼를 1제곱킬로미터당 약 50개씩 8개월 동안 약 2주 간격으로 15차례에 걸쳐 로타 섬에 떨어뜨렸다. 독성 미끼를 투하할 때마다 1에이커당 0.1온스에 불과한 극소량의 날레드가 환경에 방출되었다. 날레드는 환경에 얼마간 잔류했다. 즉 미끼가 두 달 동안 파리를 유인해 죽인 것이다. 그러나 날레드는 그 후 생분해되어 무해하게 변한다.

파리의 개체 수는 메틸 오이게놀을 미끼로 사용한 부비트랩에 수컷이 얼마나 걸려드는지, 그리고 과실을 수집해 거기서 성충이 얼마나 출현하는지를 보고 확인했다. 작업 성과는 실로 놀라웠다. 투하 작전을 시작하기 전 2주 동안에는 부비트랩이 매일 평균 262마리의 파리를 잡았다. 그런데 첫 번째 부비트랩 투하 뒤에는 평균 파리 포획량이 이미 93퍼센트나 줄어들었다. 매일 부비트랩당 18마리씩 감소한 셈이다. 두 번째부터 여섯 번째 투하까지 평균 파리 포획량은 크게 낮아졌고, 그 후에는 더 이상 잡히지 않았다. 작업을 시작하고 6개월이 지난 뒤, 망고에서 파리 성충이 등장한 것을 끝으로 더는 나타나지 않았다. 귤과실파리가 로타 섬에서 완전히 사라진 것이다. 그때 이후 귤과실파리는 다른 섬들에서도 근절되었으며, 의도치 않게 들어와 막 번져나갈 조짐을 보이던 캘리포니아 주에서도 말끔히 사라졌다.

후기

자연선택이 이끄는 진화는 30만 종 넘는 식물과 120만 종 넘는 동물을 만들어냈으며, 그 동물종 가운데 무려 90만 종이 곤충이다. 이들 곤충 집단은 우리 인간의 생존에 반드시 필요한 존재다. 그들은 사실상 육지·담수 생태계에서 식물을 수분하는 것부터 죽은 동식물을 재순환하는 것에 이르기까지 없어서는 안 되는 서비스를 제공한다. 만약 곤충이 존재하지 않는다면 농업을 비롯한 생태계 전반이 무너질 테고, 우리가 알고 있는 생명이라는 존재도 더는 존속하지 못할 것이다. 곤충 가운데 약 2퍼센트 미만만이 제멋대로 굴면서 인간이 재배한 곡물을 먹어치우고 질병을 옮기는 등 갖은 만행을 저지르면서 갈등을 불러일으킨다. 따라서 오직 극소수 곤충만을 해충이라 불러야 마땅하다. 그럼에도 지금껏 살펴본 극소수 해충 역시 다른 모든 유기체와 마찬가지로 자연선택에 의해 생겨난 존재다. 그들도 오랜 세월에 걸쳐 다른 모든 유기체가 공유하는 기본적 문제에 대처하는 데 적응해온 것이다. 따라서 우리는 그들을 통해 모든 곤충, 그보다는 좀 덜하지만 모든 생명체에 적용되는 숱한 사실을 배울 수 있다.

가령 우리는 지금껏 진화가 진행되고 있음을 유감없이 보여주는 사례를 살펴보았다. 자연선택은 DDT에 처음 접촉한 때로부터 몇 달 내에 대부분의 집파리를 사라지게 만들었지만, 거기에 견디는 극소수는 남겨두었다. 그들은 끝내 살아남았고, 역시나 DDT에 내성을 지닌 그 자손이 바로 지금 우리가 주위에서 보고 있는 집파리다. 두 가지 상이한 옥수수근충종은 자연선택을 통해 약 100년 동안 그들을 좌절시킨 윤작을 피해가는 전혀 다른 두 가지 방법을 고안해냈다. 자연선택은 극소수 얼룩나방의 손을 들어주었다. 그들은 과거에는 껍질이 밝은색이었지만 매연에 그을려 점차 검어진 나무에 맞춰 위장할 수 있도록 몸 색깔을 바꿔준 돌연변이 유전자를 지녔다. 매연에 오염된 지역에서는 검은색 얼룩나방이 밝은색 얼룩나방을 빠르게 대체한 것이다. 마지막으로, 과실파리의 일종인 광대파리가 2종으로 분화하고 있음을 보여주는 움직일 수 없는 증거도 살펴보았다. 그들은 본래의 토종 기주 식물인 산사나무 열매를 먹고 사는 종과 불과 수백 년 전 북미에 도입된 사과나무를 새로운 기주 식물로 적응한 종으로 서서히 분화하고 있다.

우리는 곤충 그리고 사실상 모든 동물이 처음에 어떻게 생겨났는지 이미 알고 있다. 그렇다면 그들은 어떻게 살아남고 자신을 둘러싼 환경에서 먹잇감을 비롯한 여러 자원을 얻는 데 적응해왔을까라는 문제에 대해 알아볼 차례다. 폴 콜린복스(Paul Colinvaux)[1]는 생태학을 다룬 사랑스러운 작은 책에서 현재 지구상에 살아가는 동물은 모두 진화 투쟁에서 끝내 살아남은 존재라고 말했다. "지금 우리가 보고 있는 생존자들은 오랜 세월에 걸친 진화 투쟁에서 자신이 영위해야 하는 삶에 멋지게 적응하게끔 변화해왔다. 그들은 자신을 둘러싼 저마다의 '환경'에서 먹잇감을 구하고, 위험을 이기고 살아남았으며, 새끼를 생산하게끔 진화했다.” 요컨대 모든 동물의 삶은 세 가지 명령의 지배를 받는다는 것이다. 즉 먹이를 섭취해 성장해야 하고, 먹히는 것을 피해야 하고, 자손을 만들어내야 한다.

초식 곤충의 약 90퍼센트는 한 과, 혹은 그와 유연관계인 두어 과에 속한 몇몇 식물만을 먹잇감으로 삼는 데 적응했다.[2] 여기에는 옥수수근충, 광대파리, 코들링나방, 밀혹파리 따위가 포함된다. 이들은 한결같이 자기 '먹잇감'이 아닌 식물을 먹느니 차라리 굶어 죽는 쪽을 택한다. 배추흰나비 유충, 배추좀나방 등을 비롯한 모든 '기주 특이적' 곤충은 영양 성분이 아닌 '이차적' 화학 물질의 맛이나 냄새로 어떤 것이 자신에게 적절한 기주 식물인지 아닌지를 판단한다. 식물의 세계에는 이들 화학 물질이 수천 가지나 널려 있는데, 그 대부분은 독성이 있으며 곤충에 맞서 식물을 보호하므로 자연선택의 검열을 무사히 통과했다. 어떤 곤충은 특정 식물 집단의 '화학 작용제'를 해독하는 방법을 개발했고, 그런 다음 식물의 이차적 화합물의 맛이 어떤지를 기준으로 먹어도 안전한지 여부를 판별한다. 기주 특이적 곤충은 여러 가지 적응을 통해 특정 먹이 식물만 고집하기에 이른다. 그들은 기주 식물의 방어 기제에 대처할 수 있을 뿐 아니라, 그 식물의 계절적 주기와 동기화한다. 즉 그들의 소화계는 그 먹이 식물을 먹고 사는 데, 그들의 위장술은 기주 식물의 외관에 맞춰져 있다.

인간의 영아, 쥐, 새, 거미를 비롯한 대다수 동물과 마찬가지로 곤충도 별개의 영양 물질 중에서 자신에게 적합한 균형 잡힌 식단을 짤 수 있다. 나는 동료들과 함께,[3] 초식성 큰담배밤나방 애벌레, 씨앗을 먹는 곡류 해충, 그리고 잡식성 바퀴벌레가 이 같은 능력을 지녔음을 실증적으로 보여주었다. 이미 살펴보았듯 큰담배밤나방 애벌레는 실험실에서 인공적으로 제공한 먹잇감 가운데 설탕과 단백질을 자신에게 맞도록 조화롭게 선택했다. 자연에서는 이러한 능력이 곤충의 섭식 행동에서 매우 중요하다. 큰담배밤나방 애벌레와 곡류 해충은 비타민이 풍부한 배아, 그리고 전분 부분인 옥수수 알갱이와 밀알을 적절한 비율로 섭취했다. 메뚜기는 여러 가지 식물종을 섞어 제시했을 때 최적의 비율로 섞어 먹음으로써 한 가지만 먹을 때보다 더욱 잘 자랐다. 다른 곤충들도 이와 비슷하게 행동하리라 가정하는 것은 타당하다. 예를 들어 암컷 모기는 피와 꿀을, 꿀벌은 꿀과 꽃가루를 최적의 비율로 섭취하며, 포식성 곤충은 다른 여러 종의 먹잇감을 골고루 섞어 먹음으로써 식단의 질을 높인다.

겨울을 무사히 넘기는 것은 북극 지방과 온대 지방에 사는 모든 곤충에게 중차대한 문제다. 그들 곤충 대다수는 휴면이라 일컫는 동면 비슷한 상태로 살아남는다. 그들은 휴면하는 동안에는 발달을 멈추고, 지독한 추위를 잘 견디며, 몸에 비축해놓은 지방으로 겨우내 살아남기 위해 신진대사율을 낮춘다. 휴면은 어느 발달 단계에서나 일어날 수 있다. 우리가 휴면과 관련해 살펴본 도롱이벌레는 진딧물이나 매미나방처럼 알 단계에서 휴면한다. 그런가 하면 코들링나방과 알풍뎅이는 유충 단계에서, 배추흰나비와 큰담배밤나방은 번데기 단계에서, 긴노린재와 몇몇 모기종은 성충 단계에서 휴면한다. 그들은 휴면을 종료하면 그때가 봄이든 여름이든 가리지 않고 발달을 재개한다. 그러나 어느 한 종의 구성원은 예외 없이 거의 동시에, 그들 자신에게 가장 우호적인 때에 맞춰 휴면을 끝낸다. 이를테면 교미하기에 가장 좋은 때, 온도가 알맞을 때, 자신들이 꿀을 빨아 먹는 식물의 꽃이 만발할 때, 혹은 기생 곤충이라면 자기 기주를 이용할 수 있을 때 그렇게 한다.

모든 곤충은 박쥐·쥐·새·거미 등속의 다른 곤충한테 잡아먹힐 위험에 노출되어 있다. 하지만 그들에게는 스스로를 보호하는 다양한 방도가 있다. 밤에 날아다니는 나방은 귀가 있어 박쥐가 반향 위치 측정을 하면서 내는 울음소리를 듣고 회피 작전을 쓴다. 꿀벌은 침입자를 쏘아 자기 군체를 보호한다. 검은제비꼬리나비는 여러 가지 방어 기제를 보유하고 있다. 그들의 작은 유충은 마치 새똥처럼 보이므로 새들이 무심하게 지나친다. 그들의 번데기 역시 여름에는 초록색으로, 겨울에는 갈색이나 회색으로 환경과 어우러지는 식의 위장술을 구사해 눈에 띄는 상황을 피한다. 그들의 성충은 얼마든지 먹어도 무방하지만 독성 나비를 의태함으로써 새들의 공격에서 벗어난다.

그러나 어떤 방어 기제도 완벽하지는 않다. 따라서 포식자와 기생 곤충의 습격을 이기고 끝까지 살아남는 곤충은 거의 없다. 이는 무척이나 다행스러운 일이다. 이렇게 생각해보자. 만약 매미나방의 알 400개 가운데 2개, 집파리의 알 500개 가운데 2개, 큰담배밤나방의 알 1000개 가운데 2개가 살아남아 각각 생식력을 지닌 성충이 되었다고 치자. 그러면 이들은 고스란히 부모를 대체할 테고, 그 종의 개체 수는 해가 지나도 동일하게 유지될 것이다. 그런데 살아남는 알이 거기에 각각 2개씩 더해진다면, 그래서 총 4개가 된다면 개체 수는 한 세대마다 2배가 되고 결국에 가서는 폭발적으로 불어날 것이다. 집파리 개체 수는 한 해 동안 딱 10세대만 거쳐도 자그마치 500배나 늘어나 생태적으로나 경제적으로 대재앙 수준에 이를 것이다. 개체 수를 일정하게 유지하려면 암수 한 쌍이 배출한 자녀 500마리 가운데 498마리는 생식력을 갖춘 성충이 되기 전에 죽어야 한다. 지구 생태계의 안녕이라는 관점에서는 다행스럽게도 개체 수 폭발은 극히 드문 일이다. 주로 포식자나 기생 곤충이 자기 본분에 충실하기 때문이다. 살충제를 뿌려서 사과나무 과수원에 서식하는 포식자나 기생 곤충마저 죽인 결과 빚어진 사태를 보면, 그들이 생태계에서 없어서는 안 될 존재라는 것을 분명하게 깨달을 수 있다. 사과나무 식자 곤충은 그들을 억제해주는 포식자나 기생 곤충이 없어진 탓에 애초에는 경제적 해를 입히지 않는 작은 해충에 불과했으나, 살충제에 내성을 키우고 개체 수가 걷잡을 수 없이 불어나 심각한 경제적 위협으로 떠오른 것이다.

생식은 가장 궁극적인 진화의 명령이다. 생존의 내력을 보여주는 '청사진'으로서 자연선택의 검열을 통과한 유전자를 한 세대에서 다음 세대로 전달해주기 때문이다. 생식을 용이하게 하는 구조적·생리적·행동적 적응은 천태만상이다. 그 가운데 특히 수컷과 암컷의 교미 방식은 눈여겨볼 만하다. 예를 들어 도롱이벌레나 매미나방 등을 비롯한 수많은 종은 성페로몬으로 교미 상대를 꼬드긴다. 일부 종의 수컷은 광대파리의 경우 암컷이 산란하는 장소에, 체체파리의 경우 암컷이 먹잇감을 구하는 장소에 미리 숨어서 암컷이 나타나기를 기다린다. 모기의 수컷과 암컷은 수많은 파리와 마찬가지로 교미철이 되면 공중에서 떼 지어 몰려 있다. 이들은 이처럼 확연하게 눈에 띄는 특성을 보이며 무리 속에서 짝을 만난다.

모든 동물은 진화를 거치면서 생식력을 지닌 성체가 될 때까지 살아남을 후손의 수를 극대화하도록 프로그램화되었다. 진딧물과 체체파리는 이러한 목표를 달성하는 데 서로 상반된 두 가지 전략을 택한다. 진딧물은 숫자 게임을 한다. 즉 수많은 자녀를 낳은 다음 그중 일부가 운좋게 살아남길 노린다. 반면 체체파리는 극소수의 자녀를 낳지만 애지중지 돌봄으로써 생존율을 높인다.

진딧물, 큰담배밤나방, 도롱이벌레, 밀혹파리 등 수많은 알을 낳는 곤충은 자녀들에게 상대적으로 거의 시간과 노력을 기울이지 않는다. 한 하루살이종의 암컷은 물속에 낳은 알을 덩어리째 방치한다. 그러나 대부분의 하루살이종은 부모로서 그보다는 약간 더 신경을 쓴다. 기주 특이적 초식 곤충은 자기 자녀들이 살아가는 데 적합한 식물에 알 덩어리를 슬어놓고서야 곁을 떠난다. 암컷 콩잎벌레는 콩 식물의 기저 근처 땅에 알을 묻는다. 광대파리는 알을 한 번에 하나씩 사과 속에 집어넣는다. 검은제비꼬리나비는 파슬리나 그와 유관한 식물의 이파리에 알을 일일이 붙인다. 단생 벌은 부모로서 보살핌을 그보다 더 베풀므로 더 적은 수의 알을 낳아도 된다. 이들은 굴이나 둥지에 딱 한 개의 알을 낳은 다음, 나중에 부화한 유충이 번데기화할 때까지 충분히 먹을 만큼의 꽃가루 덩어리나 꿀 위에 그 알을 올려놓는다. 단생 말벌 역시 비슷한 행동을 하는데, 다른 점이 있다면 둥지에 곤충이나 거미를 잔뜩 채워놓는 것이다.

부모로서 단연 최고의 보살핌을 제공하는 곤충은 체체파리, 양파리 그리고 박쥐의 털에 붙어살면서 피를 빨아 먹는 네댓 종의 작은 무시(날개 없는) 파리다. 이들의 '전략'은 알을 낳는 게 아니라 일평생 대여섯 마리에 불과한 소수의 유충을 낳는 것이다. 이들은 임신 기간 내내 유충을 몸에 지니고 다니며, 유충이 다 자라서 번데기 단계로 탈바꿈할 채비를 마치면 드디어 출산한다. 다른 몇몇 곤충은 알을 낳지만 유충으로서 자라는 동안 번데기화할 태세를 갖출 때까지 먹잇감과 돌봄을 제공한다. 송장벌레의 암수는 쥐 같은 작은 동물의 시체를 발견하면 그것을 묻고, 암컷이 그 부근 땅에 알을 몇 개 낳는다. 암수는 그런 다음 미리 소화시킨 시체를 게워 먹이면서 부화한 유충들이 번데기가 될 때까지 돌본다.

에드워드 윌슨(Edward O. Wilson)[4]의 말에 따르면, 송장벌레는 새와 새끼 새처럼 자기 유충과 상호 작용한다. 우리는 4000종 넘는 바퀴벌레(그 절대 다수는 인간의 가정에 피해를 주는 해충이 아니다)가 진화 과정을 거치면서 부모 돌봄을 확대하는 쪽으로 달라지고 있음을 확인할 수 있다. 다수의 바퀴벌레종은 알을 일종의 보호용 통에 집어넣은 채 부화할 때까지 복부 끝에 달고 다닌다. 일부 바퀴벌레종은 한 발 더 나아가 마치 캥거루가 새끼를 주머니에 넣는 것처럼 약충을 육아방에 지니고 다니기도 한다. 루이스 로스(Louis Roth)와 에드윈 윌리스(Edwin Willis)가 인용한 바에 따르면, 월콧(G. N. Wolcott)은 또 한 가지 바퀴벌레종에 대해 이렇게 말했다. "……어미는 새끼를 위에서 내리덮고 함께 밤에 먹잇감을 찾아 나선다. 이런 일은 새끼가 장성한 손위 형제자매와 어울릴 정도로 몸집이 커질 때까지 계속된다."[5]

지금껏 살펴보았듯 알려진 90만 가지 곤충종(학문적으로 아직까지 규명되지 않은 것은 수백만 종에 이를 것이다)은 지상의 모든 육지·담수 생태계에 꼭 필요한 구성원이다. 그들이 없다면 우리가 알고 있는 지상의 생명체는 물론 우리 인간도 살아남지 못할 것이다. 이미 언급한 대로 그들이 생태계에 필수불가결한 수많은 책임을 떠안고 있기 때문이다. 그렇긴 해도 우리는 곤충 가운데 극히 일부, 즉 2퍼센트 미만은 우리가 저장해놓은 곡물을 좀먹고, 재배하는 작물에 해를 끼치고, 질병을 퍼뜨린다는 사실과 마주해야 한다. 로버트 L. 멧커프와 로버트 A. 멧커프[6]에 따르면, 곤충은 1988년 미국 경제에 140억 달러(인플레이션을 감안한 오늘날의 가치로 환산하면 훨씬 큰 금액이다) 넘는 피해를 안겨주었다.

이러한 손실을 줄이기 위해, 아니 좀더 현실적으로 말해서 손실이 늘어나는 것을 막기 위해 우리가 할 수 있는 일은 무엇일까? 응용곤충학은 19세기에 싹튼 이래 무엇을 해야 하는지, 그리고 적어도 그와 똑같이 중요한 것으로 무엇을 하지 말아야 하는지에 관해 많은 것을 알아냈다. 만병통치약식 접근은 어떤 살충제가 곤충을 없애주는지 파악하고 실제로 그것을 살포하는 방식이다. 이와 다른 접근법이 현대적인 해충 종합관리(IPM) 개념이다. 즉 네 적을 알라, 그의 약점을 파악하라, 그리고 그 지식을 토대로 가장 효과적인 방법을 강구하라는 것이다. 이때 최선의 방법은 비(非)살충제적 방제법 하나만 선택하는 것일 수도 있고, 거기에 한 가지 살충제를 신중하게 덧붙이는 방안일 수도 있다.

살충제는 때로 최선의 곤충 방제법이다. 예를 들어 전 세계적 말라리아 근절 운동은 거의 성공을 거두는 듯했지만, 모기가 DDT에 내성을 키우자 실패로 돌아가 이내 대대적으로 재발했다. 그럼에도 DDT는 30년간 말라리아를 억제함으로써 수많은 사람을 고통과 죽음으로부터 벗어나게 해주었다. 그러나 살충제는 약물과 마찬가지로 흔히 오용하거나 과용할 경우 달갑잖은 부작용을 일으키기도 한다. 우리는 사과나무 과수원에 DDT를 비롯한 여러 살충제를 살포하자, 사과나무 식자곤충을 제어하는 포식자와 기생 곤충마저 죽어버려 새로운 해충과 진드기를 '창출'했다는 사실을 확인한 바 있다. 알풍뎅이가 인디애나 주에서 일리노이 주로 쳐들어오지 못하게 막기 위해 디엘드린을 사용한 시도는 결국 수포로 돌아갔으며, 환경에 씻을 수 없는 상처를 남겼다. 독하디독한 그 물질을 밭에, 농가에, 마을에 닥치는 대로 뿌려댄 결과, 애완동물과 가축이 숨졌고 다람쥐는 거의 종적을 감추다시피 했다. 그뿐만 아니라 무수한 명금(鳴禽: 고운 소리로 지저귀는 새—옮긴이)이 사라짐으로써 레이첼 카슨은 살충제 오용에 관해 폭로한 책의 제목을《침묵의 봄》이라고 붙이기에 이르렀다.[7]

우리는 살충제 없이, 혹은 살충제를 분별력 있게 사용함으로써 해충을 억제·근절하는 수많은 방법 가운데 몇 가지를 살펴보았다. 체체파리의 피해에서 벗어난 것은 그들이 살충제를 흠뻑 뿌린 '가짜' 소에 내려앉도록 유도하는 방식을 통해서였다. 프랑스 포도주 산업을 구제한 것은 포도나무뿌리진디에 취약한 유럽의 양주용 포도나무를 그 곤충에 저항력 있는 미국의 포도나무종과 접붙이는 방식을 통해서였다. 알풍뎅이 유충은 알풍뎅이와 무관한 동물이나 인간에게 무해한 유화병 원인균의 포자를 그들이 들끓는 지역의 잔디밭에 뿌림으로써 방제할 수 있었다. 긴노린재는 중서부의 경작 시스템에서 밀을 대두로 대체하고부터 더 이상 문제 되지 않았다. 밀혹파리는 산란하는 암컷이 죽기를 기다렸다가 밀을 심는 식으로 제어했다. 마지막으로 나선구더기파리는 불임 수컷을 풀어서 생식력 있는 수컷과 맞붙인 결과 미국에서부터 남쪽으로 파나마까지 완전히 근절할 수 있었다.

우리는 대다수 비해충보다 우리의 이해와 상충하는 소수 해충에 대해 더 많은 것을 알고 있다. 그들이 우리에게 경제적으로 피해를 안겨주므로 무해하다 싶은 곤충보다 그들에 대한 연구에 더 많은 시간과 노력을 기울이고 비용을 투자한 결과다. 이는 적어도 경제적 관점에서 볼 때 당연한 일이다. 다행히 우리가 해충에 관해 알아낸 사실은 다른 모든 곤충에게도 적용될 뿐 아니라, 인간 역시 생존을 기대고 있는 전 지구적 생명체의 망(web)에서 곤충이 차지하는 역할에 대해 많은 것을 일깨워준다.

주

서문

1. Larry P. Pedigo, *Entomology and Pest Management* (New York: Macmillan, 1989), p. 30.

2. Stephen A. Forbes, *The Insect, the Farmer, the Teacher, the Citizen, and the State* (Urbana: Illinois State Laboratory of Natural History, 1915), p. 2.

01 가장 위험한 곤충 모기

1. Andrew Spielman and M. D'Antonio, *Mosquito: A Natural History of Our Most Persistent and Deadly Foe* (New York: Hyperion, 2001), p. xx.

2. C. O. Farquharson, "*Harpagomyia* and other Diptera fed by *Crematogaster* ants in S. Nigeria," *Transactions of the Entomological Society of London* (1918), pp. xxix-xxxix.

3. Frederick Knab, "The swarming of *Culex pipiens*," *Psyche* 13 (1906), pp. 123-133.

4. William R. Horsfall, *Mosquitoes; Their Bionomics and Relation to Disease* (New York: Ronald Press, 1955), p. 522.

5. Patrick Manson, "On the development of *Filaria sanguinis hominis*, and on the mosquito considered as a nurse," *Journal of the Linnaean Society of London, Zoology* 14 (1878), pp. 304-311.

6. Spielman and D'Antonio, *Mosquito*, p. 195.

7. Robert J. Novak, 저자와의 사적인 대화, 2003.

8. Ibid.

9. Spielman and D'Antonio, *Mosquito*, p. 200.

10. *Malaria Control on Impounded Water* (Washington, DC: US Public Health Service and Tennessee Valley Authority, 1947), p. 3.

11. William R. Horsfall, *Medical Entomology* (New York: Ronald Press, 1962), p. 339.

12. Spielman and D'Antonio, *Mosquito*, p. 129.

13. Ibid., pp. 157-178.

14. Robert L. Metcalf, "Insecticides in Pest Management," in *Introduction to Pest Management*, ed. R. L. Metcalf and W. H. Luckmann (New York: John Wiley and Sons, 1994), pp. 245-314.

15. Ibid., p. 252.

02 진행 중인 진화 집파리

1. Geroge S. Graham-Smith, *Flies in Relation to Disease: Non-Bloodsucking Flies* (Cambridge: Cambridge University Press, 1914), p. 19.

2. Luther S. West, *The Housefly* (Ithaca, NY: Comstock Publishing Group, 1951), p. 275.

3. Thomas R. Dunlap, *DDT* (Princeton, NJ: Princeton University Press, 1981), p. 3.

4. Ibid.

5. Anthony W. A. Brown and R. Pal, *Insecticide Resistance in Arthropods* (Geneva: World Health Organization, 1971), pp. 300-301.

6. James G. Sternburg, Clyde W. Kearns, and Herbert Moorfield, "DDT-dehydrochlorinase, an enzyme found in DDT-resistant flies," *Journal of Agricultural and Food Chemistry* 2 (1954), pp. 1125-1130.

7. Mark L. Winston, *Nature Wars: People vs. Pests* (Cambridge, MA: Harvard University Press, 1997), p. 14.

8. R. R. Parker, "Dispersion of *Musca domestica* Linnaeus under city conditions in Montana," *Journal of Economic Entomology* 9 (1916): pp. 325-354.

9. F. C. Bishopp and E. W. Laake, "The dispersion of flies by flight," *Journal of Economic Entomology* 12 (1919), pp. 210-211.

10. Robert L. Metcalf and Robert A. Metcalf, *Destructive and Useful Insects*, 5th ed. (New York: McGraw-Hill, 1993), p. 21.44.

11. Thomas H. Frazzetta, *Complex Adaptations in Evolving Populations* (Sunderland, MA: Sinauer Associates, 1975), p. 2.

12. Vincent B. Wigglesworth, *The Principles of Insect Physiology* (Cambridge: Cambridge University Press, 1972), pp. 268-269.

13. Charles Darwin, *On the Origin of Species by Means of Natural Selection or the Preservation of Favoured Races in the Struggle for Life* (London: John Murray, 1859). 책 전체를 참조하라.

03 다윈이 알고 싶어 했던 것 초파리

1. Donald J. Borror, Dwight M. DeLong, and Charles A. Triplehorn, *An Introduction to the Study of Insects*, 5th ed. (Philadelphia: Saunders, 1981), pp. 609-610.

2. Douglas J. Futuyma, *Evolutionary Biology*, 2nd ed. (Sunderland, MA: Sinauer, 1986), pp. 241-242, 303-305.

3. Michael Ashburner, "Entomophagous and other bizarre Drosophilidae," in Michael Ashburner, H. L. Carson, and J. N. Thompson Jr., *The Genetics and Biology of Drosophila*, vol. 3a (London: Academic Press, 1981). 10장(pp. 398-421) 전체를 참조하라.

4. Warren P. Spencer, "Collection and Laboratory Culture," in *Biology of Drosophila*, ed. M. Demerec (New York: Hafner, 1950), p. 49.

5. M. Ashburner and J. N. Thompson Jr., "The Laboratory Culture of *Drosophila*," in *The Genetics and Biology of Drosophila*, vol 2a, ed. M. Ashburner and T. R. F. Wright (London: Academic Press, 1978), pp. 2-29.

6. Code of Federal Regulations, www.fda.gov/ora/compliance_ref/cpg/cpgfod/cpg585-890.htm (January 16, 2004).

7. C. Darwin, *Variations of Animals and Plants under Domestication, The Works*

of Charles Darwin, ed. P. H. Barrett and R. B. Freeman (New York: New York University Press, 1988)에 재게재. 주 9 참조.
8. Gregor Mendel, "Versuche über Pflanxenhybriden" (Research on plant hybrids), *Verhandlungen der naturforschungs Verein Brünn* 4 (1866), pp. 3-47.
9. Ronald W. Clark, *The Survival of Charles Darwin* (New York: Random House, 1984), pp. 169-174.
10. Monroe W. Strickberger, *Evolution*, 2nd ed. (Sudbury, MA: Jones and Bartlett, 1996), p. 483.
11. Ibid., p. 173.
12. Ibid., p. 35.
13. Clark, *The Survival of Charles Darwin*, pp. 215-216.
14. Ibid., pp. 216-217.
15. Ibid., pp. 241-242.
16. Warren P. Spencer, "Collection and Laboratory Culture," in Demerec, *Biology of Drosophila*, pp. 541-547.
17. Herman J. Muller, "Thomas Hunt Morgan, 1866-1945," *Science* 103 (1946): pp. 550-551.
18. Clark, *The Survival of Charles Darwin*, p. 257.
19. Ibid., p. 261.
20. Muller, "Thomas Hunt Morgan," p. 551.

04 자연선택, 농부의 허를 찌르다 옥수수근충

1. Paul C. Mangelsdorf, *Corn: Its Origin, Evolution, and Improvement* (Cambridge, MA: Harvard University Press, 1974), p. 1.
2. F. M. Webster, "On the probable origin, development, and diffusion of North American species of the genus Diabrotica," *Journal of the New York Entomological Society* 3 (1895), pp. 158-166.
3. Terry F. Branson and James Kryson, "Feeding and oviposition behavior and life cycle strategies of *Diabrotica*: an evolutionary view with implications for pest

management," *Environmental Entomology* 10 (1981), pp. 826-831.
4. Rosanna Giordano, Jan Jackson, and Hugh Robertson, "The Role of *Wolbachia* bacteria in reproductive incompatibilities and hybrid zones of *Diabrotica* beetles and *Gryllus* crickets," *Proceedings of the National Academy of Sciences* USA 94 (1997), pp. 11439-11444.
5. Michael E. Gray and William H. Luckmann, "Integrating the cropping system for corn insect pest management," in *Introduction to Pest Management*, ed. Robert L. Metcalf and William H. Luckmann (New York: John Wiley, 1994), p. 516.
6. H. C. Chiang, "Survival of northern corn rootworm eggs through one and two winters," *Journal of Economic Entomology* 58 (1965), pp. 470-472.
7. James L. Krysan, Jan Jackson, and A. C. Lew, "Field determination of egg diapause in *Diabrotica* with new evidence of extended diapause in *D. barberi* (Coleoptera: Chrysomelidae)," *Environmental Entomology* 13 (1984), pp. 1237-1240.
8. Eli Levine, H. Oloumi-Sadeghi, and J. R. Fisher, "Discovery of multiyear diapause in Illinois and South Dakota northern corn rootworm (Coleoptera: Chrysomelidae) eggs and incidence of the prolonged diapause trait in Illinois," *Journal of Economic Entomology* 95 (1992), pp. 262-267.
9. Eli Levine, J. L. Spencer, S. A. Isard, D. W. Onstad, et al., "Adaptation of the western corn rootworm to crop rotation: evolution of a new strain in response to a management practice," *American Entomologist* 48 (2002), pp. 94-107.

05 한 종이 두 종으로 분화하는 법 과실파리

1. A. L. Quaintance and E. H. Siegler, *The More Important Apple Insects* (Washington, DC: US Department of Agriculture Farmers' Bulletin 1270, 1922), pp. 14-15.
2. James R. Carey, "The Mediterranean fruit fly invasion of Southern California," in *The Medfly in California: Defining Critical Research*, ed. J. G. Morse, R. L. Metcalf, J. R. Carey, and R. V. Dowell (Riverside: College of Natural and Agricultural Sciences, University of California, 1994), pp. 71-91.
3. E. F. Boller and Ronald J. Prokopy, "Bionomics and management of *Rhagoletis*,"

Annual Review of Entomology 21 (1976), pp. 223-246.

4. Ronald J. Prokopy and Jorge Hendrichs, "Mating behavior of *Ceratitis capitata* on a field-caged host tree," *Annals of the Entomological Society of America* 72 (1979), pp. 642-648.
5. Chris T. Maier and G. P. Waldbauer, "Dual mate-seeking strategies in male syrphid flies (Diptera: Syrphidae)," *Annals of the Entomological Society of America* 72 (1979), pp. 54-61.
6. Ronald J. Prokopy and Daniel R. Papaj, "Behavior of flies of the genera *Rhagoletis, Zonosemata, and Carpomya* (Trypetinae: Carpomyina)," in *Fruit Flies (Tephritidae), Phylogeny and Evolution of Behavior*, ed. M. Aluja and A. L. Norrbom (Boca Raton, FL: Chemical Rubber Company, 2000), pp. 219-252.
7. Ronald J. Prokopy, "Evidence for a marking pheromone deterring repeated oviposition in apple maggot flies," *Environmental Entomology* 1 (1972), pp. 326-332.
8. Ibid.
9. F. Diaz-Fleischer, D. R. Papaj, R. J. Prokopy, et at., "Evolution of fruit fly oviposition behavior," in Aluja and Norrbom, *Fruit Flies*, pp. 812-841.

06 후손 보장하기: 숫자 게임 진딧물

1. Robert E. Snodgrass, *Insects, Their Ways and Means of Living* (New York: Smithsonian Institution Series, 1930), p. 278.
2. Nancy A. Moran, "The evolution of aphid life cycles," *Annual Review of Entomology* 37 (1992), pp. 321-348.
3. L. J. Pickett, L. J. Wadhams, C. M. Woodcock, et al., "The chemical ecology of aphids," *Annual Review of Entomology* 37 (1992), pp. 67-90.
4. A. F. G. Dixon, "Evolution and adaptive significance of cyclical parthenogenesis in aphids," in *Aphids, Their Biology, Natural Enemies, and Control*, vol. A, ed. A. K. Mink and P. Harrewijn (Amsterdam: Elsevier, 1987), p. 294.
5. Ursula Goodenough, *The Sacred Depths of Nature* (New York: Oxford University

Press, 1988), p. 125.

07 후손 보장하기: 부모 돌봄의 역할 체체파리

1. David L. Denlinger and Jan Ždárek, "Rhythmic pulses of haemolymph pressure associated with partuition and ovulation in the tsetse fly, *Glossina morsitans,*" *Physiological Entomology* 17 (1992), pp 127-130.
2. Patrick A. Buxton, *The Natural History of Tsetse Flies* (London: H. K. Lewis, 1955), p. xi.
3. Robert E. Snodgrass, *Insects, Their Ways and Means of Living* (New York: Smithsonian Institution Series, 1930), p. 348.
4. Maurice T. James and Robert F. Harwood, *Medical Entomology* (London: Macmillan, 1969), p. 272.
5. Josh Gewolb, "Fake cows fight disease," *Science* 294 (2001), p. 45.
6. Denlinger and Ždárek, "Rhythmic pulses of haemolymph pressure," pp. 127-130.
7. Buxton, *The Nature History of Tsetse Flies*, p. 106.
8. Ibid., pp. 460-462.
9. Susan Smith, *The Black-Capped Chickadee* (Ithaca, NY: Cornell University Press, 1991), pp. 117-119.
10. Robert L. Metcalf and Robert A. Metcalf, *Destructive and Useful Insects*, 5th ed. (New York: McGraw-Hill, 1993), pp. 20-37.
11. Beth J. Lenoble and David L. Denlinger, "The milk gland of the sheep ked, *Melophagus ovinus*: a comparison with *Glossina*," *Journal of Insect Physiology* 28 (1982), pp. 165-172.

08 휴면란으로서 겨울나기 도롱이벌레

1. Robert D. Morden and Gilbert P. Waldbauer. "Seasonal and daily emergence patterns of adult *Thyridopteryx ephemeraeformis* (Lepidoptera: Psychidae)," *Entomological News* 82 (1971), pp. 219-224.

2. Tohko Kaufmann, "Observations on the biology and behavior of the evergreen bagworm moth, *Thyridopteryx ephemeraeformis* (Lepidoptera: Psychidae)," *Annals of the Entomological Society of America* 61 (1968), pp. 38-44.

3. Daniel L. Cox and Daniel A. Potter, "Aerial dispersal behavior of larval bagworms, *Thyridopteryx ephemeraeformis* (Lepidoptera: Psychidae)," *Canadian Entomologist* 118 (1986), pp. 525-536.

4. Leonard Haseman, *The Evergreen Bagworm* (Columbia: University of Missouri Agricultural Experimental Station Bulletin 104, 1912), p. 309.

5. Ibid., p. 318.

6. Peter K. Lagoy and Edward M. Barrows, "Larval-sex and host-specific effects on location of attachment sites of last-instar bagworms, *Thyridopteryx ephemeraeformis* (Lepidoptera: Psychidae)," *Proceedings of the Entomological Society of Washington* 91 (1989), pp. 468-472.

7. Gilbert P. Waldbauer and James G. Sternburg, "Cocoons of *Callosamia promethea* (Saturniidae): adaptive significance of differences in mode of attachment to the host tree," *Journal of the Lepidopterists' Society* 36 (1982), pp. 192-199.

8. Morden and Waldbauer, "Seasonal and daily emergence patterns of adult *Thyridopteryx ephemeraeformis*," pp. 219-224.

9. Haseman, *The Evergreen Bagworm*, p. 320.

10. B. A. Leonhardt, J. W. Neal Jr., J. A. Klum, M. Schwarz, et al., "An unusual lepidopteran sex pheromone system in the bagworm moth," *Science* 219 (1983), pp. 314-316.

11. Haseman, *The Evergreen Bagworm*, p. 321.

12. Ibid., pp. 322-323.

13. Robert D. Morden and Gilbert P. Waldbauer, "Diapause and its termination in the psychid moth, *Thyridopteryx ephemeraeformis*," *Entomologia Experimentale et Applicata* 28 (1980), pp. 322-333.

14. Ibid.

15. Gilbert P. Waldbauer and James G. Sternburg, "The bimodal emergence

curve of adult *Hyalophora cecropia*: conditions required for the initiation of development by second mode pupae," *Entomologia Experimentale et Applicata* 41 (1986), pp. 315-317.
16. Robert D. Morden and Gilbert P. Waldbauer, "Embryonic development time and spring hatching of *Thyridopteryx ephemeraeformis* (Lepidoptera: Psychidae)," *Entomological News* 82 (1971), pp. 209-217.
17. G. P. Waldbauer, "Phenological adaptation and the polymodal emergence patterns of insects," in *Evolution of Insect Migration and Diapause*, ed. H. Dingle (New York: Springer-Verlag, 1978), pp. 127-144.
18. Khidir W. Hilu and J. M. J. de Wet, "Effects of artificial selection on grain dormancy in *Eleusine* (Gramineae)," *Systematic Botany* 5 (1980), pp. 54-60.

09 속임수로 포식자 따돌리기 검은제비꼬리나비

1. Paul A. Opler and George O. Krizek, *Butterflies East of the Great Plains* (Baltimore: Johns Hopkins University Press, 1984), p. 45.
2. A. Newnham, "The detailed resemblance of an Indian lepidopterous larva to the excrement of a bird. A similar result obtained in an entirely different way by a Malayan spider," *Transactions of the Entomological Society of London* 282 (1924), pp. xc-xciv.
3. Opler and Krizek, *Butterflies East of the Great Plains*, p. 45.
4. May R. Berenbaum, "Aposematism and mimicry in caterpillars," *Journal of the Lepidopterists' Society* 49 (1995), pp. 386-396
5. David L. Evans and Gilbert P. Waldbauer, "Behavior of adult and naïve birds when presented with a bumblebee and its mimic," *Zeitschrift für Tierpsychologie* 59 (1982), pp. 247-259.
6. Fritz Müller, "*Ituna* and *Thyridis*; a remarkable case of the mimicry in butterflies" (translated from the German by R. Meldola), *Proceedings of the Entomological Society of London* 27 (1879), pp. xx-xxix.
7. Berenbaum, "Aposematism and mimicry in caterpillars," pp. 386-396.

8. Malcolm Edmunds, *Defence in Animals* (Harlow, England: Longman Group, 1974), p. 65.

9. W. Windecker, "*Euchelia (Hypocrita) jacobaeae* L. und das Schutztrachten Problem" (*Euchelia [Hypocrita] jacobaeae* L. and the question of warning coloration), *Zeitschrift für Morphologie und Ökologie der Tiere* 35 (1939), pp. 84-138.

10. Thomas Eisner and Yvonne C. Meinwald, "Defensive secretion of a caterpillar (*Papilio*)," *Science* 150 (1965), 1733-1735.

11. David A. West and Wade N. Hazel, "Natural pupation sites of swallowtail butterflies (Lepidoptera: Papilonidae): *Papilio polyxenes* Fabr., *P. glaucus* L. and *Battus philenor* (L.)," *Ecological Entomology* 4 (1979), pp. 387-392.

12. Wade N. Hazel, S. Ante, and B. Stringfellow, "The evolution of environmentally-cued pupal colour in swallowtail butterflies: natural selection for pupation site and pupal colour," *Ecological Entomology* 23 (1998), pp. 41-44.

13. H. B. D. Kettlewell, "Darwin's missing evidence," *Scientific American* 200 (1959), pp. 48-53.

14. Ibid.

15. Jane Van Zandt Brower, "Experimental studies in some North American butterflies. Part Ⅱ, *Battus philenor* and *Papilio troilus, P. polyxenes* and *P. glaucus,*" *Evolution* 12 (1958), pp. 123-136.

16. Lincoln P. Brower, "Ecological chemistry," *Scientific American* 200 (1969), pp. 22-30.

17. Laurence M. Cook, Lincoln P. Brower, and John Alcock, "An attempt to verify mimetic advantage in a Neotropical environment," *Evolution* 23 (1969), p. 344.

18. Gilbert P. Waldbauer and James G. Sternburg, "Saturniid moths as mimics: an alternative interpretation of attempts to demonstrate mimetic advantage in nature," *Evolution* 29 (1975), pp. 650-658.

19. Gilbert P. Waldbauer, "Aposematism and Batesian mimicry: measuring mimetic advantage in natural habitats," *Evolutionary Biology* 22 (1988), pp. 227-259.

20. James G. Sternburg, Gilbert P. Waldbauer, and Michael R. Jeffords. "Batesian

mimicry: selective advantages of color pattern," *Science* 195 (1977), pp. 681-683.

10 왜 곤충은 그토록 식성이 까다로운가 배추흰나비

1. E. Verschaffelt, "The cause determining the selection of food in some herbivorous insects," *Proceedings of the Academy of Science in Amsterdam* 13 (1910), pp. 536-542.
2. Louis M. Schoonhoven, L. M. Tibor Jermy, and J. J. A. van Loon, *Insect-Plant Biology* (London: Chapman and Hall, 1998), pp. 6-8.
3. Niklas Janz, K. Nyblom, and S. Nylin, "Evolutionary dynamics of host-plant specialization: a case study of the tribe Nymphalini," *Evolution* 55 (2001), pp. 783-796.
4. Robert T. Yamamoto and Gottfried S. Fraenkel, "The specificity of the tobacco hornworm, *Protoparce Sexta*, to solanaceous plants," *Annals of the Entomological Society of America* 53 (1960), pp. 503-507.
5. Verschaffelt, "The cause determining the selection of food in some herbivorous insects," pp. 536-542.
6. Asgeir J. Thorsteinson, "The chemotactic responses that determine host specificity in an oligophagous insect [*Plutella maculipennis* (Curt.) Lepidoptera]," *Canadian Journal of Zoology* 31 (1953), pp. 52-72.
7. Gottfried S. Fraenkel, "The raison d'être of secondary plant substances," *Science* 129 (1959), pp. 1466-1470.
8. Andreas Ratska, H. Vogel, D. J. Kliebenstein, et al., "Disarming the mustard oil bomb," *Proceedings of the National Academy of Sciences* 99 (2002), pp. 11223-11228.
9. Fraenkel, "The raison d'être of secondary plant substances," pp. 1466-1470.
10. Ibid.
11. Gilbert P. Waldbauer and Gottfried S. Fraenkel, "Feeding on normally rejected plants by larvae of the tobacco hornworm, *Protoparce sexta* (Lepidoptera: Sphingidae)," *Annals of the Entomological Society of America* 54 (1961), pp. 477-

485.
12. Paul R. Ehrlich and Peter H. Raven, "Butterflies and plants: a study in co-evolution," *Evolution* 18 (1965), pp. 586-608.
13. G. E. Hutchinson, *The Ecological Theater and the Evolutionary Play* (New Haven, CT: Yale University Press, 1965), title page.
14. Arthur E. Weis and May R. Berenbaum, "Herbivorous insects and green plants," in *Plant-Animal Interaction*, ed. W. G. Abrahamson (New York: McGraw-Hill, 1989), pp. 123-162.
15. Ehrlich Raven, "Butterflies and plants: a study in coevolution," pp. 586-608.
16. Scott R. Smedley, F. C. Schroeder, D. B. Weibel, et al., "Mayolenes: labile defensive lipids from the glandular hairs of a caterpillar (*Pieris rapae*)," *Proceedings of the National Academy of Sciences* 99 (2002), pp. 6822-6827.

11 '영양과 관련한 지혜' 큰담배밤나방

1. R. A. Blanchard and W. A. Douglas, *The Corn Earworm as an Enemy of Field Corn in the Eastern States* (Washington DC: USDA Farmers' Bulletin 1651, 1953), pp. 1-15.
2. Philip S. Callahan, "Behavior of the imago of the corn earworm, *Heliothis zea* (Boddie), with special reference to emergence and reproduction," *Annals of the Entomological Society of America* 51 (1958), pp. 271-283.
3. Robert L. Metcalf and Robert A. Metcalf, *Destructive and Useful Insects*, 5th ed. (New York: McGraw-Hill, 1993), p. 9.34.
4. L. G. Monteith, "Host preferences of *Drino bohemica* Mesh. (Diptera: Tachinidae), with particular reference to olfactory responses," *Canadian Entomologist* 87 (1955), pp. 509-530.
5. Ted C. J. Turlings, J. H. Loughrin, P. J. McCall, et al., "How caterpillar-damaged plants protect themselves by attracting parasitic wasps," *Proceedings of the National Academy of Sciences* 92 (1995), pp. 4169-4174.
6. Gary F. McCracken and John K. Westbrook, "Bat patrol," *National Geographic*

201 (April 2002), pp. 114-123.

7. Ibid.

8. Jane E. Yack and James H. Fullard, "Ultrasonic hearing in nocturnal butterflies," *Nature* 403 (2000), pp. 265-266.

9. Gilbert P. Waldbauer and Anoop K. Bhattacharya, "Self-selection of an optimum diet from a mixture of wheat fractions by the larvae of *Tribolium confusum,*" *Journal of Insect Physiology* 19 (1973), pp. 407-418.

10. Erma S. Vanderzant, "Dietary requirements of the bollworm, *Heliothis zea* (Lepidoptera: Noctudiae), for lipids, choline, and inositol and the effect of fats and fatty acids on the composition of the body fat," *Annals of the Entomological Society of America* 61 (1968), pp. 120-125.

11. Gilbert P. Waldbauer and Stanley Friedman, "Self-selection of optimal diets by insects," *Annual Review of Entomology* 36 (1991), pp. 43-63.

12. Konrad Lorenz, *Evolution and the Modification of Behavior* (Chicago: University of Chicago Press, 1965), pp. 14-15.

13. Robert W. Thacker, "Avoidance of recently eaten foods by land hermit crabs, *Coenobita compressus*," *Animal Behavior* 55 (1998), pp. 485-496.

14. Tohko Kaufmann, "Biological studies on some Bavarian Acridoidea (Orthoptera), with special reference to their feeding habits," *Annals of the Entomological Society of America* 58 (1965), 791-801.

15. Susan F. Reichert and Joel M. Harp, "Nutritional ecology of spiders," in *Nutritional Ecology of Insects, Mites, Spiders, and Related Invertebrates*, ed. F. Slansky Jr. and J. G. Rodriguez (New York: Wiley, 1987), pp. 645-672.

12 외래 침입자 매미나방

1. A. F. Burgess, "Suppression of the gipsy[sic] and brown-tail moths and its value to states not infested," *Yearbook of the Department of Agriculture* (Washington, DC, 1916), pp. 1-2.

2. Edward H. Forbush and Charles H. Fernald, *The Gypsy Moth* (Boston:

Massachusetts State Board of Agriculture, 1896), p. 11.

3. D. Barry Lyons and Andrew M. Liebhold, "Spatial distribution and hatch times of egg masses of gypsy moth (Lepidoptera: Lymantriidae)," *Environmental Entomology* 21 (1992), pp. 354-358.

4. W. E. Britton, *The Gypsy Moth* (New Haven: Connecticut Agricultural Experiment Station Bulletin 375, 1935), pp. 625-647.

5. Michael H. Gerardi and James K. Grimm, *The History, Biology, Damage, and Control of the Gypsy Moth, Porthetria dispar* (L.) (Cranbury, NJ: Associated University Presses, 1979), p. 287.

6. Britton, *The Gypsy Moth*, p. 631.

7. Gerardi and Grimm, *The History, Biology, Damage, and Control of the Gypsy Moth*, p. 168.

8. Ibid., p. 169.

9. Burgess, "Suppression of the gipsy[sic] and brown-tail moths," p. 5.

10. Ibid., p. 2.

11. Ibid.

12. Britton, *The Gypsy Moth*, p. 638.

13. Marjorie A. Hoy, "Parasitoids and predators in management of arthropod pests," in *Introduction to Insect Pest Management*, 3rd ed., ed. R. L. Metcalf and W. H. Luckmann (New York: John Wiley, 1994), pp. 160-161.

14. Gerardi and Grimm, *The History, Biology, Damage and Control of the Gypsy Moth*, p. 134.

15. Curtis W. Sabrosky and Paul H. Arnaud Jr., "Family Tachinidae," in *A Catalog of the Diptera of America North of Mexico*, ed. A. Stone, C. W. Sabrosky, W. W. Wirth, et al. (Washington, DC: US Government Printing Office, 1965), p. 1040.

16. George H. Boettner, J. S. Elkinton, and C. J. Boettner, "Effects of a biological control introduction on three nontarget native species of saturniid moths," *Conservation Biology* 14 (2000), pp. 1798-1806.

17. David Pimentel, L. Lach, and R. Zuniga, "Environmental and economic costs of nonindigenous species in the United States," *BioScience* 50 (2000), pp. 53-65.

13 어느 미국인이 프랑스 포도주 산업을 구하다 포도나무뿌리진디

1. George Ordish, *The Great Wine Blight* (New York: Charles Scribner's Sons, 1972), p. 8.
2. Edward H. Smith, "The grape phylloxera, a celebration of its own," *American Entomologist* 38 (1992), pp. 212-221.
3. Ordish, *The Great Wine Blight*, p. 140.
4. Smith, "The grape phylloxera, a celebration of its own," pp. 212-221.
5. John H. Comstock, *An Introduction to Entomology* (Ithaca, NY: Comstock Publishing Co., 1950), pp. 433-437.
6. Smith, "The grape phylloxera, a celebration of its own," pp. 212-221.
7. Jeffrey Granett, M. A. Walker, L. Kocis, et al., "Biology and management of grape phylloxera," *Annual Review of Entomology* 46 (2001), pp. 387-412.
8. Gerald A. Rosenthal and May R. Berenbaum, eds., *Herbivores, Their Interactions with Secondary Plant Metabolites*, vol. 2 (San Diego: Academic Press, 1992). 책 전체를 참조하라.
9. Gerald A. Rosenthal, C. G. Hughes, and D. H. Janzen, "Canavanine, a dietary nitrogen source for the seed predator *Caryedes brasiliensis* (Bruchidae)," *Science* 217 (1982), pp. 353-355.
10. G. Wayne Ivie, D. L. Bull, R. C. Beier, et al., "Metabolic detoxification: mechanism of insect resistance to plant psoralens," *Science* 221 (1983), pp. 374-376.
11. May Berenbaum, "Patterns of furanocoumarin distribution and insect herbivory in the Umbelliferae: plant chemistry and community structure," *Ecology* 62 (1981), pp. 1254-1266.

14 살충제가 새로운 해충을 '창출'한다 코들링나방

1. Mark L. Winston, *Nature Wars: People vs. Pests* (Cambridge, MA: Harvard University Press, 1997), p. 82.
2. Robert L. Metcalf and Robert A. Metcalf, *Destructive and useful Insects*, 5th ed. (New York: McGraw-Hill, 1993), pp. 15.45-15.49

3. Winston, *Nature Wars*, pp. 83-84.
4. Thomas R. Dunlap, *DDT, Scientists, Citizens, and Public Policy* (Princeton, NJ: Princeton University Press, 1982), p. 43.
5. Ibid., p. 50.
6. Ibid., p. 54.
7. E. H. Glass and P. J. Chapman, *The Red-banded Leaf Roller and Its Control*, Bulletin 755 (Geneva, NY: New York State Agricultural Experiment Station, 1952), p. 4.
8. C. R. Cutright, *Grower Control of the Codling Moth* (Wooster, Ohio Agricultural Experiment Station Research Bulletin 720, 1953), p. 35.
9. Metcalf and Metcalf, *Destructive and Useful Insects*, p. 7.48.
10. Glass and Chapman, *The Red-banded Leaf Roller and Its Control*, p. 4.
11. R. H. Meyer, "Management of phytophagous and predatory mites in Illinois orchards," *Environmental Entomology* 3 (1974), pp. 333-340.

15 저기술 방제에서 고기술 방제로 유럽조명나방

1. W. G. Bradley, "The European corn borer," in *Yearbook of Agriculture* (Washington, DC: United States Department of Agriculture, 1952), p. 614.
2. D. J. Caffrey and L. H. Worthley, *A Progress Report on the Investigations of the European Corn Borer*, Department Bulletin No. 1476 (Washington, DC: United States Department of Agriculture, 1929), pp. 15-24.
3. D. G. R. McLeod and S. D. Beck, "Photoperiodic termination of diapause in an insect," *Biological Bulletin* 124 (1963), pp. 84-96.
4. H. C. Chiang, "Overwintering corn borer, *Ostrinia nubilalis*, larvae in storage cribs," *Journal of Economic Entomology* 57 (1964), pp. 666-669.
5. Dean Barry, D. Alfaro, and L. L. Darrah, "Relation of European corn borer (Lepidoptera: Pyralidae) leaf-feeding resistance and DIMBOA content in maize," *Environmental Entomology* 23 (1994), pp. 177-182.
6. William H. Luckmann and George C. Decker, "A corn plant maturity index for

use in European corn borer ecological and control investigations," *Journal of Economic Entomology* 45 (1952), pp. 226-232.

7. Stanley D. Beck and Edward E. Smissman. "The European corn borer, *Pyrausta nubilalis*, and its principal host plant, IX. Biological activity of chemical analogs of core resistance factor A (6-methoxybenzoxazilone)," *Annals of the Entomo logical Society of America* 54 (1961), pp. 52-61.
8. Luckmann and Decker, "A Corn plant maturity index for use in European corn borer ecological and control investigations," pp. 226-232.
9. William H. Luckmann and Howard B. Petty, *Controlling Corn Borers in Field Corn with Insecticides*, Circular 78 (Champaign, IL: College of Agriculture Extension Service in Agriculture, and Home Economics, 1957), pp. 1-8.
10. John E. Losey, L. S. Rayor, and M. E. Carter, "Transgenic pollen harms monarch larvae," *Nature* 399 (1999), p. 214.
11. Arthur R. Zangerl, D. McKenna, C. L. Wraight, et al., "Effects of exposure to event 176 *Bacillus thuringiensis* corn pollen on monarch and swallowtail caterpillars under field conditions," *Proceedings of the National Academy of Sciences* 98 (2001), pp. 11908-11912.
12. Ibid.
13. May Berenbaum, ed., "B_t Corn and Monarch Butterflies," *Proceedings of the National Academy of Sciences* 98 (2001), pp. 11908-11942.
14. Leonard I. Wassenaar and Keith A. Hobson, "Natal origins of migratory monarch butterflies at wintering colonies in Mexico: new isotopic evidence," *Proceedings of the National Academy of Sciences* 95 (1998), 15436-15439.
15. Rachel Carson, *Silent Spring* (New York: Houghton Mifflin, 1962). 책 전체를 참조하라.

16 DDT의 종언 알풍뎅이

1. E. Dwight Sanderson, *Insect Pests of Farm, Garden, and Orchard* (New York: John Wiley and Sons, 1931), p. 320.

2. William H. Luckmann and Geroge C. Decker, "A 5-year report of observations in the Japanese beetle control area at Sheldon, Illinois," *Journal of Economic Entomology* 53 (1960), pp. 821-827.

3. Thomas G. Scott, Y. L. Willis, and J. A. Ellis, "Some effects of a field application of dieldrin on wildlife," *Journal of Wildlife Management* 23 (1959), pp. 409-427.

4. Rachel Carson, *Silent Spring* (New York: Houghton Mifflin, 1962), p. 92.

5. Ibid. p. 13.

6. Thomas R. Dunlap, *DDT* (Princeton, NJ: Princeton University Press, 1981), p. 139.

7. Paul R. Ehrlich and Anne H. Ehrlich, *Population, Resources, Environment*, 2nd ed. (San Francisco: W. H. Freeman, 1972), p. 390.

8. Dunlap, *DDT*, p. 99.

9. Carson, *Silent Spring*, p. 22.

10. Mary L. Flint and Robert van den Bosch, *Introduction to Integrated Pest Management* (New York: Plenum Press, 1981), p. 6.

11. Walter E. Fleming, *Controlling the Japanese Beetle*, Farmer's Bulletin 2004 (Washington, DC: US Department of Agriculture, 1955), p. 12.

17 농촌 풍경에서 홀연히 사라지다 긴노린재

1. F. A. Fenton and C. F. Stiles, *Chinch Bug Control for Oklahoma Farms* (Stillwater: Oklahoma Agricultural and Mechanical College, 1940), p. 18.

2. C. M. Packard, P. Luginbill Sr., and C. Benton, *How to Fight the Chinch Bug*, Farmer's Bulletin 1780 (Washington, DC: US Department of Agriculture, 1937), p. 3.

3. *Chinch Bugs: How to Control Them*, Leaflet 364 (Washington, DC: US Department of Agriculture, 1954), p. 5.

4. W. L. Burlison and W. P. Flint, *Fight the Chinch-Bug with Crops*, Experiment Circular 268 (Urbana: University of Illinois Agricultural College, 1923), p. 3.

5. Robert L. Metcalf and Robert A. Metcalf, *Destructive and Useful Insects*, 5th ed. (New York: McGraw-Hill, 1993), p. 11.32.

6. Gilbert P. Waldbauer, "Damage to soybean seeds by South American stink

bugs," *Anais Da Sociedade Entomológica Do Brasil* 6 (1977), pp. 224-229.

7. Norman L. Marston, G. D. Thomas, C. M. Ignoffo, et al., "Seasonal cycles of soybean arthropods in Missouri: effect of pesticidal and cultural practices," *Environmental Entomology* 8 (1979), pp. 165-173.
8. Larry Zuckerman, *The Potato: How the Humble Spud Rescued the Western World* (New York: North Point Press, 1998). 책 전체를 참조하라.
9. W. Lu and J. Lazell, "The voyage of the beetle," *Natural History* 105 (1996), pp. 36-39.
10. Peter W. Price, *Insect Ecology*, 3rd ed. (New York: John Wiley and Sons, 1997), p. 103.

18 계절과의 동시 발생 밀혹파리

1. W. B. Cartwright and E. T. Jones, *The Hessian Fly*, Farmer's Bulletin 1627 (Washington, DC: US Department of Agriculture, 1953), pp. 1-9.
2. Robert L. Metcalf and Robert A. Metcalf, *Destructive and Useful Insects*, 5th ed. (New York: McGraw-Hill, 1993), pp. 10.8-10.12.
3. Charles G. Helm, Michael R. Jeffords, Susan L. Post, et al., "Spring feeding activity of overwintered bean leaf beetles (Coleoptera: Chrysomelidae) on nonleguminous hosts," *Environmental Entomology* 12 (1983), pp. 321-322.
4. Gilbert P. Waldbauer and Marcos Kogan, "Bean leaf beetle: phenological relationship with soybean in Illinois," *Environmental Entomology* 5 (1976), pp. 35-44.
5. Carol K. Augspurger, "Reproductive synchrony of a tropical shrub: experimental studies on effects of pollinators and seed predators on *Hybanthus prunifolius* (Violaceae)," *Ecology* 62 (1981), pp. 775-778.
6. Gilbert P. Waldbauer and Joseph K. Sheldon, "Phenological relationship of some aculeate Hymenoptera, their dipteran mimics, and insectivorous birds," *Evolution* 25 (1971), pp. 371-382.
7. Miriam Rothschild, "An extension of Dr. Lincoln Brower's theory on bird

predation and food specificity, together with some observations on bird memory in relation to aposematic colour patterns," *Entomologist* (London) (1964), pp. 73-78.
8. David Tilman, "Cherries, ants, and tent caterpillars: timing of nectar production in relation to susceptibility of caterpillars to ant predation," *Ecology* 59 (1978), pp. 686-692.
9. Paul Feeny, "Seasonal changes in oak leaf tannins and nutrients as a cause of spring feeding by winter moth caterpillars," *Ecology* 51 (1970), pp. 565-581.
10. John C. Schneider, "The role of parthenogenesis and female aptery in micro-geographic ecological adaptation in the fall cankerworm, *Alsophila pometary* Harris (Lepidoptera: Geometridae)," *Ecology* 61 (1980), pp. 1082-1090.

19 곤충으로 다른 곤충 방제하기 캘리포니아감귤깍지벌레

1. Paul DeBach, *Biological Control by Natural Enemies* (London: Cambridge University Press, 1974), pp. 31-38.
2. Ibid., p. 99.
3. Ibid., p. 33.
4. Michael Kosztarab, "Everything unique or unusual about scale insects (Homoptera: Coccoidae)," *Bulletin of the Entomological Society of America* 33 (1987), pp. 215-220.
5. DeBach, *Biological Control by Natural Enemies*, p. 34.
6. Albert Koebele, *Report of a Trip to Australia to Investigate the Natural Enemies of the Fluted Scale*, Bulletin 21 (Washington, DC: US Department of Agriculture Division of Entomology, 1890), p. 5.
7. Ibid., p. 12.
8. DeBach, *Biological Control by Natural Enemies*, p. 97.
9. Ibid., p. 92.
10. J. D. Tothill, T. H. C. Taylor, and R. W. Paine, *The Coconut Moth in Fiji* (London: Imperial Bureau of Entomology, 1930), pp. 14-17, 33.

11. Donald Naflus, "Biological control of *Penecillaria jocosatrix* (Lepidoptera: Noctuidae) on mango on Guam with notes on the biology of its parasitoids," *Environmental Entomology* 20 (1991), pp. 1725-1731.
12. J. K. Holloway, "Projects in biological control of weeds," in *Biological Control of Insect Pests and Weeds*, ed. P. DeBach (New York: Reinhold, 1964), pp. 652-656.
13. D. F. Waterhouse, "The biological control of dung," *Scientific American* 230, no. 4 (1974), pp. 100-109.
14. Francis G. Howarth, "Environmental impacts of classical biological control," *Annual Review of Entomology* 36 (1991), pp. 485-509.
15. E. S. Krasfur, T. J. Kring, J. C. Miller, et al., "Gene flow in the exotic colonizing ladybeetle *Harmonia axyridis* in North America," *Biological Control* 8 (1997), pp. 207-214.

20 교미 파괴를 통한 근절 나선구더기파리

1. Harold Oldroyd, *The Natural History of Flies* (New York: W. W. Norton, 1964), p. 218.
2. W. E. Dove, "Myiasis of man," *Journal of Economic Entomology* 30 (1937), pp. 29-39.
3. Edward Knipling, "Possibilities of insect control or eradication through the use of sexually sterile males," *Journal of Economic Entomology* 48 (1955), pp. 459-462.
4. A. H. Baumhover, A. J. Graham, B. A. Bitter, et al., "Screw-worm control through release of sterilized flies," *Journal of Economic Entomology* 48 (1955), pp. 462-466.
5. Knipling, "Possibilities of insect control or eradication," pp. 459-462.
6. Baumhover et al., "Screw-worm control through release of sterilized flies," pp. 462-466.
7. L. F. Steiner, W. C. Mitchell, E. J. Harris, et al., "Oriental fruit fly eradication by male

annihilation," *Journal of Economic Entomology* 58 (1965), pp. 961-964.

8. F. M. Howlett, "The effect of oil of citronella on two species of *Dacus*," *Transactions of the Entomological Society of London, Part 2* (1912), pp. 412-418.

후기

1. Paul A. Colinvaux, *Why Big Fierce Animals Are Rare* (Princeton, NJ: Princeton University Press, 1978), p. 8.
2. Elizabeth Bernays and Michelle Graham, "On the evolution of host specificity in phytophagous arthropods," *Ecology* 69 (1988), pp. 886-892.
3. Gilbert P. Waldbauer and Stanley Friedman, "Self-selection of optimal diets by insects," *Annual Review of Entomology* 36 (1991), pp. 43-63.
4. Edward O. Wilson, *Sociobiology* (Cambridge, MA: Harvard University Press, 1975), p. 208.
5. Louis M. Roth and Edwin R. Willis, *The Biotic Associations of Cockroaches* (Washington, DC: Smithsonian Institute, 1960), p. 329.
6. Robert L. Metcalf and Robert A. Metcalf, *Destructive and Useful Insects*, 5th ed. (New York: McGraw-Hill, 1993), pp. 1.41-1.42.
7. Rachel Carson, *Silent Spring* (New York: Houghton Mifflin, 1962), pp. 97-119.

옮긴이의 글

곤충계의 지명 수배자 명단, '나쁜 곤충들'

모기 · 파리 · 진딧물을 비롯해 악명 높은 해충 20종을 망라한 이 책은 제임스 K. 왕버그 박사의 말마따나 '곤충계의 지명 수배자 명단'이라고 부를 만하다. 그런데 이 책을 읽고 나면 더 이상 곤충을 하찮은 미물이라고는 부르지 못하게 된다. 외려 곤충이 대단하고 심지어 사랑스러워 보이기까지 한다. 이 책이 특히 중점적으로 다루고 있는 해충 역시 우리 인간의 입장에서 볼 때 나쁘다는 것뿐, 그들 자체로는 하등 나쁠 것도 잘못된 것도 없는 존재다. 그들 역시 우리 인간과 마찬가지로 자연선택에 의한 진화 과정을 거치면서 충실하게 진화의 명령을 따른 결과 살아남은 최종 승자인 것이다.

이 책의 20개 장은 곤충이 진화의 세 가지 명령—즉 열심히 먹고 성장할 것, 그러는 중에 어떻게든 잡아먹히는 사태를 피할 것, 그리고 생식이 가능한 성년기까지 살아남아서 자손을 퍼뜨릴 것—에 따르기 위해 개발해낸 천차만별의 기기묘묘한 생존 전략을 다룬다. 그런데 그 내용을 하나하나 음미하다 보면 정녕 자연의 경이로움을 느끼며 저도 모르게 마음이 숙연해진다. 그리고 선도적인 곤충학자 스티븐 앨프리드 포브스가 해충을 정의하면서 다음과 같이 한 말을 절로 수긍하게 된다. “우리 인간은 흔히 스스로를 자연의 주인이자 정복자라고 여기지만, 곤충이야말로 인간이 그러한 시도에 나서기 훨씬 전부터 세상을 통제하고 완전히 장악해왔다. ……그들은 인간이 그들 고유의 영역에 발을 들여놓으려 할 때마다 어찌나 집요하고 능란하게 저지하던지 인간은 그들을 상대로 그 어떤 중요한 우위를 점했다고도 우쭐대기 힘든 처지다.”

이 책의 얼개를 이해하는 데에는 ‘서문’과 ‘후기’가 적잖은 도움을 준다. 더 이상 덧붙일 게 없을 정도로 잘 정리되어 있기 때문이다. ‘서문’은 저자가 왜 곤충의 삶을 다루기 위해 하필이면 나쁜 곤충(즉 해충)을 선택했는지, 그것을 통해 무슨 이야기를 하고자 했는지 밝히고 있다. 본문의 내용을 더할 나위 없이 잘 요약해놓은 ‘후기’는 20개 장의 내용이 어떤 틀에 의해 짜여 있는지, 그 전반적인 내용은 무엇인지 일목요연하게 간추려놓았다. 그러므로 책을 순서대로 읽기보다 ‘서문’에 이어 ‘후기’를 먼저 읽고 1~20장을 시작하는 편이 한결 나을 듯하다. 책의 내용 소개는 ‘서문’과 ‘후기’를 먼저 읽어보라는 제안으로 갈음하고자 한다.

곤충에 관한 책을 옮기면서 딱 한 가지 애로 사항이 있었다. 누구라도 남들은 아무렇지도 않아하는데, 유독 자기만 강박적 공포에 시달리는 영역이 하나씩은 있게 마련이다. 오쿠다 히데오의 배꼽 잡는 장편소설 《공중그네》를 보면, 다채로운 강박증에 시달리는 사례를 두루 보여주는 인간 군상이 등장한다. 칼날이나 송곳 같은 예리한 것만 보면 식은땀을 흘리는 사람, 언젠가 다른 글에서 써먹은 대목을 또 쓰고 있는 것은 아닌지 끊임없이 걱정하는 여성 작가, 대머리인 장인의 가발을 공적인 장소에서 확 벗겨버리고 싶은 충동에 시달리는 사위 등등. 그런 영역이 하나가 아니라 족히 두어 개나 있는 나는 그 책을 읽고 적잖은 위로를 받았다. 어쨌거나 내 강박증 가운데 하나가 바로 그 애로 사항이었다.

나는 대다수 곤충종이 변태 과정에서 거치는 유충(애벌레) 단계에 대해 도무지 이성으로는 제어되지 않는 징그러움과 혐오감을 느낀다. 특히 우리 인간과 밀접한 관련을 맺고 살아가는 대단히 낯익은 해충인 파리, 그 유충(내가 나고 자란 전라도에서는 구더기를 '고자리'라고 불렀다)에 대해 그렇다.

하나같이 옮긴이의 가난하고 누추하던 성장기에 대한 고백이 될 터이다. 우리 집 재래식 변소의 똥통에서 엄청나게 들끓던 통통 살 오른 구더기. 더러 그 무리에서 이탈해 변소 바닥이며 벽을 타고 몽글몽글 기어오르던 녀석들 탓에 어린 나는 변소에 갈 때마다 거적문 앞에서 한참씩 머뭇거려야 했다. 유년기 때만 해도 내가 살던 곳에 아직 전기가 들어오지 않아 당연히 냉장고 따위는 없었다. 고기며 생선은 그때그때 이웃들과 나눠 먹거나 적은 양이면 그냥 뒤꼍 처마 밑에 걸어두고 먹었다. 이웃 마을에 있는 큰집에 놀러갔을 때 갈치 비슷하게 생긴 생선이 새끼줄에 묶인 채 걸려 있었다. 파리가 하필 덜 마른 내장 쪽에 알을 슬었던 모양이다. 거기에 제법 살 오른 구더기들이 득실거리는 것을 보며 치를 떨고 있는데, 큰어머니가 심드렁하게 그 구더기들을 툭툭 털어내더니 그대로 생선을 구워 상에 내놓으셨다. (지난 설에 형제자매들을 만났을 때 그 이야기를 꺼냈더니, 저마다 '갈치가 맞을 거네', '아니, 풀치였을 거네' 하면서 입씨름들을 했다.) 큰집에서는 알갱이 속에 천연덕스레 똬리를 튼 채 들어앉아 있는 옥수수벌레와 함께 쪄낸 옥수수가 새참으로 나왔다. 다른 이들은 아무렇지 않게 그 부분만 떼어내고 먹었지만, 나는 그 음식 앞에서 어찌할 바를 몰랐다. (나는 당시의 기억을 떠올리며 이 책 4장에 등장하는 옥수수근충의 동족상

잔 습성을 완벽하게 이해할 수 있었다.) 어릴 적 우리 어머니는 쌀벌레를 그다지 더럽다고 여기지 않았던지 요즘처럼 쌀을 대충 헹궈서 안치셨다. 그렇게 한 밥을 물에 말아 먹으면 흰 쌀벌레가 물 위로 둥둥 떠올랐다. 밥을 먹고 살기는 해야겠는데, 그놈의 쌀벌레 때문에 끼니때가 다가올 때마다 여간 심란한 게 아니었다.

중·고등학교 시절, 체육 시간에 한여름의 뙤약볕을 피해 나무그늘로 기어 들어가면 머리 위로 목덜미로 심심찮게 떨어지던 쐐기벌레, 눈에 보이지 않는 실에 매달린 채 느닷없이 눈앞에 나타나는 이름 모를 애벌레 때문에 소스라치게 놀란 일이 한두 번이 아니다. 어른이 되어서도 야무지지 못한 살림 솜씨 탓에 쓰레기통을 재깍재깍 치우지 못해 몇 번인가 직접 구더기를 배양해낸 전력마저 있다. 그때마다 칠칠치 못한 스스로에게 경악하면서 벌벌 떨며 아예 쓰레기통째로 커다란 종량제 봉투에 넣어서 버리곤 했다. (이 책을 옮기면서 파리 알은 온도가 높으면 단 8시간 만에도 유충으로 부화한다는 사실을 알게 되었다. 여름에 음식물 쓰레기 같은 영양 물질이 섞여 들어간 쓰레기통에서 왜 그토록 빨리 구더기가 스는지 알고 크게 놀랐다. 나처럼 부지런하지 못한 사람에게는 정말이지 유익한 지식이었다. 그 사실을 미리 알았더라면 여름에 물기 있는 쓰레기통을 결코 한나절 이상 방치하지 않았을 것이다.)

이 모든 경험으로 해서 나는 다리가 달리지 않은(혹은 다리가 사정없이 많이 달린) 꿈틀거리는 벌레에 대해서만큼은 거의 비정상적인 공포를 느낀다. 다리가 몇 개 달려 있기만 하다면 바퀴벌레도 심지어 쥐도 그만큼은 무서워하지 않는다.

그러니만큼 "보드라운 흰색 당근 모양……" 어쩌고 하며 파리 유충을 자세히 묘사하는 부분을 옮기면서 부득이 검색창에 '구더기'라 처넣고 이미지를 클릭해 확인해야 했을 때는 정말이지 죽을 맛이었다. 실물 크기의 수백 배로 어마어마하게 확대된 구더기가 수십 마리씩 화면에 가득 찼고, 그것을 스크롤하면서 내려 보자니 나도 모르게 온몸의 힘이 빠져나가면서 몸서리가 쳐졌다. 본문을 보면 과거에는 일명 '구더기 요법'이라고 해서 화농성 상처를 치료할 때 성한 조직은 건드리지 않고 고름만 선별적으로 먹어치우는 구더기를 활용하기도 했다고 하는데, 만약 내가 그런 환자였다면 과연 그런 치료를 감당할 수 있었을지 모르겠다. 파리 유충 말고 다른 곤충의 유충 단계도 대동소이했다. 다만 유충이 끝까지 그 상태에 머물러 있지 않고 결국 번데기로, (더러 무척 아름답기도 한) 성충으로 탈바꿈하니 나로서는 천만다행이었다.

이 책을 옮기면서 숱하게 인터넷 검색을 하는 과정을 통해 우리나라에도 곤충 전문가뿐 아니라 곤충을 사랑하고 연구·관찰하는 것을 취미로 삼는 아마추어 애호가들이 적지 않다는 사실을 알았다. 그들이 정성스럽게 정리해놓은 웹사이트도 두루 접할 수 있었다. 비록 일방적인 온라인상의 만남이지만 이 일을 하지 않았더라면 알지 못했을 반갑고도 소중한 인연이었다.

나는 식물을 무척이나 좋아해서 심심하면 서울대학교출판부에서 나온 표준전과 판형의 다섯 권짜리 총천연색 시리즈《한국의 자원 식물》을 뒤적거리는 게 일이며,《파브르 식물기》(파브르가 '식물기'도 썼다는 사실을 아시는지)도 열렬히 탐독했다. 특히《파브르 식물기》는 가장 좋아하는 책만 꽂아두는 책꽂이 칸에 고이 모셔둘 정도로 소중히 여긴다. 그런데 곤충에 관한 책을 옮긴 사람으로서 적절한 고백일는지 모르겠지만, 정작 '파브르' 하면 자연스레 뒤따르는 그 유명한 '곤충기'는 제대로 읽어보지 못했다. 그래놓고도 고전이 으레 그렇듯 유명세에 비해 읽어본 이들은 그리 많지 않으리라고 혼자 멋대로 위안 삼았다. 생물학을 연구하는 친정오빠가 지난 설에 만났을 때 자기 책상 위에 놓인 다윈의《종의 기원》을 가리키며 했던 말도 생각난다. "서점에서 싸게 팔기에 한 권 샀다. 내가 아직껏 이 책을 안 읽어봤다는 게 참 희한하지 않냐?" 아무튼 그처럼 곤충에 대해 까막눈이던 내게 이 책을 옮기는 일은 마치 심 봉사가 눈을 뜨는 것 같은 신기하고 이채로운 경험이었다. 처음의 나와 같은 출발선에 놓인 이들이 이 책을 통해 그러한 경험을 함께할 수 있다면 옮긴이로서 더없이 기쁘겠다. 마지막으로 나의 번역에 노련함까지는 잘 모르겠고, 새로운 세계를 알아가고자 하는 호기심과 그 세계에 조금씩 눈뜨면서 맛본 흥분이나마 설핏 담겨 있기를 바랄 따름이다.

2017년 6월

울산 문수산 자락에서

김홍옥

찾아보기